1+X证书制度试点培训用书

U0193588

# 大数据治理（初级）

主　编　石　勇

副主编　田英杰　尔古打机　刘仿尧

| 编　委 | 罗振宇 | 向　伟 | 马　波 | 蔡　英 |
|---|---|---|---|---|
| | 杜　诚 | 管四海 | 徐　雍 | 陶　红 |
| | 王浩旻 | 邓宏杰 | 冯夕栖 | 方　刚 |
| | 陈小宁 | 段华薇 | 郑启明 | 雷　正 |
| | 张亚东 | 赵康康 | 孟泽宇 | 张丽萍 |
| | 汪梦婷 | | | |

北京中科卓越未来教育科技有限公司
大数据治理职业技能等级标准教材编写组　编

西南财经大学出版社
中国·成都

图书在版编目（CIP）数据

大数据治理:初级/石勇主编;田英杰,尔古打机,刘仿尧副主编.—成都:西南财经大学出版社,2022.8
ISBN 978-7-5504-5441-5

Ⅰ.①大… Ⅱ.①石…②田…③尔…④刘… Ⅲ.①数据管理—教材 Ⅳ.①TP274

中国版本图书馆 CIP 数据核字（2022）第 125357 号

## 大数据治理（初级）
DASHUJU ZHILI( CHUJI)

主　编　石　勇
副主编　田英杰　尔古打机　刘仿尧

策划编辑:邓克虎
责任编辑:邓克虎
责任校对:乔雷
封面设计:张姗姗
责任印制:朱曼丽

| | |
|---|---|
| 出版发行 | 西南财经大学出版社(四川省成都市光华村街 55 号) |
| 网　　址 | http://cbs.swufe.edu.cn |
| 电子邮件 | bookcj@swufe.edu.cn |
| 邮政编码 | 610074 |
| 电　　话 | 028-87353785 |
| 照　　排 | 四川胜翔数码印务设计有限公司 |
| 印　　刷 | 郫县犀浦印刷厂 |
| 成品尺寸 | 185mm×260mm |
| 印　　张 | 14.75 |
| 字　　数 | 344 千字 |
| 版　　次 | 2022 年 8 月第 1 版 |
| 印　　次 | 2022 年 8 月第 1 次印刷 |
| 印　　数 | 1— 2000 册 |
| 书　　号 | ISBN 978-7-5504-5441-5 |
| 定　　价 | 42.80 元 |

# ▶▶ 前言

大数据治理的核心是根据领域知识运用大数据处理分析技术,确保大数据的优化、共享和安全。毋庸置疑,数据已经成为企业或者政府部门在大数据时代下最宝贵的资产,也是企业保持竞争力的驱动力。新产品和新服务的开发、流程的优化、策略的制定等皆是从海量数据中关联、聚合、分析而来。数据潜力的挖掘可以使一个组织获取最为实际的业务价值,同时也可使组织最大限度地降低成本和风险。科学有效地利用数据产生价值就是大数据治理需要完成的工作。本书旨在为大数据治理提供技术指导,实现智能化决策的应用,从而给企业或者政府部门带来数据的增值。

"大数据治理职业技能等级证书"考试的配套教材共有三本:《大数据治理(初级)》《大数据治理(中级)》《大数据治理(高级)》,教材内容依次递进,高级别涵盖低级别的职业技能要求。本书是"大数据治理职业技能等级证书(初级)"考试的配套教材,内容涵盖《大数据治理职业技能等级标准》规定的技能要求。

本书采用"启发式编写方法",以国家职业标准为依据,以综合职业能力培养为目标,以典型工作任务为载体,以培养学生能力为中心,将理论学习与实践相结合,每个实训项目均通过 Excel 软件进行展现,数量、难度适中,操作过程简明扼要、重点突出,便于学生进行操作练习;提供完整的源代码、教学课件、案例库等教学资源,帮助学生理解教材中的重点及难点。

本书分为三篇,共11章。第一篇为概论篇,主要介绍大数据治理的背景、概念、应用等内容;第二章为分析篇,主要介绍大数据采集、大数据预处理、大数据可视化、大数据治理等内容;第三篇为附录篇,主要介绍 Python 语言在大数据中的运用、大数据中的统计学、大数据前沿等内容。

教学建议:

| 教学内容 | 课时 |
|---|---|
| 第1章 大数据导论 | 2 |
| 第2章 大数据中的数据库 | 4 |

| 教学内容 | 课时 |
|---|---|
| 第3章 大数据采集 | 4 |
| 第4章 大数据预处理基础 | 4 |
| 第5章 大数据预处理实施 | 8 |
| 第6章 大数据可视化基础 | 8 |
| 第7章 大数据可视化图表创建及案例分析——以 Excel 为例 | 8 |
| 第8章 大数据治理概述 | 4 |
| 第9章 Python 语言在大数据中的运用简介 | 4 |
| 第10章 大数据中的统计学 | 4 |
| 第11章 大数据前沿 | 4 |

本书由石勇任主编，田英杰、尔古打机、刘仿尧任副主编，罗振宇、向伟、马波、蔡英、杜诚、管四海、徐雍、陶红、王浩旻、邓宏杰、冯夕栖、方刚、陈小宁、段华薇、郑启明、雷正、张亚东、赵康康、孟泽宇、张丽萍、汪梦婷任编委。

编者

2022 年 5 月

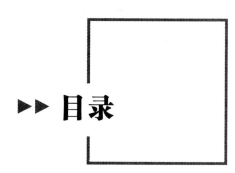

# ▶▶ 目录

## 第一篇　概论篇

## 第二篇　分析篇

# 第三篇 附录篇

# 第一篇
## 概论篇

# 1

# 大数据导论

## 1.1 大数据的发展历史

### 1.1.1 大数据的发展

大数据其实一直存在于我们的历史中,在远古时代,人类使用象形文字记录每天发生的数据。后来,历经种种文化变革,文明历史迭代更新,祖先们学会了使用文字。如今,随着信息化的快速发展,我们的生活变得更加便捷。年代的变迁,让我们掌握数据、分析数据的能力得到了巨大的提升,也实现了质的飞跃。人类已经将大数据推动成为继物质、石油(能源)之后的又一种重要战略资源。

"大数据"这一概念可以追溯到 1944 年,工作于怀思勒安大学的图书管理员弗瑞蒙特奈德(Fremont Ryder)预测到 2040 年,由于信息爆炸,耶鲁大学图书馆将会拥有 2 亿册藏书。1998 年,美国硅图公司(SGI)的首席科学家约翰·马西(John Mashey)在一个国际会议报告中,用"big data(大数据)"来描述在计算领域引发思考的挑战:随着数据量的快速增长,必将出现数据难理解、难获取、难处理和难组织四个难题。2007 年,数据库领域的先驱人物、图灵奖获得者吉姆·格雷(Jim Gray)指出,在实验观测、理论推导和计算仿真三种科学研究范式后,将迎来第四范式——"数据探索"。后来,同行学者将其总结为"数据密集型科学发现",开启了从科研视角审视大数据的热潮。在第 462 次香山科学会议上,学者们对大数据进行了科学描述:大数据是来源众多、类型多样、大而复杂、具有潜在价值,但难以在期望时间内处理和分析的数据集。2012 年,牛津大学教授维克托·迈尔-舍恩伯格(Viktor Mayer-Schnberger)在其畅销著作《大数据时代》中指出,数据分析将从"随机采样""精确求解"和"强调因果"的传统模式演变为大数据时代的"全体数据""近似求解"和"只看关联不问因果"的新模式,从而引发商业应用领域对大数据的广泛思考与探讨。

大数据概念体系于 2014 年后逐渐成形,认识也日趋理性、客观。以大数据为核心理念,衍生出的相关技术、标准、应用及产品等,逐渐与基础信息设施、数据科学、物联网等相互交叉、融合。大数据也逐步由产品开发转移到应用,再进而转移到大数据治理。大数据受到越来越多科研人员的关注,相关产业界也对其理解更加深入。前期的大数据描述仅停留在数据提取、模型建立、深度学习、人工智能等单一层面。目前的大数据描述更加准确、完全,包括需求讨论、数据提取、数据清洗、数据整合、缺失值处理、特征工程、模型评估等。大数据带来的便利及变革,引起了巨大反响及讨论。目前,大数据及其相关领域,如互联网及其衍生、信息技术、物联网、数据科学等融合关系,已经基本形成共识。

大数据本质上的价值体现在很多方面,其中根本性的价值为提供新思路及新方式。现实的世界结合数字化,再辅以足够的计算能力与数据分析方法,在理论上可以客观、完整地刻画出现实世界的方方面面,进而可以分析出很多隐含的客观规律及模式等。大数据为人类探索自然、认识社会提供了另一种思路,必将引发时代的大变革。

## 1.1.2 大数据的现状与趋势

近年来,大数据已不仅是一种技术,而且是一种手段,更具实际应用价值。通过大数据技术,社会治理、政务一体化、数字新经济等愈发成熟,创造出了更多地经济价值。但不可否认,大数据目前仍然处于初级阶段,相关体系尚未完全建立,大数据带来的伦理、理论及相关信息技术等问题,也需要更好的讨论及研究。

### 1.1.2.1 大数据仍然处于初级阶段

尽管目前的大数据应用产品种类众多,但技术复杂度依然较低,实际效果也并未大规模显著提高。大数据的深度分析及预测等,依然需要长期探索和研究。

大数据及数据科学的应用,大体可以分为三个层次:描述性分析、预测性分析及指导性分析。另外,某些领域还存在诊断性分析。

大数据描述性分析是指通过大数据技术,收集一些事实类信息,并将其通过描述的形式(如数据可视化等)展示给目标群体。例如,美国的 NFM(Nebraska Furniiture Mart)公司在运营过程中,将事实类数据(如消费记录、成本信息、人力资源管理、物流数据等)通过数据整合等方式,储存在企业内部大型数据库(企业级)中,再以图形、表格、地图等可视化形式,将事实类数据通过描述分析,推送给公司不同部门、不同职位的人,从而帮助大家更科学地做出决策分析。

大数据预测性分析是指从大数据中的现有特征及历史规律等信息,预测发展趋势。例如,新冠肺炎疫情发生以后,科研工作者通过大数据技术,分析预测了疫情传播速度、传播范围、潜伏期等各种模式及关联关系,以及通过互联网、社交媒体数据等,预测大众对战胜疫情的积极态度和信心。石勇教授在疫情发生之后,联合多个机构,利用大数据技术,做出了具体的大数据量化分析,精准预测了疫情的各种数据,提供了6种复工复产方案,为政府疫情防控决策分析提供了重要支撑。

大数据指导性分析与前两者(描述性分析、预测性分析)不同,它更加侧重于决策优化支持。大数据指导性分析是指针对预测出的各种结果及其对策,量化分析每种方案的可行性及其效果,并做出评估,最终提出指导性决策建议。例如,无人驾驶、地图导航等。

大数据诊断性分析偶尔出现在某些领域,具体指从大数据中分析出相关规律,并发现问题等。

#### 1.1.2.2 大数据核心技术及理论创新

大数据带来了大量的变化,也引发了许多新的思考。前文中提到大数据应用的三个方面,在实际中拥有许多成功案例。但是,有深度、有颠覆性的案例依然很少。

目前,计算机已经能进行复杂度高、速度要求高的计算任务,然而在实际中,具有广泛及可以复制的应用依然偏少。以深度学习为例,神经网络依然难以大放异彩,尽管神经网络能在一定程度上模仿人类大脑思考的结构,但其与人类决策分析相比,还有很大差距,而且可解释性问题尚未完全解决,导致以神经网络为代表的大数据技术虽然能在描述性分析应用及预测性分析应用方面做出贡献,但在指导性领域的贡献还需不断提高。

目前,大数据的发展依然需要大数据技术等的重大创新。同时,相关章程及理论也需要共同完善,如数据共享与开放、加密技术、物联网等产业生态的协同发展、融合创新。

#### 1.1.2.3 大数据相关配套体系愈发成熟

大数据及其相关的治理体系应用,目前仍处于研究探讨之中。大数据治理及实践,能为社会效率提升带来巨大改变。大数据技术加上数据开放程度高、数据质量好,能带来蕴含在数据资源中的价值。

对大数据及信息安全(隐私保护)进行深入探究,依然十分迫切。大数据为我们的衣食住行带来了巨大的便利,但同时,也引发了人们对于个人隐私数据的保护意识以及社会对数据安全风险的防范理念。世界各国也纷纷出台了多项法律法案。2018 年 5 月 25 日,欧盟出台了《通用数据条例》,将众多互联网公司推上了舆论的风口浪尖。2020 年 1 月 1 日,《加利福尼亚消费者隐私法案》正式生效,通过规定新的消费者数据隐私权责等一系列措施,规范了美国个人隐私的保护标准。2016 年 11 月 7 日,第十二届全国人民代表大会常务委员会第二十四次会议通过《中华人民共和国网络安全法》,从而更加系统科学地明确了个人隐私及信息采集的规范。

随着数据规模高速增长以及复杂度日益增加,未来的大数据技术及配套理论等也将迎来巨大变化,甚至颠覆式变革及创新。例如,历史学家伊丽莎白·爱森斯坦发现,欧洲在 1453—1503 年大约印刷了 800 万本书籍,比 1200 年之前君士坦丁堡建立以来整个欧洲所有的手抄书还要多。换言之,在当时欧洲的信息存储量花了 50 年才增长了一倍(当时的欧洲还占据了世界上相当部分的信息存储份额),而如今大约每三年就能增长一倍。

### 1.1.3 中国的大数据现状

大数据是时代发展的必然结果。中国和全球的结构化数据与非结构化数据近年来皆呈现指数级的增长。20 世纪 90 年代至末期,大数据进入了萌芽期;21 世纪 10 年代,大数据处于成熟发展期;2019 年以后,大数据进入大规模应用期。

我国的大数据萌芽期以个人计算机为代表,计算机企业(如联想、微软等)致力于信息数据的处理;进入成熟发展期后,以互联网应用为标志,百度、腾讯等企业纷纷专注于信息传输行业;大数据的大规模应用期,在以物联网和云计算为背景的情况下,必将涌现出一批批新的信息企业,致力于解决信息爆炸问题。

我国的大数据实施战略具有远见性。2014 年 10 月,国家发展和改革委员会、工信部建立了联合工作机制,对大数据进行调研及专题研究,并起草《大数据国家战略与行动纲要》（以下简称《纲要》）。该《纲要》征求了 47 个有关部门的意见，并于 2015 年 8 月 19 日由李克强总理主持召开的国务院常务会审议通过。会议后，《纲要》改为《促进大数据发展行动纲要》。同时，中国共产党第十八届五中全会通过了《中共中央关于制定国民经济和社会发展第十三个五年规划的建议》。

《促进大数据发展行动纲要》提到，要深化大数据在各行各业创新应用，催生新业态、新模式，形成与需求紧密结合的大数据产品体系。同时，加快整合各类政府信息平台，避免重复建设和数据"打架"，并依法依规打击数据滥用、隐私侵犯等行为。

我国各省级政府及重点城市纷纷出台了大数据政策，如 2017 年 10 月 10 日，成都出台了《成都市大数据产业发展规划（2017—2025 年）》。同时，全国各省（自治区，直辖市）也纷纷出台相关大数据公开政策，如山西省出台了《山西省大数据发展规划（2017—2020年）》《山西省促进大数据发展应用 2017 年行动计划》，与此同时，若干相关政策也相继实施，如《山西省人民政府办公厅关于运用大数据加强对市场主体服务和监管的实施意见》及《山西省促进大数据发展应用的若干政策》。

目前，我国大数据环境总体良好，行业布局科学，应用型大数据规模广泛，同时高精尖科研、核心领域、关键技术攻关有条不紊地进行，特别是打破"信息孤岛"的数据互操作技术和互联网大数据应用技术已处于国际领先水平。国内互联网公司推出的大数据存储、处理方面的大数据平台和服务，使我国的大数据处理能力跻身世界前列。

# 1.2　大数据的特征

大数据的特征不同于传统的数据。2002 年，道格·莱尼（Doug Laney）在一次报告中指出，数据增长有三个方面的挑战和机遇：量（volume），即数据量；速度（velocity），即数据输入输出的速度；类（variety），即数据的多样性。此外，基于道格·莱尼的观点，IBM 进一步提出了大数据的"4V"特征，并得到了业界的普遍认可。一是数据量（volume），即海量的数据，目前数据量的规模已经从 TB 级别升级到了 PB 级别；二是多样性（variety），即数据的种类很多，不仅包含传统的格式化数据，还包含来自互联网的数据；三是速度（velocity），即数据处理速度；四是真实性（veracity），即对高质量数据的追求。肯尼思·库克耶（Kenneth Cukier）在其 2012 年编写的《大数据时代》一书中也提到了大数据的特征——大量、高速、多样、价值，具体诠释如下：

## 1.2.1　大量

大数据的特点首先体现为"大"。随着时间的推移与技术的发展，大数据的存储规格已经从过去的 MB 级别变成 GB 级别、TB 级别，甚至是 PB 级别和 EB 级别。值得注意的是，从广义上来讲，我们一般认为只有当数据量达到 PB 级别时，才能称为大数据。随着信息技术的快速发展，数据开始呈井喷式增进。比如，在淘宝网中有近 4 亿会员每天发生约 20TB 的商品业务数据；Facebook 中大约有 10 亿用户，每天发生的日志数据大于 300TB，等等。针对此类大量数据，我们急切需要有效的智能算法和鲁棒性的数据计算处理分析平台与新的数据计算处理分析技术，从而可以实时统计、分析、处理此类大规模数据,进而给出预测与展望。当前,大数据的具体范畴仍然是一个时变的指标,同时具体的数据集单元规模从 TB 级增长到 PB 级,而存储 1PB 的数据需要 20 000 台配置了 50GB 硬盘的个人计算机。再比如,以在交通范畴中的北京交通智能分析平台为例,此平台的数据主要来自路网摄像头/传感器、公共交通数据、轨道(如地铁、轻轨)交通、出租车、省际客运、旅游、泊车、汽车租赁以及问卷调查和地理信息系统数据,等等。以其中的公共交通数据为例,4 万辆公共交通用车每天发生 2 000 万多条的交通记录数据,一卡通刷卡每天发生 1 900 多万条信息,移动通信终端的定位每天发生 1 800 多万条信息,出租车营业每天发生 100 多万条数据,电子泊车缴费系统每天发生 50 多万条数据,等等。显然,这些数据不论是在规模上还是产生的速度上都达到了定义中所描述的大数据体量。除此之外,还会有各类意想不到的数据源可生成数据。

### 1.2.2 高速

高速是指数据处理的速度非常快。这与传统的数据挖掘存在根本性的差异,因为大数据的产生非常迅速,其中主要是通过互联网的传输,而目前来说,我们不论是生活还是工作都离不开互联网,这也就意味着我们每个人每天都会产生数据。显然,这些数据需要实时整理和分析,否则就要花费大量人力、物力去存储它们,从而使数据价值降低,变得非常不经济。同时,对于一个固定数据平台来说,数据可能只保存几天或一个月,因此一定要定期梳理与清理数据。总之,基于这种情况,大数据对数据处理速度的要求非常严格。

### 1.2.3 多样

如果只有一个数据,那么此数据就没有太多价值。例如,只有单个用户提交数据,显然这些数据不能称为大数据。广泛的数据来源决定了大数据形式的多样性,如现在的网民中,每个人的年龄、教育程度、爱好、性格等都不一样,这就是大数据的多样性。当然,如果扩大到全国,数据会呈现出更强的多样性,因为单个地区和某个时间段均会有各式各样的数据多样性。由于任何形式的数据都会对数据处理的结果产生影响,因此如"淘宝网""网易云音乐""今日头条"系统平台等,都会分析用户的日志数据,进而推荐用户喜欢的东西。日志数据是具有明显的结构特性的数据,而有些数据是没有结构特性的,如图形、音频、视频等。也就是说,这些类型的数据具有很弱的因果关系,在处理时就需要人工标注。

### 1.2.4 价值

价值是大数据的核心特征。在现实世界产生的大数据中,有价值的数据只占很小的比例。对比传统的数据,大数据的最大价值在于从海量的各类不相干的数据中,通过机器学习方法和人工智能方法等,挖掘出对未来趋势和模式预测分析有价值的数据,或者深入分析数据挖掘方法,揭示新规律、新知识。所以,若每个人都有多达 1PB 的在线数据,那就具备极高的商业价值,如通过分析这些数据,可以知道这些人的爱好,从而指导产品的发展方向,等等。类似的对比,如果你有全国数百万患者的数据,基于这些数据的分析可以预测疾病的发生率等,这些就是大数据的价值。目前,大数据被广泛应用于农业、金融、医疗等领域,在改善社会治理、提高生产效率、推进科学研究等方面发挥着巨大的作用。

# 1.3 大数据变革

## 1.3.1 大数据时代的新认知

大数据需要特异的信息技术来高效地处理和分析海量的数据,具体适用于大数据的特有技术包含大规模并行处理策略、数据挖掘方法、分布式文件系统与数据库、云计算平台、互联网和可扩展存储系统,等等。21世纪以来,随着信息技术的飞速发展,人们获取、存储和分析数据的能力不断提升,全球的各类数据出现井喷式增长和大规模集聚,从而推动了大数据产业的创新发展。

首先,在大数据时代,数据的采集、传输、存储、分析能力有了质的飞跃,海量的数据资源满足了大样本的数据需求。在某些情况下,我们甚至可以使用完整的样本进行分析和研究,这大大提高了研究的准确性。其次,传统的定量分析和统计分析研究方法难以处理图片、声音、视频、文本等非结构化数据。最后,传统经济学研究往往是在事件发生后收集相关数据,然后再使用统计模型、假设检验等方法对样本数据进行研究并得出结论。然而,这种静态的、滞后的研究往往会削弱研究成果对实践的指导意义。在大数据时代,研究可以利用人工智能的方法对海量数据进行实时分析,甚至可以在预设环境下自动地分析经济数据,实时生成研究报告,实现精准预测,从而大大提高研究成果的实际指导性。因此,要密切关注大数据时代所面临的新情况、新问题,如样本数据的扩展、数据结构类型的变化等。

身处大数据时代浪潮,人民的生活、思维以及研究范式等都发生了巨大的变化,为简单理解与对比探讨,我们从10个方面对变化进行解读。

### 1.3.1.1 决策方式的转变

决策方式由目标驱动转变为数据驱动。在传统的科学思维中,决策往往是由目标或模型驱动的,即基于目标(或模型)做出决策;而在大数据时代,另一种思维模式应运而生,即决策是由数据驱动的。数据成为决策的主要触发条件和重要依据。例如,近年来,很多高新技术企业的部门和岗位设置不再固化,而是根据所在项目和数据环境,动态调整部门和岗位设置。但是,部门或岗位设置的敏捷性往往是基于数据驱动的,企业的内部结构可根据数据分析的结果进行灵活调整。

### 1.3.1.2 方法论的变化

方法论由基于知识的方法转变为基于数据的方法。传统的方法论往往是以知识为基础,即从大量实践中总结和提炼一般知识后,用知识来解决问题。因此,传统问题的解决思维是:问题→知识→问题,即根据问题寻找知识,用知识解决问题。在数据科学中,出现了另一种方法论——问题→数据→问题,即根据问题寻找数据,直接利用数据解决问题。

### 1.3.1.3　计算智能的革命

计算由复杂算法转变为简单算法。只要有充足的数据,我们就能变得更具智慧,这是大数据时代背景下的新认知。因此,在大数据时代背景下,原本复杂难懂的疑惑就变为了简易的数据问题——只要对大数据进行简便的梳理,就能实现基于繁琐算法的智能计算的效果。为此,许多研究人员探讨了一个紧要的问题——大数据时代背景下,究竟是需要更多的数据还是需要更好的模型?比如,针对机器翻译问题,虽然提出了很多算法,但应用效果并不理想。近年来,谷歌翻译等工具改变了策略,不再仅仅依靠繁琐复杂的算法进行翻译处理,而是对收集的跨语言语料进行简单的查询,从而提高了机器翻译的效率。

### 1.3.1.4　数据管理的转型

数据管理由业务数据化转变为数据业务化。在大数据时代背景下,企业本身需要关注如何基于数据动态定义、优化和重组业务及其流程,从而提高业务敏捷性,降低风险和成本。但是,在传统的数据管理中,我们更关注业务数字化的问题,即如何将业务活动记录为数据,用于业务审计、分析和挖掘。可见,基于业务的数据是前提,基于业务的数据是目标。

### 1.3.1.5　研究范式的转变

在吉姆·格雷看来,人类的科学研究活动经历了三种不同范式的演进,目前正在从计算科学范式向数据密集型科学发现范式(第四范式)转变。数据密集型科学发现范式的主要特点为:科研人员只需从海量数据中寻找和提取所需的信息,无需直接面对或接触所要研究的物理对象。

### 1.3.1.6　数据属性的转变

数据属性由资源转变为资产。在大数据时代背景下,数据不仅是一种资源,更是一种重要的资产,故数据科学应该将数据视为要管理的资产,而不仅是资源。换言之,与其他类型的资产一样,数据也具有财务价值,需要作为一个独立的实体进行组织和管理。

### 1.3.1.7　数据分析的转变

数据分析由统计学转变为数据科学。云计算等计算模型的出现和大时代数据的到来提高了我们获取、存储、计算和管理数据的能力,对统计理论和方法产生了深远的影响。其影响主要包括:随着数据获取、存储和计算能力的提高,我们可以轻松地获得统计研究中的所有数据,从而可以直接进行整体计算;在海量、动态、异构的数据环境中,人们更注重数据计算的效率而不是一味追求精准,如在数据科学中,基于数据的思维模型被广泛使用,强调相关性的分析,而不是等待发现真正的因果关系才解决问题。

### 1.3.1.8　产业竞争与合作的转变

产业竞争与合作由以战略为中心转变为以数据为中心。例如,近年来,IBM 公司和苹果公司化敌为友,有报道称它们正在从竞争对手变成合作伙伴——100 多名 IBM 公司的员工前往位于加利福尼亚州的苹果公司库比蒂诺总部,与苹果公司的员工共同合作开发 Iphone 和 Ipad 应用程序。

### 1.3.1.9　数据复杂度的变化

数据复杂度由不接受转变为接受。计算的目的是寻找精确的答案,其背后的哲学是不接受数据的复杂性,而大数据强调数据弹性计算、健壮性、虚拟化和快速响应的动态性、异构性和跨域复杂性,并开始将复杂性视为数据的固有部分。

### 1.3.1.10 数据处理模式的转变

数据处理模式由小众参与转变为大规模协作。在传统科学中,数据分析和挖掘是具有高度专业性的企业核心员工的事情,企业管理的重要目的是能够激励和科学评价这些核心员工;而在大数据时代,基于核心员工的创新工作成本和风险越来越大。

## 1.3.2 大数据时代的思维变革

大数据时代背景下的思维转变可从三个角度揭示:第一,我们在开始分析数据时逃离了传统依赖于少量数据的思维,转为针对与所要分析对象事物相关联的所有数据;第二,我们开始更加追求数据资源的复杂性,而不是传统的只在乎数据资源的准确性;第三,我们更关注事物间的关联性,而非花大力气揭示模糊的因果关系。在小数据时代,样本选择的随机性比样本数量更重要,随着抽样随机性的增加,抽样和分析的准确性得到了极大的提高。但是,抽样分析的成功与否取决于抽样的绝对随机性,而随机性的实现是非常困难的,一旦在抽样过程中出现任何偏差,分析结果就会有很大差异。大数据是用所有数据的方法来分析问题,而不是采用随机分析这样的捷径。

尽管大数据时代的到来使得我们获得尽可能多的所需数据成为可能,但是不能忽略的是数据中的错误信息也会越来越多,这就要求我们重新审视数据准确性的利与弊。数据中的错误信息越多,必然会阻碍我们实现数据分析结果的准确性,因此在大数据时代背景下我们必须能够接受混乱和不确定性。通过探索是什么而不是为什么,相关性可以帮助我们更好地了解世界。比如2009年,互联网巨头谷歌就利用相关分析的方法,准确判断出甲型H1N1流感的传播地点和途径。因此,通过找到相关性并对其进行监控,我们可以预测未来。

## 1.3.3 大数据时代的商业变革

大数据已经成为很多企业竞争力的源泉,改变了整个行业的格局,值得注意的是:不论是大公司还是小公司,在大数据时代背景下都有可能获益。以大公司为例,拥有大量数据的大公司通过对收集到的数据进行分析,成功实现了商业模式的转型,如手机行业的苹果公司在与运营商的合同中,规定运营商必须向其提供大部分有用的数据。通过多家运营商提供的大量数据,苹果公司获得了比其他任何运营商都多的用户体验数据。

## 1.3.4 大数据时代的管理变革

在大数据时代,我们需要建立不同的隐私保护模式——应该更多地关注数据用户对他们的行为负责,而不是在数据收集之初获得个人同意。将责任从公众转移到数据用户是有道理的,因为数据用户比任何人都更了解如何使用数据,故他们自然要为自己的行为负责。在大数据时代,正义的概念需要重新定义,以维持个人动机的理念:人们有选择自己行为的自由意志。简而言之,这意味着个人可以而且应该为他们的行为而不是倾向负责。在大数据时代,我们必须拓宽对正义的理解,包括保护个人动机,就像我们目前为程序正义所做的努力一样;否则,正义的信念可能会被彻底摧毁。

# 1.4 大数据伦理

在西方文化中,Ethics 一词的词源可以追溯到希腊语 Ethos,它有风俗、习惯和性格的意思。在中国文化中,道德一词最早出现在《乐记》中。我国古代思想家都非常重视伦理,三纲五常就是在伦理的基础上诞生的。伦理学最初的应用主要体现在家庭长辈和子女的定义上,后来扩展到社会关系的定义上。伦理和道德的概念是不同的。哲学家认为伦理是规则和原则,即人作为一个整体,要遵循社会行为的一般规则和原则,强调人与社会的关系;而道德则是指人格修养、个人伦理和行为准则、社会伦理,即人作为个体,在自身精神世界中心理活动的准则,强调人与自然、人与自我以及人与内心的关系。道德的内涵包括伦理的内涵,伦理是个人道德意识的延伸和外在行为的表现。伦理是具有律他性的客观规律,道德是具有自律性的主观规律;伦理义务对社会成员具有道德约束的双向性和相互性特征。现代伦理不再是传统道德规律本质功能的简单体现,已经延伸到了不同的领域,如延伸到了环境伦理、科技伦理等不同领域,变得更具针对性。

科技伦理是指科技创新和应用活动中的道德标准和行为准则,是一种观念与概念上的道德哲学思考。它规定了科技界应该遵守的价值观、行为准则和社会责任。人类科学技术的不断进步,也带来了一些新的科技伦理问题。因此,只有不断丰富科技伦理基本概念的内涵,才能有效应对和处理新的伦理问题,提高科技行为的合法性和正当性。这里的大数据伦理问题属于科技伦理范畴,是指大数据技术的产生和使用所引起的社会问题,是集体和人际关系的行为准则问题。作为一项新技术,大数据技术和其他所有技术一样,无所谓好坏,其好与坏完全在于大数据技术的使用者。一般来说,使用大数据技术的个人和企业有着不同的目的和动机,这导致了大数据技术应用的积极影响和消极影响。

## 1.4.1 大数据带来的伦理问题

我们现在处于数据爆炸式增长的时代,但拥有如此多的数据并不意味着我们可以控制它。因此,亟须我们对此保持清晰的认识与正确的处理策略与方式,基于此,针对大数据带来的伦理问题,我们从以下五个方面进行解读。

### 1.4.1.1 数据收集的伦理问题

过去,数据收集是手动进行的,通常会通知被收集者;而在当今大数据时代,数据收集是由智能设备自动进行的,在自动收集过程中,被收集者往往是不知道的,如我们日常上网聊天时由软件自身产生或保存的各种浏览记录与聊天信息等,都是在我们不知情的情况下被记录并保存的。

### 1.4.1.2 数据使用中的隐私问题

在小数据时期,人们收集到的数据大都是"一次性"的,经过收集时的遮蔽和隐藏,可以达到数据使用或重用过程中避免隐私泄露问题。此外,数据与数据之间建立连接相对困难,因此很难发现其中隐藏的秘密。然而,身处在大数据时代背景中,各式各样的数据基本是永远存储起来的,这些数据被收集在一起就形成了大数据,进而又可以反复使用。

从个体数据来看,如果单个数据经过模糊化或匿名化处理后,它的隐私信息可以被屏蔽或隐藏起来,但是各式各样的信息聚合就会形成大数据,对海量数据的挖掘工作可以对多条信息资源进行交织、重组、相关性等操作,从而进一步挖掘出原始的模糊信息和匿名信息。因此,对大数据技术而言,传统的模糊化和匿名化两种操作对保护隐私基本无效。

#### 1.4.1.3 数据选择中的伦理问题

在小数据时代,遗忘是常态,但由于网络技术和云技术的发展,信息一旦上传到网络,就会永久保存,很难将其彻底清除。于是,在大数据时代,记忆成为新常态,遗忘成为例外。比如,由于粗心大意,未能及时还清银行信用卡欠款,这种不良信用可能会伴随一生,成为当事人的噩梦。

#### 1.4.1.4 数据中立性问题

很多人在直觉上认为技术必须是中立的,数据必须是客观的,但事实并非如此。以网络购物为例,如果消费者喜欢购买中低端价格的物品,或者对购物券感兴趣,就会被认为是对价格特别敏感,而当这个消费者和对价格不敏感的消费者搜索同一个关键词时,结果会完全不同。

#### 1.4.1.5 数据时效性问题

只要有足够的内存,计算机存储数据的时间就几乎无限。也许时间可以稀释人们对人的认知,但时间不能稀释计算机的记忆。

### 1.4.2 大数据时代伦理问题的应对措施

针对大数据技术引发的伦理问题,应建立相应的无害化、权责统一与尊重自治的伦理准则:无害化准则——大数据技术的发展要以人为本,服务于人类社会的良性生长和公民生活幸福度的提升;权责统一准则——谁收集谁负责,谁使用谁负责;尊重自治准则——数据的存储、删减、使用和知情权应完全授予数据生产者。具体参考的应对措施如下:

#### 1.4.2.1 加强技术创新与控制

处理大数据技术带来的伦理问题十分有效的方法就是推动技术创新与控制。要解决隐私保护和信息安全的问题,就需要加强事件发生时和发生后的监管,但从根本上要依靠先进技术的保护。因此,要推动大数据处理与分析技术的创新,去除大数据分析与处理技术带来的负面影响,应从数据处理与分析技术层面提升数据安全性标准与管理策略。以公民个人信息的采集为例,在采集时要对身份信息与隐私等信息数据进行加密,并提高数据保护的认证技术。

#### 1.4.2.2 建立健全监督机制

顶层设计的结构思路要清晰,进一步完善大数据发展的战略谋划,并完善大数据产业化生态环境建设体系、明确大数据技术演化的宗旨与方向、大数关键方法的突破点。与此同时,我们还应不间断地完善数据和信息归类维护的法律标准制度,明确数据挖掘方法、存储策略、传输方式以及二次使用中应享受的权利和应尽的责任与义务,特别是强化个人隐私保护。加强大数据行业内部的自律,重视在业职员的数据伦理和伦理责任的再教育与培养,并标准化大数据技术应用的流程和方式。

### 1.4.2.3　培育开放共享理念

在大数据时代,人们对隐私的观念正在悄然改变,如通过在公共空间展示自己的数据信息,人们在某些方面的隐私意识逐渐淡化。这种意识的淡化其实是来自对开放大数据平台和共享其价值的认同感。因此,我们应适时适当地转换对传统隐私的看法和隐私领域的感受,培育与激发在大数据时代背景下人们对开放和共享大数据的活力,使人们的价值观更加适宜于大数据演化的文化环境。数据技术可以更有效地实现隐私保护,在此过程中,广大民众的网络素养也会不断提高,数据差距也会逐渐消除。

# 1.5　综合案例

## 1.5.1　大数据支撑复工复产决策

引言:新冠肺炎疫情在全球持续蔓延,截至 2021 年 8 月 1 日,全球累计确诊病例超过 1.9 亿,死亡人数超过 400 万。新冠肺炎疫情已经对世界的正常运转带来了严重的影响,全球的恐慌情绪正在蔓延。各国政府纷纷出台了限制国际和国内的旅行和聚会的各种政策,要求人民保持社交距离并进行广泛的检测以隔离受感染的对象。因此,为了更科学地防范疫情的进一步蔓延,我们必须对疫情的暴发进行大数据分析,结合深入了解疾病的传播方式,从而提出前瞻性的决策建议。

新冠肺炎疫情发生之后不久,天府大数据国际战略与技术研究院院长石勇带领的科研团队联合香港浸会大学计算机科学系刘际明教授、中国疾病预防控制中心寄生虫病预防控制所周晓农研究员所带领的智能化疾病监控联合实验室团队通过前期研究,基于不同年龄组人群在典型社交场合的接触模式,用大数据驱动的模型刻画了新冠肺炎的潜在传播方式,量化分析了不同时间段新冠肺炎疫情风险与多种复工方案的利弊关系,为国家制定疫情防控策略提供了科学有效的决策支持。

该研究团队选择了武汉、北京、天津、杭州、苏州和深圳 6 个城市进行研究,这 6 个城市的地理位置和疾病情况(以 2019 年 12 月至 2020 年 2 月的总病例数计)如图 1.1 所示。武汉是新冠肺炎疫情比较严重城市之一。其他 5 个城市也具有很强的代表性,这 5 个城市位于中国三个最重要的经济区,占 GDP 的 40%以上。

该研究团队定义了 7 种年龄段分布:

(1)G1:0~6 岁;

(2)G2:7~14 岁;

(3)G3:15~17 岁;

(4)G4:18~22 岁;

(5)G5:23~44 岁;

(6)G6:45~64 岁;

(7)G7:65 岁及以上。

同时,该研究团队也定义了 4 种可能导致疾病传播的场所:

(1)居家;

（2）学校；

（3）工作场地；

（4）公共社区场合。

该研究团队根据不同城市的市民年龄构成及可能导致疾病传播的场所分布等数据，建立了大数据模型，并对北京、天津、杭州、苏州、深圳 5 个城市分别预测了 6 种方案下的疫情情况及对经济的影响，具体影响程度见图 1.1 中的 $YoY_{2020}$ 指标。

| | Beijing | | Tianjin | | Hangzhou | | Suzhou | | Shenzhen | |
|---|---|---|---|---|---|---|---|---|---|---|
| | New cases | $YoY_{2020}$ | New cases | $YoY_{2020}$ | New cases | $YoY_{2020}$ | New cases | $YoY_{2020}$ | New cases | $YoY_{2020}$ |
| Plan A1 | 340 | −9.9% | 147 | −9.9% | 272 | −10.1% | 180 | −10.1% | 792 | −10.7% |
| Plan A2 | 242 | −11.7% | 89 | −11.7% | 189 | −11.9% | 127 | −11.9% | 456 | −12.6% |
| Plan A3 | 162 | −15.0% | 56 | −15.0% | 124 | −15.2% | 85 | −15.2% | 269 | −16.4% |
| **Plan B1** | **83** | **−12.6%** | **39** | **−12.6%** | **92** | **−12.8%** | **84** | **−12.8%** | **174** | **−13.8%** |
| Plan B2 | 51 | −14.1% | 22 | −14.1% | 45 | −14.4% | 38 | −14.4% | 113 | −15.5% |
| **Plan B3** | **16** | **−17.0%** | **14** | **−17.0%** | **11** | **−17.3%** | **22** | **−17.3%** | **54** | **−18.8%** |

图 1.1　6 种预测的方案

图 1.1 总结了疾病传播风险以及预计 2020 年上半年北京、天津、杭州、苏州、深圳不同的复工计划对经济的影响。可以注意到，Plan B3 恢复工作越晚越好，恢复速度越慢越好，从而最大限度地减少疾病传播的风险。该计划方案具有最低预期的经济增长，希望在工作逐渐恢复正常的同时，保持所有必要的控制措施，从而尽可能地消除任何潜在的疾病传播风险。在权衡经济与疫情的综合考虑下，Plan B1 可同时实现风险缓释和工作生活逐步恢复。

结果表明，基于社交模式分析可以有效解释新冠肺炎疫情传播模式以及相关的风险，从而分析疫情防控与经济发展的相互影响关系。比如，在武汉，各年龄组在家庭以及公共场所的接触均较为密集，这有效解释了新冠肺炎疫情在武汉的早期传播主要发生在居家场所与公共场所的根本原因。与此同时，该研究团队通过计算模型估计出 2020 年 2 月 11 日是武汉市传播风险的高峰，与报告病例数的实际高峰期一致，其他城市不同复工计划所对应的疾病传播风险也与实际情况相符。

该研究得出的结论不仅为新冠肺炎疫情在中国的传播方式进行了更深入的解释，更为重要的是，研究中所提出的基于社交接触模式的疫情风险分析方法可被其他国家借鉴，用于指导其新冠肺炎疫情的防控策略与干预措施，从而减轻疫情大流行所带来的社会与经济影响。

截至 2020 年 10 月底，已有 72 个智库机构引用了该研究，这对全世界新冠肺炎疫情防控及经济恢复提供了重要支撑。2020 年 12 月，石勇教授获得国家先进个人表彰。

## 1.5.2　大数据背景下的中国人民银行个人信用评分

引言：中国人民银行征信系统包括企业信用信息基础数据库和个人信用信息基础数据库。企业信用信息基础数据库始于 1997 年，并在 2006 年 7 月实现全国联网查询。个人信用信息基础数据库始于 1999 年，2005 年 8 月底完成与全国所有商业银行和部分有条件的农村信用合作社的联网运行，2006 年 1 月个人信用信息基础数据库正式运行。2019 年 4 月，新版个人征信报告已上线，拖欠水费也可能影响个人信用。2019 年 6 月 19 日，中国已建立全球规模最大的征信系统。2020 年 1 月 19 日，征信中心面向社会公众和金融机构提供二代格式信用报告查询服务。

中国的个人信用分数也称作"中国分数"，是中国科学院虚拟经济与数据科学研究中心与中国人民银行合作开发完成的。石勇教授领衔研究团队，经过 3 年的开发与测试，使中国人民银行征信中心信用评分系统模型建设成功。并且，该模型通过后期的商业银行数据获得验证，取得良好效果。

中国的征信系统是大数据的典型应用。截至 2019 年年底，征信系统累计收录 9.9 亿自然人、2 591 万户企业和其他组织的有关信息，个人信用报告日均查询量达 550 万次。

中国的个人信用评分体现了大数据的三大基本特征（3V），分别为数据规模大（volume）、变化速度快（velocity）、种类多（variety）。

### 1.5.2.1 数据规模大

中国个人信用评分，理论上可以为 14 亿中国人服务，即 14 亿个分数。以 2015 年中国人民银行体系内的数据为例，个人征信分数查询量为 6.3 亿次。以每个人的银行金融交易记录为例，为了定义好账户（正常）及坏账户（违约），由商业银行业务部门和中国人民银行征信中心研究和计算决定，"好""坏"账户的观察期窗口长度和表现期窗口长度分别为 15 个月和 12 个月。

### 1.5.2.2 变化速度快

中国的个人信用分数包含很多变量，且一些变量更新速度较快，如个人消费相关数据、银行卡数据等，导致基于此的衍生变量更新速度也很快。在大量的原始变量的基础上，信用分数建模过程派生出了上千个具有一定预测能力的衍生变量，然后经过层层筛选，最终选定了几十个预测能力最强的变量来建立评分模型。这些变量以及其他变量的更新，充分体现了变化速度快的特征。

### 1.5.2.3 种类多

中国的个人信用分数不仅数据规模大、速度变化快，而且种类也十分多。信用分数不仅包含结构化数据，也包含了大量的非结构化数据。信用数据原始变量由连续变量、分类变量、日期型变量组成。另外，其还设计了 459 个衍生变量。信用数据可归纳为七大类，包括当前是否违约（目标变量）、历史拖欠情况、当前拖欠情况、负债水平、信用历史长短、新开户账户情况、信用种类。其中各大类还包含了很多小类，具体如表 1.1 所示。

表 1.1　信用数据分类

| 分类 | 具体包含内容 |
| --- | --- |
| 当前是否违约（目标变量） | 当前违约标记为 1（坏客户，下文记为 Bad），没有过违约标记为 0（好客户，下文记为 Good） |
| 历史拖欠情况 | 无拖欠账户数、拖欠账户数、累计逾期期数、历史最严重拖欠、最近一次逾期距今的月份数 |
| 当前拖欠情况 | 当前无拖欠账户数、当前无拖欠账户比重、当前拖欠账户数、当前拖欠账户的余额、当前拖欠账户的总额、当前总逾期期数 |
| 负债水平 | 信用卡平均余额、信用卡最大余额、当前贷款余额、贷款每月还款情况、信用卡每月还款情况、信用卡平均额度利用率、信用卡最大额度利用率、信用卡信用额度的变化量、贷款未偿付比例、账户分布 |
| 信用历史长短 | 平均账龄、最小账龄、最大账龄 |

表1.1(续)

| 分类 | 具体包含内容 |
| --- | --- |
| 新开户账户情况 | 查询情况、新开立账户数 |
| 信用种类 | 账户组合、未结清账户组合 |

个人信用分数的设计，也是大数据建模的重大实际运用。经过数据获取、数据清洗、前期数据准备以及变量筛选等步骤后，大数据建模主要集中于使用统计学方法和运筹学方法，包括判别分析、线性回归、logistic 回归、分类树和线性规划。另外，一些发展较快的方法也被应用于信用评分中，包括神经网络、专家系统、遗传算法等。最终，大数据建模采用了应用最广、技术比较成熟的 logistic 回归，同时使用基于石勇教授提出的线性规划的分类算法（MCLP）作为对比模型。

该信用评分模型通过人在经济、社会活动中所表现出的职业、工资等数百个变量指标，进行数据挖掘和综合分析，得出个人信用评分，国际标准为 350~850 分，结合具体国情，中国标准初步确定为 350~1 000 分。石勇教授称，目前中科院虚拟经济与数据科研中心已为中国人民银行开发出 7 组评分模型，经过测试运行与优化，已成为中国个人信用评分首个国产大数据应用模型，对推进中国信用体系建设将起到关键作用。

# 2

# 大数据中的数据库

## 2.1 云存储技术

### 2.1.1 基本原理

"云"概念起源于互联网。随着互联网技术以及应用的不断发展,云技术在众多领域上得到了广泛的应用。对于"云"这个词而言,它一般比作后端。后端是在后台工作的,控制着可视化页面中的内容,主要负责程序设计架构思想、管理数据库等。用户无法对其真实结构、内容进行查看,让人们感觉到虚无缥缈,故被称之为"云"。

云存储是一种在互联网上对数据进行在线存储的技术,从通俗意义上来讲,即将数据存放在通常有第三方管理的虚拟服务器上,而不是放在专属的服务器中。

### 2.1.2 云存储技术与传统存储架构的区别

现阶段,互联网用户数量众多,这也导致其对应的存储系统所需存储的文件呈指数级增长。在这种情况下,存储系统自身所具备的容量必须要满足数据量的增长,除此之外,还需要在容量扩增的同时保持简单易行的操作手段,来促进数据中心整体运行的高效化与科学化。如果容量扩展的操作过于复杂,这会在一定程度上导致数据中心的运营效率低下。

在云时代中,数据存储系统所面向的对象逐渐转变为海量的互联网用户群体,这与传统的数据存储具有较大差别。云时代的存储系统不仅需要提升自身的容量,而且还需重点关注其性能的表现。这要求存储系统对用户的操作请求做出快速的反应,即能够随着容量的增加而保持着线性增长的操作反应性能。相较于传统的存储架构,云存储技术更加契合当前大数据时代的发展趋势。

### 2.1.3 云存储技术具备的优势

与传统的存储架构相比,云存储技术具备以下优势:

(1)在进行数据存储管理时,可实现自动化、智能化;由于存储系统的容量大,可汇总整体的数据资源,让用户观察的存储空间具有完整性。

(2)使用了虚拟化技术,在一定程度上防止了存储空间的过度消耗,通过对数据的自动化的重新分配,提高了存储空间的利用率与存储效率。

(3)云存储能够实现自身容量的弹性扩展,降低了企业对于数据存储的运营投入成本,减少了资源的过度消耗与浪费。

### 2.1.4 云存储技术的未来发展趋势

现阶段,基于大数据技术在众多领域上的应用,云存储已经逐步取代了传统数据存储架构,成为未来存储发展的一种趋势。随着云存储技术的更新迭代,以及其与各类搜索、应用技术相结合的使用,这促使着它需要从多个方面进行自身的优化改进。这里主要从安全性、便携性两方面进行分析。

#### 2.1.4.1 安全性

在企业进行云存储的过程中,安全性一直都是企业需要重点考虑的问题。企业通常首先是从商业角度考虑与技术角度考虑的。但在实际应用中,许多用户对云存储的安全要求是远远大于其自身架构所能提供的安全水平的,因此云存储厂商需要构建相较于企业需求更为安全的、存在着更少的安全漏洞与更高的安全环节的数据中心。

#### 2.1.4.2 便携性

部分用户在进行数据托管存储时,存在着数据便携性的需求。这要求数据存储服务供应商提供相应的解决方案,即数据便携性可媲美最优的传统本地存储,以确保整个数据集能够传送到用户所选择的任何媒介,甚至是专门的存储设备。

### 2.1.5 云存储技术小结

从云存储技术的性质来讲,它并不代表着一种存储方式,而是一种服务。云存储技术的核心是将用于存储的设备与应用软件相结合,基于应用软件来实现存储设备向存储服务的转变。随着现阶段云存储技术在多个领域上的广泛应用以及其自身的更新迭代,云存储技术必将在未来的时间中得到阶段性的发展与进步。由于在大数据时代中,众多行业存在着潜在的海量数据的存储需求与市场,这促使着云存储技术仍是现阶段最为热门的 IT 行业。

# 2.2 SQL 概述

## 2.2.1 SQL 简介

结构化查询语言(structured query language,SQL)是一种数据库查询与程序设计的计算机编程语言,用于数据的存放以及关系数据库系统的查询、更新和管理。SQL 于 1974 年由博伊斯(Boyce)和钱伯林(Chamberlin)提出,最开始在 IBM 公司所研发的 SystemR 关系数据库系统上得到应用。SQL 具备功能强大丰富、使用操作灵活简单、语言简洁明了等众多特点,使得其在数据查询领域受到了计算机界的广泛推崇与使用。

### 2.2.2 SQL 的功能

SQL 的功能包括以下三部分：

（1）数据定义。SQL 能够对数据库的三级模式结构进行定义，即外模式、全局模式与内模式。在 SQL 中，外模式也被称为视图（view），全局模式简称为模式（schema），内模式是基于数据库模式自动化实现的，一般情况下用户不需要对其进行查看。

（2）数据操纵。SQL 可实现对数据可视化形式的数据插入、删除和修改，如基本表、图等。除此之外，SQL 还能够完成高效的数据查询。

（3）数据控制。SQL 基于不同的用户访问权限来对系统开放相应的控制手段，以此来确保系统的安全性。

### 2.2.3 SQL 的特点

对于 SQL 来说，其核心部分类似于关系代数，但却具备了数据聚集、数据库更新等特点。综上所述，SQL 是一个功能丰富、强大的综合性关系数据库语言。

#### 2.2.3.1 SQL 风格统一

在数据库完整的生命周期中，SQL 能够独立地完成其全部活动，包含关系模式定义、数据库建立、数据录入、查询、更新、维护、数据库重构、数据库控制等一系列操作。以上操作为数据库应用系统提供了良好的开发环境。除此之外，在数据库后续的应用阶段中，可根据需求关系对其模式进行实时更改，且能保持数据库的正常运行，从而使系统具备良好的可扩充性。

#### 2.2.3.2 高度非过程化

非过程化是指编程语言的组织不是围绕过程的，它所编写的程序可以不必遵守计算机执行的实际步骤，使人们不需要关心问题的解决方法与计算过程的描述。因此，在用 SQL 进行的操作时，用户只需要关心操作的目的，而不必在意操作的具体流程。这极大地减轻了用户负担，并且一定程度上提高了数据独立性。

#### 2.2.3.3 面向集合的操作方式

SQL 采用的是集合操作的方式，不论是数据的查找结果还是插入、删除、更新等操作的对象，都可以是元组的集合。

#### 2.2.3.4 以同一种语法结构提供两种使用方式

SQL 既是自含式语言，又是嵌入式语言。作为自含式语言，它能够独立地用于联机交互的使用方式，用户可以在终端键盘上直接输入 SQL 命令对数据库进行操作。作为嵌入式语言，SQL 语句能够嵌入到高级语言（如 C、C#、JAVA）程序中，供程序员设计程序时使用。而在两种不同的使用方式下，SQL 的语法结构基本上是一致的。这种以统一的语法结构提供两种不同的操作方式，为用户提供了极大的灵活性与方便性。

#### 2.2.3.5 语言简洁、易学易用

SQL 具备的功能丰富且强大，但是它的编译语言简洁，在数据定义、数据操纵、数据控制等核心功能中仅使用了 9 个动词，即 CREATE、ALTER、DROP、SELECT、INSERT、UPDATE、DELETE、GRANT、REVOKE。除此之外，SQL 的语法简单，类似于英文口语，这使得它易于学习与使用。

# 2.3 案例：个人信息 SQL 基本操作

## 2.3.1 数据库表

一个数据库通常包含一个或多个表。每个表都是由一个名字标识。表包含带有数据的记录（行）。表 2.1 表示了一个名为"Persons"的数据库表。

表 2.1 数据库表

| Id | Name | Sex | City |
|----|------|-----|------|
| 1 | 张三 | 男 | 成都 |
| 2 | 李四 | 女 | 西安 |
| 3 | 赵五 | 男 | 北京 |

表 2.1 包含三条记录（每一条对应一个人）和四个列（Id，Name，Sex，City）。

## 2.3.2 DML 与 DDL

SQL 为结构化查询语言，用于执行查询的操作。

根据处理对象不同，可将 SQL 分为两个部分：数据操作语言（DML）和数据定义语言（DDL）。

SQL 中的 DDL 部分使用户能够创建或删除表格，也可以定义索引，规定表之间的链接以及施加表间的约束。

SQL 中最重要的 DDL 语句为：

（1）CREATE DATABASE —— 创建新数据库；

（2）ALTER DATABASE —— 修改数据集；

（3）CREATE TABLE —— 创建新表；

（4）ALTER TABLE —— 修改数据库表；

（5）DROP TABLE —— 删除表；

（6）CREATE INDEX —— 创建索引；

（7）DROP INDEX —— 删除索引。

除此之外，SQL 语言同时包含了数据更新、插入和删除的语法，这些指令构成了 SQL 的 DML 部分：

（1）SELECT —— 从数据库表中获取数据；

（2）UPDATE —— 更新数据库表中的数据；

（3）DELETE —— 从数据库表中删除数据；

（4）INSERT INTO —— 向数据库表中插入数据。

## 2.3.3 SELECT 语句

SELECT 语句用于从表中选取数据，结果被存储在一个结果表中。

SELECT 语句的语法：

SELECT 列名称 FROM 表名称 或 SELECT ＊ FROM 表名称

以表2.1为例，如需获取"Name"和"Sex"的列的内容，使用 SELECT 语句如下：

SELECT Name，Sex From Persons

结果如表2.2所示。

表2.2 SELECT 语句处理结果

| Name | Sex |
|------|-----|
| 张三 | 男 |
| 李四 | 女 |
| 赵五 | 男 |

### 2.3.4 UPDATE 语句

UPDATE 语句用于修改表中的数据。

UPDATE 语句的语法：

UPDATE 表名称 SET 列名称 ＝ 新值 WHERE 列名称 ＝ 某值

以表2.1为例，如需修改 Name 是"张三"的人的城市为"云南"，使用 UPDATE 语句如下：

UPDATE Persons SET City ＝'云南' WHERE Name ＝'张三'

结果如表2.3所示。

表2.3 UPDATE 语句处理结果

| Id | Name | Sex | City |
|----|------|-----|------|
| 1 | 张三 | 男 | 云南 |
| 2 | 李四 | 女 | 西安 |
| 3 | 赵五 | 男 | 北京 |

### 2.3.5 DELETE 语句

DELETE 语句用于删除表中的行。

DELETE 语句的语法：

DELETE FROM 表名称 WHERE 列名称 ＝ 值

以表2.1为例，如需删除"赵五"，使用 DELETE 语句如下：

DELETE FROM Persons WHERE Name ＝'赵五'

结果如表2.4所示。

表 2.4    DELETE 语句处理结果

| Id | Name | Sex | City |
|----|------|-----|------|
| 1 | 张三 | 男 | 云南 |
| 2 | 李四 | 女 | 西安 |

### 2.3.6    INSERT INTO 语句

INSERT INTO 语句用于向表格中插入新的行。

INSERT INTO 语句的语法：

INSERT INTO 表名称 VALUES（值 1，值 2，…）

以表 2.1 为例，如需在每一列添加新值（"4"，"王六"，"男"，"深圳"），使用 INSERT INTO 语句如下：

INSERT INTO Persons VALUES（"4"，"王六"，"男"，"深圳"）

结果如表 2.5 所示。

表 2.5    INSERT INTO 语句处理结果

| Id | Name | Sex | City |
|----|------|-----|------|
| 1 | 张三 | 男 | 云南 |
| 2 | 李四 | 女 | 西安 |
| 3 | 赵五 | 男 | 北京 |
| 4 | 王六 | 男 | 深圳 |

第二篇
分析篇

# 3

# 大数据采集

## 3.1  数据类型

大数据可以划分为结构化数据和非结构化数据两种形式。结构化数据主要指可以通过二维表结构(通过行和列)来表示的数据,是最常见的数据存储和表现形式。例如,班级的学生基本信息表(如图 3.1 所示)、学校的教师基本信息表、企业工商信息表等。非结构化数据则是不能够通过二维表结构表示的数据,即除了结构化数据以外的数据。常见的非结构化数据主要有文本数据、语音数据、网络、图片和视频等数据。根据来源的不同,非结构化数据又可以划分为人为生成的非结构化数据和机器生成的非结构化数据。其中,前者主要是指个体(网民)在互联网上进行交流、分享等行为产生的数据,如电子邮件、微信朋友圈、上传在 B 站等平台的视频、平台上的评论数据等。后者指由机器产生的数据,如卫星图像、监控视频和传感器等数据。

随着互联网和数据存储技术的发展,传统的结构化数据已无法满足现阶段人们对于数据统计分析的要求。而对于非结构化数据,其自身数据量呈指数级增长,且这类数据的潜在价值也越来越受到人们的重视。但是,非结构化数据通常并不具有严格的表现形式,在数据采集上也会各不相同。这一章主要介绍结构化数据的采集,同时为了兼顾内容的完整性,本章也会简要介绍非结构化数据的采集。

数据集由数据对象组成,在二维表中(见图 3.1),每一行代表一个数据对象。因此,在学生信息数据集中,数据对象即学生。同样的,在教师信息数据集中,数据对象为教师;在医院信息系统的数据库中,数据集的数据对象可以是患者或医生等。简而言之,根据收集数据的目的不同,数据对象也不尽相同。例如,如果销售部门需要分析市场需求时,通常会采用问卷调查的方式获取消费者的信息和偏好,此时,数据对象为消费者或者潜在顾客。根据学科的不同,数据对象也有很多称呼,如样本、实例、数据元组和数据点等。

| | A | B | C | D | E | F | G | H | I | J |
|---|---|---|---|---|---|---|---|---|---|---|
| 1 | 学号 | 姓名 | 性别 | 年龄 | 专业 | 课程1 | 课程2 | 课程3 | 总成绩 | 成绩等级 |
| 2 | 1001 | 张** | 男 | 18 | 工商管理 | 62 | 62 | 85 | 209 | 合格 |
| 3 | 1002 | 李** | 女 | 17 | 工商管理 | 99 | 84 | 51 | 234 | 不合格 |
| 4 | 1003 | 赵** | 男 | 19 | 工商管理 | 97 | 95 | 70 | 262 | 合格 |
| 5 | 1004 | 徐** | 女 | 18 | 工商管理 | 79 | 67 | 99 | 245 | 合格 |
| 6 | 1005 | 王** | 男 | 18 | 工商管理 | 85 | 82 | 56 | 223 | 不合格 |
| 7 | 1006 | 刘** | 女 | 18 | 工商管理 | 63 | 61 | 89 | 213 | 合格 |
| 8 | 1007 | 陈** | 男 | 18 | 工商管理 | 66 | 89 | 72 | 227 | 合格 |
| 9 | 1008 | 王** | 女 | 18 | 工商管理 | 79 | 93 | 68 | 240 | 合格 |
| 10 | 1009 | 郭** | 男 | 18 | 管理科学与工程 | 79 | 81 | 68 | 228 | 合格 |
| 11 | 1010 | 刘** | 女 | 18 | 管理科学与工程 | 62 | 66 | 85 | 213 | 合格 |
| 12 | 1011 | 韩** | 男 | 18 | 管理科学与工程 | 51 | 95 | 82 | 228 | 不合格 |
| 13 | 1012 | 岳** | 女 | 19 | 管理科学与工程 | 62 | 78 | 63 | 203 | 合格 |
| 14 | 1013 | 李** | 男 | 17 | 管理科学与工程 | 80 | 95 | 76 | 251 | 合格 |
| 15 | 1014 | 罗** | 女 | 16 | 管理科学与工程 | 86 | 58 | 68 | 212 | 不合格 |
| 16 | 1015 | 罗** | 男 | 18 | 管理科学与工程 | 65 | 56 | 85 | 206 | 不合格 |
| 17 | 1016 | 陈** | 女 | 18 | 管理科学与工程 | 97 | 73 | 59 | 229 | 不合格 |
| 18 | 1017 | 徐** | 男 | 18 | 管理科学与工程 | 67 | 90 | 60 | 217 | 合格 |
| 19 | 1018 | 王** | 女 | 18 | 管理科学与工程 | 92 | 85 | 74 | 251 | 合格 |
| 20 | 1019 | 李** | 男 | 18 | 计算机与科学 | 57 | 96 | 85 | 238 | 不合格 |
| 21 | 1020 | 郭** | 女 | 19 | 计算机与科学 | 97 | 78 | 50 | 225 | 不合格 |
| 22 | 1021 | 刘** | 男 | 18 | 计算机与科学 | 92 | 60 | 66 | 218 | 合格 |
| 23 | 1022 | 韩** | 女 | 18 | 计算机与科学 | 67 | 75 | 80 | 222 | 合格 |
| 24 | 1023 | 岳** | 男 | 18 | 计算机与科学 | 76 | 51 | 81 | 208 | 不合格 |
| 25 | 1024 | 李** | 女 | 18 | 计算机与科学 | 75 | 78 | 100 | 253 | 合格 |
| 26 | 1025 | 刘** | 男 | 19 | 计算机与科学 | 59 | 99 | 53 | 211 | 不合格 |

**图 3.1　学生基本信息表**

数据对象由不同的属性组成,用来表示该对象的某一方面的特征。例如,在图 3.1 中,每一个数据对象(学生)可以有学号、姓名、性别、年龄和专业等 10 个属性,这些属性都从不同的层面反映了该数据对象的信息或特征,因此属性又称为特征。此外,同一属性不同数据对象的取值可能不同,如对于学生的"专业"这一属性而言,学号 1001 的学生的专业为"工商管理",而学号 1010 的学生为"管理科学与工程"专业,因此有些书籍中也把属性称为变量。对于给定的属性(列),不同的数据对象有不同的值,这些值也称作观测值。如"性别"属性,不同数据对象的取值也不同,学号 1001 的是男学生,而 1002 则为女学生。在 Excel 表格中,我们可以通过行(对象)和列(属性)确定出该数据对象在这一属性下的观测值。例如,如果需要查询学号为 1004 的学生的专业,可以定位于第 5 行 E 列所对应的单位格,单元格的信息即为该学生的专业信息。

从图 3.1 中可以看出,每一个属性的观测值的类型也各不相同。从直观上来看,有数值型的属性和文本型的属性。例如,学生姓名是文本,而课程成绩则为数字。根据属性可能的取值的不同,可以划分出不同的属性类型(数据类型)。接下来主要介绍属性的不同类型,包括标称属性、二元属性、序数属性和数值属性。

### 3.1.1　标称属性

标称属性,顾名思义,即和名称相关的属性。标称属性的观测值为一些符号或者事物的名称。例如,企业员工的教育水平,其值通常包含小学、初中、高中、本科、硕士、博士和其他。根据皮肤肤色(属性)的不同,可以将人划分为黄种人、白种人和黑种人等。这些属性均为标称属性。同样的,在图 3.1 中,标称属性包括姓名、性别和专业三个属性。其中,在大多数实际应用中,姓名这一属性通常不具有价值,既不具有很强的独特性(可能有重名)也不具有一般性(很难按照姓名对数据对象进行划分,或者这种划分本身的意义并不大)。而学校可以基于专业这一属性,根据不同的专业设置不同的培养方案和开设不同的课程,或者根据性别的不同,安排学生住宿。可以看出,标称属性可能的取值通常是有限多个,如果可能的取值太多的话,这个标称属性本身意义就不大了。例如,学生的姓名这一属性,可能存在的汉字组合有无穷多个,将这一属性作为标称属性并没有太大的数据分析价值(除非是姓氏统计等任务),只是在人与人的交往过程中,我们需要名字来称呼他人。因此,标称属性也可以看作是类别属性,其值也是可枚举的(类别总数是有限的)。

### 3.1.2 二元属性

当标称属性只有两个可能的类别时,也称该标称属性为二元属性。如图 3.1 中的性别,只有"男"和"女"两种可能的取值,则性别这一属性也称为二元属性。一般的,在数据预处理时,需要将二元属性用 0-1 编码表示。如将"男"用 0 表示,而 1 表示性别为"女"。需要说明的是,这里的 0 和 1 并不是表示数值,而仅仅是表示一种状态,或者一种类别。例如,在患者信息表中,通常用 0 表示患者不抽烟,而 1 表示抽烟的患者,即 1 表示抽烟的状态。同样的,可以用 1 表示检查结果为阳性,而 0 为阴性。

根据两种状态是否具有同等的权重,可以将二元属性划分为对称和非对称两种。如性别中的"男"和"女"就是两个对称的状态。而在新冠病毒检测中,我们的主要目的是筛选出阳性的患者,即更关心新冠病毒阳性的患者,对于这一类患者需要进一步采取治疗和隔离。此时,阳性和阴性这两个结果并不具有同等的重要性,因此称为非对称的二元属性。

### 3.1.3 序数属性

序数属性可能的值存在等级差别和顺序关系,但这种差别往往是不能实现准确量化的,或者说准确的量化这种差别无实际意义。例如,奶茶店中的奶茶会有大杯、中杯和小杯的划分。这里的大、中、小表示每一杯奶茶的量为多大,存在一种递减的关系。同样的,在会计行业,有不同等级的会计资格证书,包括初级会计师资格证、中级会计师资格证和高级会计师资格证。这三个等级的证书表示该员工的专业技术(会计)的水平,随着等级的增加,该员工的专业技术也是增加的,但这种增加的量是无法确切量化的。又如,在客户满意度调查中,通常将客户满意度划分为非常满意、满意、一般、不满意和非常不满意 5 个等级。这些等级反映了客户的主观评估,也是一种序数属性。

需要说明的是,标称属性(包括二元属性)和序数属性都是定性的。这些属性的值不能进行量化,仅仅表示该数据对象在这一属性下的类别或等级。尽管有时也使用整数或 0-1 变量表示不同的类别,但这些数仅仅是一种表示形式,不具有真实的数值意义(其加减等运算并无意义)。

### 3.1.4 数值属性

与前面所介绍的属性不同,数值属性是可量化的,通常用整数和实数值表示。例如,在图 3.1 中,学生的年龄为数值属性,年龄为 19 岁的学生比 18 岁的学生大一岁。同样的,分数也是数值属性,成绩 95 分比成绩 60 的高 35 分,即可以量化两者之间的差值。类似的例子，在健康体检时，身高和体重属性；企业基本信息登记时，企业的员工数和经营年限等属性；日历日期、速度、货币量等属性。

通常来说，数值属性的观测值一定为整数和实数值，然而观测值为整数值的属性不一定为数值属性。例如，前文所说的，可以用 0 和 1 表示二元属性的取值，此时 0 和 1 并不具有数值意义，只是一种编码符号。

在功能上，标称属性和二元属性主要是确定对象的类别，属于定类型的属性；序数属性则主要确定数据对象的顺序和等级，属于定序的属性；而数值属性则量化了数据对象的某一特征，是定量的属性。

除了根据定性和定量来划分属性外，根据属性的取值是否连续，可以将属性划分为离散属性和连续属性两种。其中，离散属性可能的取值只有有限多个，如奶茶的杯型只有大、中和小三种取值；新冠病毒的检测结果只有阴性和阳性两种取值。除了离散属性外的其他属性都称为连续属性。可以说，大多数的数值属性（观测值为实数值）都是连续属性。

### 3.1.5 数据属性的 Excel 实操

接下来主要介绍在 Excel 表格中，怎么查看数据属性和修改数据格式。仍然以图 3.1 中的数据为例，该表为学生基本信息表。其中，第 1 行为表头，表示该表所包含的所有的数据字段和属性，第 2～26 行为 25 个学生的信息，即有 25 个数据对象。在这张表中，第一列为学生的学号，可以作为学生的唯一标识，即每位学生的学号是唯一且固定的。表中主要包括文本型的数据和数值型的数据，如姓名、性别、专业和成绩等级均是文本型的数据，而年龄以及课程 1、课程 2 和课程 3 的成绩为数值型的数据。

通常来说，如果单元格中的数据是文本（汉字、英文字母等），那么该单元格的数据一定是文本型的数据，如专业这一列，取值全是汉字表示的，所以其格式也一定是文本。但是单元格的数据为数值时，其格式并不一定是数值型的数据，也有可能是以文本形式存储的数字。那么如何判断单元格的数据是什么格式呢？这里可以使用 ISNUMBER 和 IS-TEXT 函数，判断该单元格是数值型数据还是文本型数据。例如，为了判断课程 1 所在列是否为数值型数据，可以在第 K 列新建一个属性"课程 1 格式"，然后在 K2 单元格输入"=ISNUMBER(F2)"，用于判断 F 列下 F2 单元格是否为数值型，如果为数值型，则返回 TRUE，反之为 FALSE，最后再下拉得到每一行 F 列单元格的属性，从而判断其是否为数值型（见图 3.2）。可以看出，K 列所有取值均为 TRUE，即课程 1 的属性都是数值型的。

除了能够判断每一列的属性是否为数值型外，有时还需要我们改变原始表格中的属性类型。例如，在学生基本信息表中，学号这一项是每个学生的唯一标识，尽管学号是用 5 位的阿拉伯数字表示的，但是这个数字并不是一个数值，在后续的数据预处理和数据分析中，也不需要将学号作为数值属性来处理。因此，需要转换学号这一列的数据格式为文本型。具体操作如下：

(1) 选中学号所在列(A 列)，单击 Excel 表菜单栏的"数据"项，单击"分列"选项；

(2) 在弹出对话框的界面中，单击两次"下一步"按钮；

(3) 最后将列数据格式改为文本，单击"完成"按钮。

学号的数据格式已被修改为"文本格式"，如图 3.3 所示。

| | A 学号 | B 姓名 | C 性别 | D 年龄 | E 专业 | F 课程1 | G 课程2 | H 课程3 | I 总成绩 | J 成绩等级 | K 课程1格式 |
|---|---|---|---|---|---|---|---|---|---|---|---|
| 1 | 学号 | 姓名 | 性别 | 年龄 | 专业 | 课程1 | 课程2 | 课程3 | 总成绩 | 成绩等级 | 课程1格式 |
| 2 | 1001 | 张** | 男 | 18 | 工商管理 | 62 | 62 | 85 | 209 | A | TRUE |
| 3 | 1002 | 李** | 女 | 17 | 工商管理 | 99 | 84 | 51 | 234 | C | TRUE |
| 4 | 1003 | 赵** | 男 | 19 | 工商管理 | 97 | 95 | 70 | 262 | A | TRUE |
| 5 | 1004 | 徐** | 女 | 18 | 工商管理 | 79 | 67 | 99 | 245 | A | TRUE |
| 6 | 1005 | 王** | 男 | 18 | 工商管理 | 85 | 82 | 56 | 223 | C | TRUE |
| 7 | 1006 | 刘** | 女 | 18 | 工商管理 | 63 | 61 | 89 | 213 | A | TRUE |
| 8 | 1007 | 陈** | 男 | 18 | 工商管理 | 66 | 89 | 72 | 227 | A | TRUE |
| 9 | 1008 | 王** | 女 | 18 | 工商管理 | 79 | 93 | 68 | 240 | A | TRUE |
| 10 | 1009 | 郭** | 男 | 18 | 管理科学与工程 | 79 | 81 | 68 | 228 | A | TRUE |
| 11 | 1010 | 刘** | 女 | 18 | 管理科学与工程 | 62 | 66 | 85 | 213 | A | TRUE |
| 12 | 1011 | 韩** | 男 | 18 | 管理科学与工程 | 51 | 95 | 82 | 228 | C | TRUE |
| 13 | 1012 | 岳** | 女 | 19 | 管理科学与工程 | 62 | 78 | 63 | 203 | A | TRUE |
| 14 | 1013 | 李** | 男 | 17 | 管理科学与工程 | 80 | 95 | 76 | 251 | A | TRUE |
| 15 | 1014 | 罗** | 女 | 16 | 管理科学与工程 | 86 | 58 | 68 | 212 | C | TRUE |
| 16 | 1015 | 罗** | 男 | 18 | 管理科学与工程 | 65 | 56 | 85 | 206 | C | TRUE |
| 17 | 1016 | 陈** | 女 | 18 | 管理科学与工程 | 97 | 73 | 59 | 229 | C | TRUE |
| 18 | 1017 | 徐** | 男 | 18 | 管理科学与工程 | 67 | 90 | 60 | 217 | A | TRUE |
| 19 | 1018 | 王** | 男 | 18 | 管理科学与工程 | 92 | 85 | 74 | 251 | A | TRUE |
| 20 | 1019 | 李** | 男 | 18 | 计算机与科学 | 57 | 96 | 85 | 238 | C | TRUE |
| 21 | 1020 | 郭** | 女 | 19 | 计算机与科学 | 97 | 78 | 50 | 225 | C | TRUE |
| 22 | 1021 | 刘** | 男 | 18 | 计算机与科学 | 92 | 60 | 66 | 218 | A | TRUE |
| 23 | 1022 | 韩** | 女 | 18 | 计算机与科学 | 76 | 75 | 80 | 222 | A | TRUE |
| 24 | 1023 | 岳** | 女 | 18 | 计算机与科学 | 76 | 51 | 81 | 208 | C | TRUE |
| 25 | 1024 | 李** | 女 | 18 | 计算机与科学 | 75 | 78 | 100 | 253 | A | TRUE |
| 26 | 1025 | 刘** | 男 | 19 | 计算机与科学 | 59 | 99 | 53 | 211 | C | TRUE |

图 3.2　课程 1 属性判断

| | A 学号 | B 姓名 | C 性别 | D 年龄 | E 专业 | F 课程1 | G 课程2 | H 课程3 | I 总成绩 | J 成绩等级 | K 课程1格式 |
|---|---|---|---|---|---|---|---|---|---|---|---|
| 1 | 学号 | 姓名 | 性别 | 年龄 | 专业 | 课程1 | 课程2 | 课程3 | 总成绩 | 成绩等级 | 课程1格式 |
| 2 | 1001 | 张** | 男 | 18 | 工商管理 | 62 | 62 | 85 | 209 | A | TRUE |
| 3 | 1002 | 李** | 女 | 17 | 工商管理 | 99 | 84 | 51 | 234 | C | TRUE |
| 4 | 1003 | 赵** | 男 | 19 | 工商管理 | 97 | 95 | 70 | 262 | A | TRUE |
| 5 | 1004 | 徐** | 女 | 18 | 工商管理 | 79 | 67 | 99 | 245 | A | TRUE |
| 6 | 1005 | 王** | 男 | 18 | 工商管理 | 85 | 82 | 56 | 223 | C | TRUE |
| 7 | 1006 | 刘** | 女 | 18 | 工商管理 | 63 | 61 | 89 | 213 | A | TRUE |
| 8 | 1007 | 陈** | 男 | 18 | 工商管理 | 66 | 89 | 72 | 227 | A | TRUE |
| 9 | 1008 | 王** | 女 | 18 | 工商管理 | 79 | 93 | 68 | 240 | A | TRUE |
| 10 | 1009 | 郭** | 男 | 18 | 管理科学与工程 | 79 | 81 | 68 | 228 | A | TRUE |
| 11 | 1010 | 刘** | 女 | 18 | 管理科学与工程 | 62 | 66 | 85 | 213 | A | TRUE |
| 12 | 1011 | 韩** | 男 | 18 | 管理科学与工程 | 51 | 95 | 82 | 228 | C | TRUE |
| 13 | 1012 | 岳** | 女 | 19 | 管理科学与工程 | 62 | 78 | 63 | 203 | A | TRUE |
| 14 | 1013 | 李** | 男 | 17 | 管理科学与工程 | 80 | 95 | 76 | 251 | A | TRUE |
| 15 | 1014 | 罗** | 女 | 16 | 管理科学与工程 | 86 | 58 | 68 | 212 | C | TRUE |
| 16 | 1015 | 罗** | 男 | 18 | 管理科学与工程 | 65 | 56 | 85 | 206 | C | TRUE |
| 17 | 1016 | 陈** | 女 | 18 | 管理科学与工程 | 97 | 73 | 59 | 229 | C | TRUE |
| 18 | 1017 | 徐** | 男 | 18 | 管理科学与工程 | 67 | 90 | 60 | 217 | A | TRUE |
| 19 | 1018 | 王** | 男 | 18 | 管理科学与工程 | 92 | 85 | 74 | 251 | A | TRUE |
| 20 | 1019 | 李** | 男 | 18 | 计算机与科学 | 57 | 96 | 85 | 238 | C | TRUE |
| 21 | 1020 | 郭** | 女 | 19 | 计算机与科学 | 97 | 78 | 50 | 225 | C | TRUE |
| 22 | 1021 | 刘** | 男 | 18 | 计算机与科学 | 92 | 60 | 66 | 218 | A | TRUE |
| 23 | 1022 | 韩** | 女 | 18 | 计算机与科学 | 76 | 75 | 80 | 222 | A | TRUE |
| 24 | 1023 | 岳** | 男 | 18 | 计算机与科学 | 76 | 51 | 81 | 208 | C | TRUE |
| 25 | 1024 | 李** | 女 | 18 | 计算机与科学 | 75 | 78 | 100 | 253 | A | TRUE |
| 26 | 1025 | 刘** | 男 | 19 | 计算机与科学 | 59 | 99 | 53 | 211 | C | TRUE |

图 3.3　学生基本信息表（学号为文本格式）

可以看出，尽管学号列的数据形式仍然是通过数字来表示，但是在每一个单元格左上角都有一个绿色的"三角"，表示该单元格的数据是以文本形式存储的数字。

同样的，有时也需要将以文本存储的数字改为数值格式，此时，基本操作步骤和上述操作步骤一致，只是在第三步时，选择列数据格式为常规即可。

除了设置文本和数值格式外，还可以在 Excel 中设置不同的单元格的数字的展示格式。操作步骤为：选择某一列，单击鼠标右键，选择"设定单元格格式"，在弹出的会话框（见图 3.4）中选择合适的格式，单击"确定"按钮即可。

图 3.4　设置单元格格式

　　在 Excel 中，设定合适的列格式在后续工作中十分重要。例如，如果学生基本信息表中的课程成绩列是文本格式，那么我们无法对这一列的数据进行加减乘除运算和统计。同样的，如果学号列是数值格式，则无法完成匹配工作。

# 3.2　大数据采集方案制定

　　从流程和步骤上来说，大数据技术主要分为大数据采集技术、大数据存储技术、大数据处理技术和大数据可视化技术。图 3.5 给出了大数据技术相关流程。从图 3.5 中可以看出，在进行数据收集和处理前，需要根据实际任务需求，确定合适的数据源；然后使用大数据采集技术，从数据源中采集相关数据；使用大数据存储技术，将收集的数据存储在 HIVE 等数据库中；之后结合商业需求，基于数据库中的数据，数据分析师进行数据清洗、数据分析和建模，对数据进行处理，挖掘数据中的潜在价值；最后，基于数据分析结果，前端技术人员对这些结果进行可视化处理，如制定网页、展示数据分析的结果、包装产品等。

　　从大数据技术相关流程上来看，大数据采集是整个流程的第一步，是后续工作的基础。如果这一步没有做好，势必影响后续的数据分析，甚至可能导致企业错误的决策，从而带来巨大的经济损失。因此，在大数据采集实施前，需要设定一个完整可靠的实施方案。本节简要介绍大数据采集方案的制定，为后续大数据采集相关流程奠定框架。

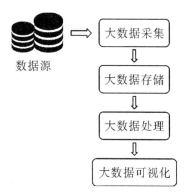

图 3.5 大数据技术相关流程

### 3.2.1 确定数据采集的目标

在设定方案之前,需要考虑这一方案的目标,包括整体目标、数据分析目标和数据采集目标。图 3.6 给出了目标确定流程。首先是确定整体目标,如企业的营收目标,这一目标通常由企业高层领导决定。其次,在确定了整体目标之后,公司的数据管理和分析部门需要根据企业的整体目标,分析实现整体目标所需的数据支持,即整个部门的数据相关目标。最后,根据部门的目标,数据采集专员需要分析和确定整个数据采集的目标,即通过数据采集后,所达到的期望成果。虽然不同层次的目标由不同部门制定,但是整个目标的确定过程是一个整体,从上到下环环相扣。因此,在确定目标的过程中,需要各个部门的协调和良好的沟通。

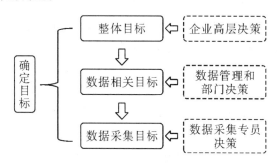

图 3.6 目标确定流程

确定数据采集的目标需要员工紧密结合数据相关目标,保持和数据相关目标的一致性,同时也要保证与数据存储与分析目标的协调性。下面,通过简单的例子说明目标制定流程。假设某餐饮企业需要进行行业业务范围的扩张,从而提高该企业的市场占有率、提高企业的利润(企业整体目标)。为了实现这一目标,数据相关部门需要分析如何从数据层面辅助企业更好地实现该目标,主要包括整个餐饮行业的数据分析、可能扩张的区域的消费者群体的口味偏好分析,等等。而要进行这些分析,则需要数据管理和分析部门采集数据和分析数据,即确定数据相关目标。在数据相关目标确定后,数据采集专员需要根据该目标,确定数据采集的整体目标,即在既定时间内完成重要数据收集的目标,包括消费者偏好相关数据和行业前景分析所需的数据等。

### 3.2.2　数据采集方案的关键要素

结合数据采集目标,图 3.7 给出了数据采集方案制定的关键步骤,包括确定所需采集的数据、数据的来源、确定数据采集技术、制订计划表、设备与成本评估和下游任务支持。

首先是确定所需采集的数据,主要包括确定所需采集的对象、字段(属性)、数据量(样本总数),等等。例如,当数据采集的目标是收集某地区消费者的口味偏好信息时,那么所需采集的数据对象就是该地区的消费者群体。同时根据实际情况,也需要对数据对象进一步细分,如对于奶茶店来说,其客户群体主要是年轻女性,男性消费者占少数。那么,所采集的数据对象应当按照女多男少的比例进行分配,同时在年龄上也需要重点采集年轻人的数据。除了确定采集的数据对象外,还需要确定数据的字段或属性,即所需收集的信息。例如,在了解某地区消费者对奶茶的口味偏好时,除了基本的个人信息(性别、年龄等)外,还需要询问该消费者喝奶茶的频次(以此判断该用户是否为潜在的消费者)、常去的奶茶店(了解潜在的竞争者)、在什么时候哪种情况下会购买奶茶以及口味偏好(更细致深入地了解该消费者的口味偏好)等。通常来说,这种数据采集主要通过问卷调查进行,因此在进行数据采集前,需要提前确定好所需收集的字段,避免在采集时漏掉关键的信息。同时,问卷调查的问题要尽量精简,保留最核心的字段即可。例如,在调查消费者对奶茶口味的偏好时,没必要问消费者是否婚配等对数据采集目标无任何贡献的信息。这样有助于消费者把精力集中在我们设置的核心问题上,避免因为问卷问题太多导致收集的信息不确切、不可靠。另外,还需要确定采集的数据量。从理论上来说,如果能够拿到全量的数据当然最好,因为这样可以反映数据的全貌。但是,这并不一定可行。例如,在收集某地区消费者偏好信息时,由于人力、物力和财力的限制,我们不可能调查出所有消费者的偏好信息。因此,在实际操作中,需要我们对整个消费者群体进行随机采样的处理,只对采样所得的消费者进行消费者偏好调查。然后,利用采样所得样本,来反推消费者总体的偏好信息。此时,需要我们确定采样的样本总数,样本数过大会造成人力、物力和财力的浪费,而样本过少则可能不能得出准确的结果,不能反映总体的信息。

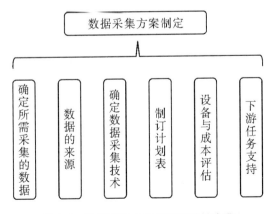

**图 3.7　数据采集方案制定的关键步骤**

前面所讲的确定所需采集的数据主要针对传统的结构化数据,即可以用二维表表示的数据。有时,根据数据采集的目标,还需要采集一些非结构化数据。与传统的结构化数据不同,非结构化数据通常没有确定的属性或字段,因此,在采集非结构化数据时,只需要确定所采集的数据对象和数据量即可。假设某短视频平台需要设计一套短视频的审核系统,即通过该系统来判断用户所上传的视频内容是否合法、是否含有暴力镜头等。那么对于数据采集部门来说,主要收集的数据就是短视频,即数据对象是一个视频文件,而数据量的大小就是所需收集的视频文件的个数。可以看出,在这个例子中,并没有收集的字段信息。但是,这并不意味着这些数据不包含有价值的信息,相反,这些数据反映的信息可能更多。例如,著名的"照片泄密案"——"铁人"王进喜。日本情报专家根据照片中王进喜的穿着,判断出他的工作地点在东北;从王进喜手握的钻机手柄和背后钻井的信息判断出了该油田可能的石油储量和产量。可以看出这些图片数据的信息虽然不能通过字段来一列一列地展示给我们,但是所包含的信息都展现在图片中。随着大数据技术和人工智能的发展,我们可以使用深度学习等技术自动提取这些非结构化的数据信息,并将这些信息用二维表展示出来,用于后续的数据分析任务。

需要说明的是,在确定所需采集的数据时,需要评估这部分数据是否能够获取,以及收集这些数据是否会触犯相关法律法规。如果这部分数据无法获取,或者获取这部分数据所需成本太高,不具有可行性,那么需要我们重新商定所需采集的数据。近年来,大数据安全和隐私问题也越来越受到民众的关注。2021 年 6 月 10 日通过的《中华人民共和国数据安全法》更是把数据安全上升到了法律规范的高度。因此,在确定所需数据时一定要遵守相关法律法规,仔细评估这些数据是否会涉及数据安全问题。

确定了所需采集的数据之后,需要我们确定数据的来源,即从何处收集所需的数据。例如,在调查某地区消费者的偏好信息时,数据的来源为消费者,即线下采集的数据;在申请贷款时,银行需要通过收集客户的信息来评估该客户的信用情况,因此在申请贷款前,通常需要客户填写一系列的表格来采集客户的信用信息。近年来,随着移动手机的发展,越来越多的信息采集任务也可以通过移动端进行填写和申请来完成。同时,用户在填写这些信息时的行为特征也被记录下来,如滑动手机的快慢等行为特征,此时数据来源即为手机(手机中的感应器)。不同的个体获取同一数据的方式也可能不同。例如,对于学生和研究人员来说,如果要分析某线上购物平台对某种产品的评价信息,那么则需要研究人员在互联网上收集这些评论。但是对于平台管理者和平台上的商家来说,则可以通过企业内部的数据采集系统,自动采集这些数据,并进行存储。

当所需数据和来源都确定之后,就需要决定采集这些数据所需的技术和方法。有关大数据获取的方式和相关技术详见本章第三、四节,这里不再细讲。

好的数据采集方案离不开好的时间规划。在确定了数据采集相关的任务之后,还需要将这些任务进行细分,并根据任务的顺序关系,给每个任务设定一个截止日期。以消费者偏好数据采集为例,图 3.8 给出了这一任务的时间规划表。首先是确定所需数据采集的内容和地点,这一工作在两天之内完成(2021 年 6 月 1 日至 2 日)。在本例中,我们采用实地调查的方式采集消费者信息。在确定这些内容后,需要拟定一份问卷调查表,这一任务需要在 2021 年 6 月 8 日之前完成。可能在实际执行中,问卷调查表还需要反复进行验证和讨论,从初版到最终版要经过几轮的修改。因此,可以根据实际情况,对图

3.8 的规划表再进行细分。在问卷调查表设计完成后,就需要去实地进行问卷调查了。此时,需要根据实际情况确定工作量和工作持续时间。当所需采集的样本数多且采集的点很分散时,可以适当延长问卷调查的时间;反之,则可以缩短问卷调查的时间,这里给了 6 个工作日的时间。最后,在问卷调查完成后,还需要将纸质的信息整理,录入数据库中(或 Excel 表中)。在这一过程中,需要信息采集专员筛选出合格的问卷调查表,剔除那些有明显问题的问卷,然后准确地录入信息,避免错误。

| ID | 任务名称 | 开始时间 | 完成 | 持续时间 | 2021年6月 (1–20) |
|---|---|---|---|---|---|
| 1 | 确定数据采集内容、地点 | 2021/6/1 | 2021/6/2 | 2天 | 1–2 |
| 2 | 拟定问卷调查表 | 2021/6/3 | 2021/6/8 | 4天 | 3–8 |
| 3 | 实地问卷调查 | 2021/6/9 | 2021/6/16 | 6天 | 9–16 |
| 4 | 筛选、录入数据 | 2021/6/17 | 2021/6/22 | 4天 | 17–20 |

图 3.8　消费者偏好数据采集的时间规划表

在完成上述关键要素之后,一个比较完整的数据采集方案就接近完成了。接下来就需要结合实际情况,评估该数据采集方案的可行性。首先,需要评估人力资源的可行性,即团队是否能够保质保量完成该任务、团队中哪些人有能力完成哪些任务以及任务的分工与合作。其次,需要评估设备和物力的可行性,即团队已有设备是否能够支持该团队完成该数据采集任务。例如,公司服务器的配置和算力是否能够保证该项任务的顺利进行等。最后,所需财力的评估,即完成这项任务所需的资金,包括从第三方数据平台购买外部数据的资金、第三方外包人员服务支持的酬金、所需设备的资金,等等。在成本可控,且人力、物力和财力都能够得到保障的情况下,如果该方案是可行的,那么该方案才能继续执行下去;反之,则需要根据可行性分析来修改数据采集的方案。

最后,由于数据采集是整个数据相关工作的第一步,也是最为关键的一步,因此在制定数据采集方案时,需要和下游任务的团队和个人积极沟通,了解后续工作任务的需要,这样才能保证整个数据分析任务的有序进行。同样的,数据采集方案的制定也需要数据存储和分析部门的支持,尤其是数据存储部门的技术支持,避免出现所采集的数据不能很好地存储的情况。

### 3.2.3　数据采集方案的示例

表 3.1 给出了一个数据采集方案的简单示例和基本格式。某商业银行需要扩展其在四川省成都市的小微企业的贷款业务。对于这家银行来说,该决策由银行管理层和股东共同决定,企业整体目标是:扩展我司在成都市的小微企业贷款业务,扩大市场占有率,提高利润。要实现这一目标需要不同的部门,包括市场部、金融科技部、销售部等的协同合作。对于金融科技部门和数据管理部门来说,其主要目标是:收集成都市小微企业相关信息,构建小微企业数据库,通过数据分析准确评估小微企业的运营情况,量化和控制小微企业贷款业务的风险。后续将目标落实到数据采集部门(人员),即数据采集部门的主要目标是:采集与小企业运营相关的数据,整理入库,辅助后期数据分析工作(这里我们只考虑了如何通过数据分析对该地区的小微企业进行运营风险评估,并没有考虑市场需求、潜在竞争者等因素)。

在数据采集目标确定后,就进入到数据采集方案制定环节。同样的,需要依次决定数据采集方案的每一个关键要素。

首先是确定所需的数据,这里主要需要收集影响小微企业运营和发展的关键因素,可收集的数据包括(但不限于):小微企业的基本信息数据、小微企业的财务报告数据、行业发展前景以及外部宏观经济环境等。

在数据来源上,由于银行自己去收集小微企业基本信息数据所需耗费的人力和物力太大,投资的周期过长,因此考虑从第三方数据平台购买小微企业基本信息数据;同样的,对于没有上市的企业,其财务数据也是非公开的,因此在财务报告数据采集上,考虑要求小微企业在申请贷款时需要提供近一年的财务报表,而对于那些不在该银行申请贷款的企业,就不再收集它们的财务报表数据;行业发展前景和外部宏观经济环境等数据则可以在国家统计局的统计数据中查询得到,同样的也可以结合分析师对某一行业的分析报告等文本文件作为评估行业发展前景的数据源。

在数据采集技术上,由于小微企业基本信息数据由第三方提供,所以这部分数据需要结合第三方所用技术,将这部分数据采集和入库外包给第三方机构,由第三方提供技术支持,并做好工作对接。财务报告的采集则需要交给信贷专员,由他们负责收集最原始的财务报告,并做好信息录入工作。在行业信息和宏观环境信息收集上,可以通过爬虫技术在网上收集相关信息,同时可以结合行业分析师的分析报告,作为补充数据。

制定时间规划表。从以上描述可以看出,整个数据采集任务是持续进行的,所以这里只能给出其中一些任务的时间计划。这些任务主要包括:确定数据采集方案、外部数据(小企业基本信息)购买谈判、行业和宏观环境数据收集技术准备(代码)、财务数据采集信息确定、数据入库接口技术准备以及数据存储技术支持等子任务。每个任务按照周来制定时间规划,总体时间跨度为2个月。

接下来主要分析这个数据采集方案的可行性,主要从人力、物力和财力三个方面分析。在人力方面,数据采集部门的人员掌握该方案所需技术,并已根据专业做好任务分工。在物力方面,银行的服务器硬件资源充足,相关数据采集所需软件设施配置能够保证数据采集任务的完成,数据库存储空间足够,能够保障所采集的数据顺利入库。在财力方面,需要控制与第三方谈判的成本、购买数据的成本以及提供技术支持的成本,确保成本可控。

最后,在制定数据采集方案时需要和整个部门的任务流程相协调,确保后续任务的顺利进行。

表 3.1　某商业银行就××项目的数据采集方案(示例)

| 确定目标 | 整体目标 | 扩展我司在成都市的小微企业贷款业务,扩大市场占有率,提高利润 |
|---|---|---|
| | 数据相关目标 | 收集成都市小微企业相关信息,构建小微企业数据库,通过数据分析准确评估小微企业的运营情况,量化和控制小微企业贷款业务的风险 |
| | 数据采集目标 | 采集与小微企业运营相关的数据,整理入库,辅助后期数据分析工作 |

表3.1(续)

| | | |
|---|---|---|
| 数据采集方案 | 确定所需的数据 | 小微企业的基本信息数据、小微企业的财务报告数据、行业发展前景以及外部宏观经济环境 |
| | 确定数据来源 | 从第三方购买小微企业基本信息数据，由第三方提供技术支持；<br>在国家统计局等网站上收集行业信息和宏观环境信息，同时可以结合行业分析师的分析报告，作为补充数据 |
| | 确定数据采集技术 | 设置贷款申请表、爬虫技术等 |
| | 时间规划表 | 任务具体名称、开始时间、持续时间及完成时间等 |
| | 设备与成本评估（可行性分析） | 数据采集部门的人员掌握该方案所需技术，并已根据专业做好任务分工；<br>银行的服务器硬件软件设施配置能够保证数据采集任务的完成，数据库存储空间足够，能够保障所采集的数据顺利入库；<br>控制与第三方谈判的成本、购买数据的成本以及提供技术支持的成本，确保成本可控 |
| | 下游任务支持 | 数据存储部门评估，可以提供必要的技术支持，保证所采集的数据顺利入库；<br>数据分析部门评估，拟采集的数据信息全面，能够保证数据分析工作的顺利开展 |

# 3.3　大数据采集方式

第 2 节详细说明了大数据采集方案的制定，可以看出，在制定大数据采集方案时，核心要素是确定大数据的来源和使用的大数据采集技术。其中，数据来源决定了数据的可获取性、数据采集的方式、所需的技术支持和设备。本节主要阐述大数据获取的方式，即怎么获取数据以及从哪儿获取数据。

## 3.3.1　大数据来源

根据大数据来源的不同，可以将大数据获取途径划分为企业内部数据、外部购买数据、网络爬取数据和开源数据四种，如图 3.9 所示。

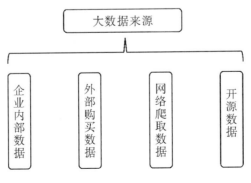

**图 3.9　大数据来源**

#### 3.3.1.1 企业内部数据

企业在日常经营活动中,会产生大量的数据,包括销售数据、工资发放数据、系统日志、员工基本信息数据、考勤数据和财务报告数据等。对于大型的公司来说,通常会建立自己的数据库来存储和管理这些数据。而对于其他公司来说,自己管理这些数据通常成本很高,因此将自己的数据外包给专门的数据管理公司进行管理不失为一种双赢的方式。企业内部数据的潜在价值大,因此这些数据通常是保密的。例如,对于大型超市来说,销售数据为其核心数据,可以通过分析历史销售数据,总结出消费者群体的消费偏好、预测未来的消费需求和确定最优的进货量,等等。员工基本信息数据和考勤数据除了确定员工工资外,公司还可以利用考勤数据分析员工的状态和工作效率等,便于企业管理。财务数据是分析企业过去一年(或一个季度)的财务状况、现金流水情况和股东利益的重要数据源,也是企业制定公司战略的重要依据。

对于企业来说,企业内部数据使用方便、保密性更强,有效防止了信息的泄漏。但是,建立企业内部数据所需的设备、人力等通常不是中小企业所能够承担的。同时,除了数据存储外,要让这些数据发挥价值还需要建立专门的数据分析部门。此外,在实际应用中,通常仅仅使用企业内部数据并不一定能够完成一个项目或者产品,仍然需要外部数据的支持。

#### 3.3.1.2 外部购买数据

在启动一个项目或者开发新产品时,除了依赖企业自身的内部数据外,通常还需要采集一些外部数据。当企业规模不大或者企业建立自己的数据仓库的成本过高时,使用第三方数据不失为一个明智的选择。现阶段有很多的数据分析公司和平台,因此当企业有需求时,可以直接向第三方公司购买数据。当企业缺少数据分析部门时,也可以将数据分析任务外包给这些公司和平台。例如,在企业数据上,企查查平台收集了超过 2 亿+的企业数据,这些数据包括企业工商登记信息、企业股东高管信息、企业年报、企业的涉诉信息等,并提供了数据接口。当企业在购买相关数据后,可以利用这些数据进行分析。另外,小企业之间也可以通过抱团的方式,建立统一的数据存储和分析平台,在分享数据的同时,也分散了数据管理与分析的成本。例如,山东省城市商业银行合作联盟有限公司(以下简称"联盟")就是这种模式,即 34 家城市商业银行将所有数据放在"联盟"中,由"联盟"负责数据存储、分析和管理。在此基础上,"联盟"使用这些数据开发新的产品,反哺各个城商行。

尽管从外部购买数据可以大大降低企业的成本,但是从外部购买数据也有很多弊端。一方面,将企业自己的数据交由第三方公司管理时,不一定能够保证数据的隐私,数据安全性得不到充分的保证;另一方面,从第三方购买数据仍然会面临高购买成本的问题,尤其是当这些数据都掌握在大型垄断性企业手中时。

#### 3.3.1.3 网络爬取数据

随着计算机技术和互联网的发展,网页上产生了海量的数据。这些数据中,有传统的结构化数据,但更多的数据则是由 HTML 文本数据、视频和图片等构成的非结构化数据。当我们需要这些数据时,可以通过网络爬虫的技术采集这些数据(有关爬虫技术的介绍详见下一节)。例如,某公司的市场部需要分析手机行业的发展报告,在收集消费者对手机需求的信息时,除了通过线上或线下问卷调查的形式开展外,还可以在网上获取相关数据。这些数据包括(但不限于)各大电商平台关于不同手机功能的介绍和消费者购买该手机后对该手机的评价等。图3.10给出了某电商平台的一条评论数据。从该评论的格式上来看，该评论不仅有文本信息，也有图片信息和视频信息。从内容来说，该评论给出了五星好评，在手机的外观气质、物流速度、平台和手机品牌等方面给出的高度认可。可以看出，评论数据的格式多样，富含的信息也更多，但是也正是因为这些特性，使得评论数据的采集、存储、分析等工作变得困难。

相对于从第三方购买数据来说，网络爬取数据更加方便、使用灵活，且可以省去购买数据的成本。但是，正如前文所述，网络数据格式多样，这增加了数据获取的技术难度。同时，越来越多的网页开始设置反爬虫机制，这也使得爬取数据变得更加困难。最后，网络上的数据同样涉及数据安全和隐私问题，因违规使用爬虫技术爬取网络数据而触犯法律法规的例子也有很多。目前，我国有关数据安全与所有权的法律法规并不完善，在这种背景下，我们在爬取数据时一定要保持警惕，避免引起不必要的商业纠纷。

图 3.10  用户评论数据

### 3.3.1.4  开源数据

除了上述数据来源外，我们还可以使用免费的开源数据。相比于购买数据和爬取数据，开源数据没有购买成本，且对技术要求更低，是一种既省时又省力的数据获取方式。开源数据主要包括政府开放数据、数据竞赛公开数据和数据共享平台的数据。

(1)政府开放数据。政府开放数据主要是指由国家政府机构定期收集、存储和开发的数据。这些机构主要包括国家统计局、中国人民银行和一些行业协会等。例如，国家统计局定期会收集有关国民经济的数据，统计诸如GDP、总人口、进出口、销售总额和行业的市场规模等信息，通过收集和统计宏观数据，分析国家的经济发展情况。同时，基于这些信息，整理出每年的中国统计年鉴，从人口、国民经济核算、就业、价格和人民生活等多个层次分析近一年内国家的发展。同样的，中国审判流程信息公开网还可以获取有关受理案件的审判流程信息，这有助于企业了解合作者是否有借贷纠纷等情况。最后，证监会等对上市公司的财务数据披露也有严格要求，因此通常来说，上市公司的财务数据更加容易获取。政府开放数据由政府机构组织和运营，权威性更高，数据也更加真实可靠。

(2)数据竞赛公开数据。数据竞赛公开数据是指数据分析比赛所公开的数据。近年来，数据的价值越来越受到大型企业的重视，但是在初期单独成立一个专门的数据分析部门不一定能够起到应有的效果。因此,企业更多地采取与高校科研机构合作的方式,由企业提供数据,高校等科研机构将数据转化为模型和产品,这样实现双赢。此外,采取开展数据竞赛的方式也是一个不错的选择。当企业明确需要使用这些数据做什么产品,但又不知道怎么去做或者缺少专业的团队时,那么企业可以选择开展相关的数据竞赛。由企业提供数据、制定比赛规则、设置奖励,企业对选手基于这些数据所设计的模型保留使用权和所有权。相比于直接和高校合作的方式,开启数据竞赛能够允许更多的人参与,集思广益,同时成本也更低。例如,滴滴的盖亚数据开放计划,借助其大数据技术优势,面向学术界开放了真实脱敏的数据,旨在促进产学研深度融合,推动学术成果转化的同时,也提高了滴滴平台的技术竞争优势。高校老师和学生如果有数据需求,可直接在该平台上进行申请。但是,竞赛数据均为脱敏数据,使用者并不知道这条数据是属于哪个实体对象,甚至不知道每一列数据所代表的字段是什么。因此,这些数据不好关联到其他的数据库,这也降低了这些数据的价值。

(3)数据共享平台的数据。如 github 是一个代码开源平台,在该平台上,每个使用者可以上传和管理自己的项目代码。除了代码外,该平台上还有很多的数据库资源,覆盖各个细分领域的数据,十分适合科研工作者。此外,还有很多高校和科研机构会公开自己团队所采集的数据,如斯坦福大学的大型网络关系开放数据集,用于有关网络关系的研究,涉及十多个不同领域。

### 3.3.2　大数据采集方式

根据大数据采集方式的不同,可以将大数据采集方式划分为离线采集方式、实时采集方式、互联网采集方式和其他采集方式,如图 3.11 所示。

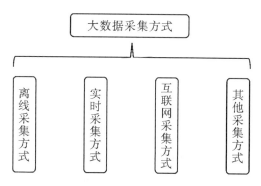

图 3.11　大数据采集方式

#### 3.3.2.1　离线采集方式

离线采集方式主要指将业务系统中的数据进行数据抽取、数据转换和装载操作,将这些标准不统一、杂乱的数据整合在数据仓库中的过程。在实际应用中,离线采集方式通常贯穿企业的整个生命周期。图 3.12 给出了离线采集方式的基本流程。在数据还没入库前,业务数据通常是杂乱无章的,且包含很多无效的数据和字段。如果需要基于这些数据进一步分析,则首先需要将这些数据进行一定的清洗和整理,并入库。离线采集方式贯穿了从业务系统数据到数据仓库的整个过程。首先,需要将不同数据源的数据抽取出来,放在可操作的系统中。在这一过程中,需要进行必要的字段处理,包括统一字

3

大数据采集

段、删除无效冗余字段等。值得注意的是，在进行数据抽取前，需要做大量的调研工作，包括需要哪些数据库的数据、哪些存储文件和存储格式，是否存在手工数据，等等。其次，进行数据清洗和转换。这部分工作是离线采集的重要组成部分，也是最耗时的工作。这里，数据清洗是指过滤掉不符合要求的数据，包括信息不完整的数据（尤其是关键信息缺失的数据）、错误的数据以及重复的数据。数据转换则是统一不同数据源的标准。如在进行数据表格合并时，不同来源的数据对于同一个字段的记录标准可能不一样。例如，日期信息，有的数据是年/月/日的格式，而有的数据则是月/日/年的格式，在进入数据仓库前，需要将这两个格式进行统一。此外，在记录地点信息时，有些表格可能记录得比较详细，具体到了门牌号信息，而有的表格则只有县级信息，此时需要我们根据业务需求，对地点信息进行统一。当业务需要具体到详细地址时，则需要业务人员对地点信息不详细的数据进行填补；当业务只需要县级信息时，则需要将那些详细记录地址信息的数据简化为对应的地址所在县。最后一步即数据入库，将清洗完成的数据写入数据仓库中。

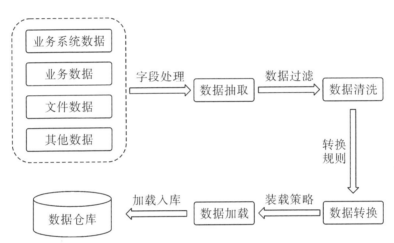

**图 3.12　离线采集方式的基本流程**

### 3.3.2.2　实时采集方式

对于很多大型的企业，尤其是一些互联网平台，如淘宝、京东等，这些企业的数据更新速度快，通常每秒都会产生数百 MB（甚至更多）的新数据。这些数据一般为流式数据，即实时更新、连续到达的大量数据序列，如银行记录的银行卡资金流动信息、淘宝平台的订单信息、平台的 web 访问行为，等等。与批式大数据相比，流式数据更像流水一样不断流入水库，而批式大数据则是静止的水库。因此需要不同于离线采集的方式，对流式数据进行采集，即实时采集。在实时采集时，需要我们将原始的流式数据先"拦截住"，进行采集后再让其通行，其工作流程类似一条生产流水线，流式数据是生产线上的产品，而数据采集专员是生产流水线上的工人。当数据"流"到工人面前时，工人完成对"产品"的"加工"，然后再放在流水线上，由后续工人对其进行后续的处理，最后"传送"到生产线的尾部，再进行"打包"和"装箱"。从这个过程可以看出，实时采集的流程和离线采集的流程类似，都需要进行数据抽取、清洗、转换和加载入库几个阶段。但是与离线采集不同的是，实时采集所处理的场景是流式数据，整个数据采集过程也是实时的。而离线采集则是批量进行,无须每时每刻都进行数据采集。

### 3.3.2.3　互联网采集方式

大数据采集除了离线采集方式和实时采集方式外,还有比较常用的互联网采集方式。互联网采集方式是通过网站公开应用程序接口(API)或者网络爬虫等方式,从互联网上获取有用的数据信息。如百度和谷歌(google)等搜索引擎,就是通过互联网采集方式的技术运行的,在我们输入某一名词时,搜索引擎会返回一系列搜索的结果(如图 3.13所示)。此外,还有一些商业机构,通过"网络爬虫"将互联网中的信息整理成结构化的数据,用于商业用途。例如,新浪微博提供了公开的 API,科研工作者和商业机构可以使用该 API 爬取微博信息,分析网络舆情走向、社交关系,等等。

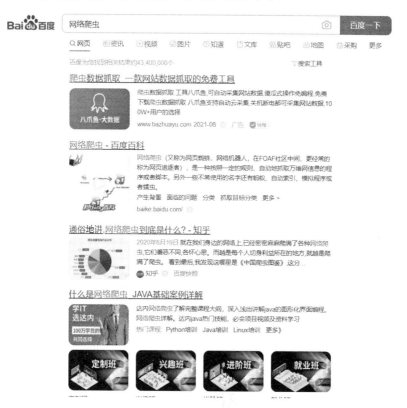

图 3.13　搜索引擎展示的"网络爬虫"的结果

### 3.3.2.4　其他采集方式

除了以上大数据采集方式外,还有一些其他数据采集方式。例如,对于企业来说,其生产经营数据中的客户信息、企业财务报告数据等对保密性要求较高的数据,可以通过与数据技术服务商合作,使用特定的数据接口采集数据。常用的数据技术服务管理软件如深圳市八度云计算信息技术有限公司开发的 BDSaaS,该管理软件可以基于企业需求,量身定制数据管理平台,进行数据采集、数据仓库构建与分析等。

# 3.4  大数据采集工具

第3节介绍了大数据采集的方式,不同的采集方式会用到不同的技术手段和数据采集工具。本节简要介绍大数据采集的工具与相关技术。同时,结合实际案例,说明这些工具的使用方法。

### 3.4.1  网络数据采集工具

网络爬虫是采集网络数据最主要的手段和技术。这里简要介绍网络爬虫的基本原理和常用的网络爬虫工具。除了网络爬虫外,也可以使用 Excel 直接提取网络数据,因此,本节也会通过示例讲解如何使用 Excel 提取网络数据。

#### 3.4.1.1  网络爬虫原理

网络爬虫即网络机器人,我们通过网页搜索和查询信息时,需要打开搜索引擎,浏览网页,查找网页中所需信息,然而,这样收集信息通常是十分低效且繁琐的,搜索的时间成本也很高。而网络爬虫则通过一些技术手段,自动爬取这些所需信息,省去了我们一一浏览网页查找信息的人力和时间(如图 3.14 所示)。

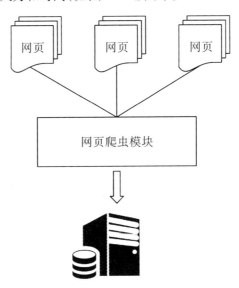

图 3.14　网络爬虫

简单来说,网络爬虫是使用一些爬虫工具,通过自动打开网页、自动跳转、匹配网页中的关键信息、提取整理等步骤,将网页中的关键信息收集起来的一个过程。例如,我们需要收集京东上华为手机 P40 的用户评论信息。通过人工收集,就需要打开京东网页,搜索华为 P40,然后滑动到用户评论的区域,对每一条评论进行复制并粘贴在 Excel 表格中。而网络爬虫则将这些流程全部自动化,无须真正的打开网页,即可完成对网页上评论数据的收集。

### 3.4.1.2 网络爬虫工具

网络爬虫工具有很多,在业界比较常用的是 Scrapy。Scrapy 是基于 Python 实现的一个网页爬虫应用模块,可以爬取网页数据、提取结构性数据。Scrapy 使用灵活、用途十分广泛、功能齐全,用户可以根据自己的需求进行编程。但是,Scrapy 对使用者的专业水平也有较高的要求,需要具备必要的计算机相关知识并熟练使用 Python。

相比于 Scrapy,集搜客和八爪鱼网络数据采集工具则更加简单,易于上手。这些工具不需要使用者具有专业的知识,可以实现无须掌握爬虫专业知识也可以轻松采集网络数据。如图 3.15 所示,使用八爪鱼爬取数据只需三步:第一步,打开客户端,选择合适的模式和相应网站模板;第二步,预览模板的采集字段、参数设置和示例数据;第三步,保存运行即可完成数据采集工作。

图 3.15　八爪鱼网页

### 3.4.1.3 案例:使用 Excel 提取网络数据实操

除了以上两种数据收集方式外,我们也可以使用 Excel 收集网页数据,这里给出一个使用 Excel 收集网页数据的示例。

在浏览网页时,我们想把网页中的轿车销量排行榜这个表格数据(见图 3.16)爬取下来,整理在 Excel 中,只需要我们进行如下步骤:

**3**
**大数据采集**

← → C ▲ 不安全 | http://www.515fa.com/che_22688.html

| 2020年4月轿车销量排行榜完整版 | | | | |
|---|---|---|---|---|
| 排名 | 车型 | 所属厂商 | 4月销量 | 1-4月累计 |
| 1 | 日产轩逸 | 东风日产 | 41470 | 109181 |
| 2 | 大众朗逸 | 上汽大众 | 35507 | 99406 |
| 3 | 别克英朗 | 上汽通用别克 | 30643 | 49374 |
| 4 | 丰田卡罗拉 | 一汽丰田 | 30554 | 83537 |
| 5 | 本田思域 | 东风本田 | 24556 | 43877 |
| 6 | 大众宝来 | 一汽大众 | 23731 | 79998 |
| 7 | 吉利帝豪 | 吉利汽车 | 20310 | 57137 |
| 8 | 大众速腾 | 一汽大众 | 20231 | 68288 |
| 9 | 丰田雷凌 | 广汽丰田 | 19815 | 57946 |
| 10 | 本田雅阁 | 广汽本田 | 18912 | 48018 |
| 11 | 大众帕萨特 | 上汽大众 | 15805 | 35555 |
| 12 | 丰田凯美瑞 | 广汽丰田 | 15459 | 47262 |
| 13 | 奥迪A6L | 一汽大众奥迪 | 15104 | 40366 |
| 14 | 宝马3系 | 华晨宝马 | 14671 | 35543 |
| 15 | 奔驰C级 | 北京奔驰 | 14152 | 41730 |
| 16 | 雪佛兰科鲁泽 | 上汽通用雪佛兰 | 13308 | 32676 |
| 17 | 奔驰E级 | 北京奔驰 | 12900 | 42475 |
| 18 | 本田凌派 | 广汽本田 | 12692 | 27936 |
| 19 | 大众迈腾 | 一汽大众 | 12654 | 32647 |
| 20 | 宝马5系 | 华晨宝马 | 11702 | 34442 |

图 3.16　网页数据(轿车销量排行)

步骤 1:新建 Excel 文件并打开 Excel,单击菜单栏的"数据"项,选择"自网站"项,如图 3.17 所示。

图 3.17　步骤 1

步骤 2:填写网页的 URL 信息(网址),单击"确定"按钮,如图 3.18 所示。

大数据治理(初级)

图 3.18 步骤 2

步骤 3:选择 table 0,单击右下角"加载"选项,即可将网页数据加载到 Excel 中,如图 3.19 所示。

图 3.19 步骤 3

数据爬取结果如图 3.20 所示。

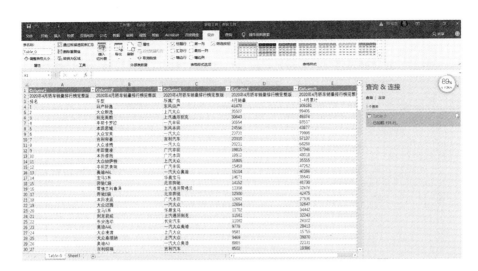

图 3.20　数据爬取结果

### 3.4.2　流式数据采集工具

　　流式数据的特点和批式数据不同,在采集流式数据时,需要采集工具能够满足每秒数百 MB 的日志数据采集和传输需求,因此流式数据的采集工具也不同于批式数据。比较常用的流式数据采集工具有 Kafka 和 Flume。其中,Flume 是由 Cloudera 开发的实时日志采集系统,受到业界的认可和广泛应用。Flume 是一个分布式、可靠和高可用的海量日志采集、聚合和传输的系统。Flume 的数据发送方式十分灵活,支持在日志系统中定制各类数据发送方式,用于收集数据;同时,Flume 可以对数据进行实时简单的处理,并写入各种数据存储系统。

### 3.4.3　案例:通过线上调查采集数据的实操(问卷星)

　　除了以上数据收集工具外,通过发放问卷收集数据也是常用的数据采集方式。这里以问卷星为例,介绍怎样通过问卷采集所需数据。

　　对于问卷星这一数据采集方式而言,其主要的操作流程由四个部分组成,分别为问卷创建、问卷编辑、问卷发送和问卷结果处理,问卷星操作流程如图 3.21 所示。

大数据治理(初级)

· 46 ·

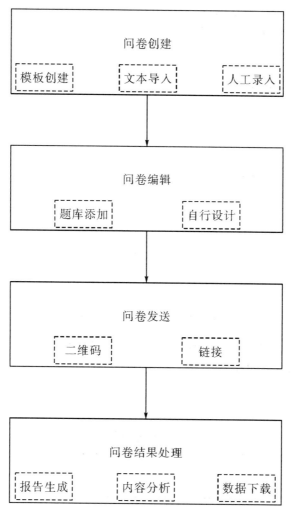

图 3.21　问卷星操作流程

### 3.4.3.1　问卷创建

进入个人主页界面,单击"创建问卷"项,如图 3.22 所示。

图 3.22　问卷星使用流程图 1

问卷类型分为调查、考试、投票、表单、360 度评估、测评六个方面。本案例选择通过"调查"生成问卷，来对相关数据进行采集，如图 3.23 所示。

图 3.23　问卷星使用流程图 2

可选择三种方式来对问卷进行创建：从模板创建问卷、文本导入、人工录入服务。选择完成后，通过输入调查问卷名称，来完成调查问卷的创建。如图 3.24 所示。

图 3.24　问卷星使用流程图 3

#### 3.4.3.2　问卷编辑

问卷的编辑界面中，左边一列为问卷的基础题型选择，总体上分为选择题、填空题、矩阵题、评分题四大题型，每一个题型下由多个子题型组成，如图 3.25 所示。

进行题项编辑时，分为批量添加与从题库添加两种形式。批量添加是自行对题项进行设计输入，如图 3.26 所示；从题库添加是直接在题库中将他人所设计好的问卷中的题项进行选择，并将其添加导入个人问卷中，如图 3.27 所示。

图 3.25  问卷星使用流程图 4

图 3.26  问卷星使用流程图 5

图 3.27 问卷星使用流程图 6

问卷编辑完成后,可对其内容结构进行预览,如图 3.28 所示。

图 3.28 问卷星使用流程图 7

### 3.4.3.3 问卷发送

当预览呈现出的内容、效果与预期相符时,可单击右上方的"完成编辑"按钮,如图 3.29 所示。

图 3.29　问卷星使用流程图 8

转到设计问卷的界面,选择"发布此问卷"选项,如图 3.30 所示。

图 3.30　问卷星使用流程图 9

进入发送问卷界面,如图 3.31 所示。创建的问卷可以通过问卷链接与二维码进行传播,也可以通过微信发送以及邮件短信来完成相同的操作。

图 3.31　问卷星使用流程图 10

### 3.4.3.4　问卷结果处理

当问卷已进行发送,并有用户完成相关问卷调查后,可通过分析 & 下载界面对问卷结果进行分析处理。如图 3.32 所示,每一个题项的选择比例实现了可视化,用户能够更为直观地了解问卷所表达出来的信息。

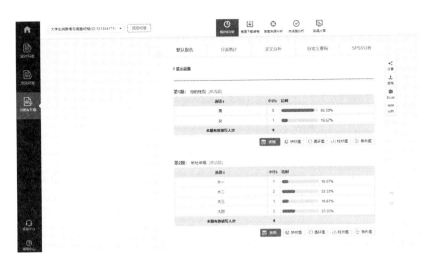

图 3.32　问卷星使用流程图 11

除此之外,用户还能够得出问卷答案的来源渠道、时间段以及地理位置,如图 3.33 所示。在此基础上,可分析出每个题项答案的多维度分布规律。

图 3.33　问卷星使用流程图 12

最后,以多种格式下载问卷的填写数据,从而完成后续的数据处理与分析,如图 3.34 所示。

图 3.34　问卷星使用流程图 13

图 3.35 呈现了问卷填写数据以 Excel 格式所生成的内容。

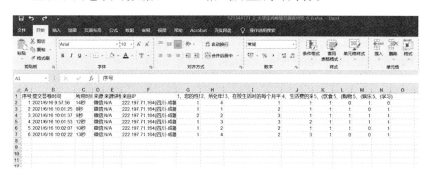

图 3.35　问卷星使用流程图 14

# 4

# 大数据预处理基础

## 4.1　数据预处理概述

### 4.1.1　数据预处理的意义

在如今的大数据时代,来自现实世界的数据往往容易受到噪音、缺失值和不一致数据的影响,且它们很可能来自多个异构的数据源。这些低质量的数据会导致数据分析和挖掘结果产生偏差。因此,对数据进行预处理,有助于提高数据的质量,从而提高数据挖掘结果的质量,同时还可以提高数据挖掘过程的效率和泛化性。

针对数据预处理的技术手段层出不穷。数据清洗可用于去除噪声和纠正数据中的不一致;数据集成可将来自多个数据源的数据合并到一个一致的数据存储单元(如数据仓库)中;数据规约可以通过聚集、消除冗余特征或聚类等方式缩减数据规模;数据转换(如标准化)可以将数据标度缩放到给定的范围内(如 0 到 1)。这些技术并不是相互孤立、相互排斥的,它们往往在一起协调工作,从而提高数据挖掘算法的精度和效率。

在本章中,我们将学习数据特征的不同类型以及如何使用基本的统计描述来研究数据特征,从而有助于识别数据中的错误值和异常值,这在数据清理和集成中非常有用。在数据挖掘之前使用数据预处理技术,可以大大提高数据挖掘结果和模式识别的质量,以及节约数据挖掘所需的时间。

如果能够满足数据预期用途的要求,我们就称数据有质量。构成数据质量的因素有很多,包括数据的准确性、完整性、一致性、及时性、可信度和可解释性等。

假设你是一名负责分析公司销售数据的数据分析师。当你仔细检查公司的数据仓库,准备识别并选择哪些属性或维度(如价格、销量等)要包含在数据分析任务中时,可能会注意到其中有一些属性没有记录值。比如,在你的分析中,你希望分析关于所购买的商品是否在广告促销中,但你发现这些信息没有被记录。此外,在数据库系统中你还会发现某些事务记录的数据存在错误、异常值和不一致等情况。这个场景演示了定义数据质量的三个元素:精确性、完整性和一致性。数据的不准确、不完整和不一致是大型现实数据库和数据仓库的常见问题。

数据不准确的原因有很多,如因使用的数据采集仪器出现故障而导致的属性值不正确,或者在数据输入时发生了人为或计算机错误等。首先,可能存在所谓的伪装缺失数据。当用户不希望提交个人资料时,可能会故意提交不正确的资料值,如选择生日时提交默认的"1月1日"。其次,数据传输中也可能发生错误,如错误可能是同步数据传输和缓冲区大小有限等原因导致的技术限制。最后,不准确的数据也可能是由于命名约定或数据代码的不一致,或输入字段格式的不一致(如日期)等。

数据不完整的原因有很多。首先,数据在输入时可能被认为不重要,从而被剔除。其次,由于误解或设备故障而没有记录相关数据。最后,数据的历史记录或修改可能被忽略。因此,我们需要推断缺少的数据,特别是缺少某些属性值的元组。

及时性也会影响数据质量。假设你正在负责监督公司每月的销售奖金分配,然而,有几位销售代表没有在月底及时提交他们的销售记录,本月结束后,市场还将出现一系列变动和调整,这就导致在之后的一段时间内,存储在数据库中每个月的数据是不完整的。月末数据没有及时更新这一事实,会对数据质量造成负面影响。

影响数据质量的另外两个因素是可信度和可解释性。可信度反映了数据被用户信任的程度。可解释性反映了数据被理解的容易程度。假设一个数据库在某一点上有几个错误,所有这些错误都已经被纠正。然而,过去的错误给销售部门带来了许多问题,因此它们不再信任数据。即使现在的数据库是准确的、完整的、一致的和及时的,但销售部门也可能会认为数据是低质量的,因为它的可信度和可解释性差。

综上所述,我们利用数据挖掘技术来分析的数据往往是不完整的(缺少某些属性值或某些关键属性)、不准确的或有噪声的(包含错误的或偏离预期的值)以及不一致的(如项目代码中包含不一致)。这是现实数据中不可避免的问题。

## 4.1.2 数据预处理的主要过程

数据预处理所涉及的主要过程包括数据清理、数据集成、数据规约和数据转换。

数据清洗是指通过填充缺失的值、平滑噪声数据、识别或去除异常值以及解决不一致性来"清洗"数据。因此,如果用户认为这些数据是"脏的"(质量低下的),那么就不太可能相信这些数据挖掘的结果。此外,"脏"数据可能会导致挖掘过程的混乱,从而导致不可靠的输出。虽然大部分数据挖掘技术都有一些处理不完整或有噪声数据的过程,但它们并不总是有效的。相反,它们可能会专注于避免过拟合。因此,一个有用的数据预处理过程需要通过一些数据清洗过程来改善数据质量。

如果在一个数据分析任务中,你希望分析的数据包含多个来源,这将涉及集成多个数据库、数据立方体或文件(数据集成)。数据中给定的属性在不同的数据库中可能有不同的名称,从而导致数据不一致和冗余。例如,客户标识的属性在一个数据存储中称为"客户序号",在另一个数据存储中称为"用户编号"。此外,属性值也可能出现命名不一致的情况。例如,相同的客户可以在一个数据库中注册为"张三",在另一个数据库中注册为"张先生"。大量的冗余数据可能会减慢或混淆知识发现过程。显然,除了数据清理之外,我们还必须采取措施来帮助系统在数据集成期间避免冗余。通常,数据清理和数据集成是在为数据仓库准备数据时作为预处理步骤执行的。随后我们还可以再额外执行一次数据清理,以检测和删除可能由数据集成导致的冗余。

当我们进一步考虑所面对的数据时,会考虑到选择用于分析的数据集是大规模的,这会减缓数据挖掘过程。有没有一种方法可以在不损害数据挖掘结果的情况下减少数据集的大小呢?数据规约可以得到一个大规模数据集的简化表示,其数据规模比原始数据要小得多,但却产生相同(或几乎相同)的分析结果。数据规约策略包括维度缩减(降维)和样本缩减。在降维中,采用数据编码方案以获得原始数据的"压缩"表示,包括数据压缩技术(如小波变换和主成分分析)、特征子集选择(如去除不相关的属性)和特征抽取(如从原始属性集中派生出一小组更有用的属性)。在样本缩减中,常使用参数模型(如线性回归或对数线性模型)或非参数模型(如直方图、聚类、抽样或数据聚集)来产生更小规模的替代数据。

如果想要使用基于距离的挖掘算法进行分析,如神经网络、最近邻分类器或聚类算法等,为了得到更好的结果,我们需要对分析的数据经过归一化处理。例如,客户数据中包含年龄和年薪等属性,其中年薪属性通常比年龄值大得多。因此,如果不将这些属性归一化,对年薪进行的距离测量通常会超过对年龄进行的距离测量。

此外,离散化和概念层次生成也是数据挖掘的强大工具,其中属性的原始数据值被更高层次的概念级别替换,它们允许在多个抽象层上进行数据挖掘。例如,原始值 forage 可以被更高层次的概念取代,如青年、成人或老年人。离散化、概念层次生成是数据转换的一种形式,这种数据转换操作是额外的数据预处理过程,有助于改善数据挖掘过程和结果。

值得注意的是,以上所介绍的所有数据预处理过程不是相互排斥的。例如,删除冗余数据可以看作是数据清理和数据规约的一种形式。由于真实世界的数据往往是不准确的、不完整的和不一致的,因此数据预处理技术可以提高数据质量,从而有助于提高后续挖掘过程的准确性和效率。数据预处理是知识发现过程中的一个重要步骤。发现数据中存在的异常,及早纠正它们,并减少需要分析的数据,可以为决策带来积极效用。

# 4.2 数据清洗

现实世界的数据往往是不准确、不完整和不一致的。数据清洗(或数据清理)过程试图填补数据中的缺失值、识别异常值,并消除噪声、纠正数据中的不一致。因此,在本节中,我们将学习数据清洗的基本理论与方法。

## 4.2.1 缺失值的处理方法

当数据中许多记录没有一些属性的记录值,我们需要考虑如何去填充这些属性的缺失值。缺失值处理技术主要包括以下方法:

### 4.2.1.1 忽略记录

忽略记录通常在类标签丢失时执行。如果该记录不是包含太多的缺失值属性,那么这种方法并不是特别有效。当每个属性缺失值的百分比变化很大时,这种情况尤其糟糕。一旦忽略记录,这些记录中其余属性的值我们也就不会使用。

### 4.2.1.2 手动填充缺失值

手动填充缺失值耗时耗力,效率低,并且对于有许多缺失值的大数据集来说是不可行的。

### 4.2.1.3 使用全局常量填充缺失值

使用全局常量填充缺失值是指用相同的常量替换所有缺失的属性值,如标记为"未知"或"无穷大"。如果缺失的值被替换为"未知",那么数据挖掘算法会认为它们构成了一个独立的概念取值。因此,虽然这个方法很简单,但它不总是十分有效。

### 4.2.1.4 使用属性的集中趋势度量填充缺失值

使用属性的集中趋势度量填充缺失值包括两种情况:对于正态(或其他对称的)数据分布,可以使用平均值来填充缺失值,而倾斜的数据分布可以使用中位数来填充缺失值。例如,假设客户收入的数据分布是对称的,平均收入为 3 000 美元,便可以使用这个值来替换缺失的收入值。

### 4.2.1.5 使用同类数据样本的属性均值或中位数填充缺失值

如果银行根据信贷风险对客户分类,那么我们可以使用信用风险在同一类别的客户的平均收入值来代替相应位置的缺失值。如果给定类的属性数据分布是倾斜的,那么中位数是更好的选择。

### 4.2.1.6 使用极大似然估计法填充缺失值

使用极大似然估计法填充缺失值可以用线性回归来确定,基于推理的工具使用贝叶斯形式或决策树。例如,使用数据集中的其他客户属性,可以构建一个决策树来预测客户收入缺失的值。

以上介绍的方法中,使用全局常量填充缺失值、使用属性的集中趋势度量填充缺失值、使用同类数据样本的属性均值或中位数填充缺失值、使用极大似然估计法填充缺失值都或多或少地对数据产生了偏差,因为填充值可能不正确。然而,使用极大似然估计法填充缺失值是一个较为流行的策略,与其他方法相比,该方法是利用现有数据的大部分信息来预测缺失值。通过在估算缺失值时考虑其他属性的值,更有可能保留该属性和其他属性之间的关系。重要的是要注意,在某些情况下,丢失的值可能并不意味着数据中有错误。例如,在申请信用卡时,申请人可能会被要求提供他们的驾照号码,没有驾驶执照的客户自然会将此栏留空,表格应允许回答者指明"不适用"或"其他"等选项。理想情况下,每个属性应该有一个或多个关于空值设置的条件规则,可以指定某一属性的值是否允许为空,以及如何处理或转换这些空值。因此,尽管我们可以在捕获数据后清洗数据,但良好的数据库和数据输入过程设计首先应该能够帮助减少缺失值或错误的发生。

## 4.2.2 数据噪声的处理方法

噪声是指度量变量过程中产生的随机误差或方差。我们在前文中已经介绍了一些基本的统计描述技术(如箱线图和散点图)和数据可视化方法被用来识别异常值,这些异常值可能代表着噪声。在本节中,对于给定的一个数值属性,如价格,我们考虑如何"平滑"数据以消除噪声。数据平滑技术包括:

#### 4.2.2.1　数据分箱技术

数据分箱技术指通过查询排序数据值的"邻域"（其周围的值）来平滑数据。其方法是：将排序后的数值分布在多个"桶"中，通过装箱方法查询值的邻域，从而实现局部平滑。如价格的数据首先被排序，其次被划分到几个等频率箱中。在用数据分箱技术进行平滑时，每个桶中的值都被该桶中样本的平均值所替换。在用桶边界平滑时，给定桶内的最小值和最大值被识别为桶的边界，然后将每个值替换为最近的边界值。一般来说，宽度越大会带来越好的平滑效果。另外，数据分箱也被用作离散化技术。

#### 4.2.2.2　线性回归

数据平滑也可以通过线性回归来完成，这是一种使数据值符合某种函数的技术。线性回归涉及寻找"最佳"线来适应两个属性变量，这样使用一个属性就可以预测另一个属性。多元线性回归是线性回归的扩展，涉及两个以上的属性，数据适合于一个多维曲面。

#### 4.2.2.3　离群值分析

可以通过聚类来检测离群值，如相似的值被组织成"簇"或"集群"。直观地看，属于集群集合之外的值可以被认为是离群值。

许多数据平滑方法也用于数据离散化（数据转换的一种形式）和数据规约。例如，数据装箱技术减少了每个属性的不同值的数量，这是基于逻辑的数据挖掘方法的一种数据约简形式。

### 4.2.3　数据清洗的过程

缺失值、噪声和不一致会导致数据不准确。到目前为止，我们已经学习了处理缺失数据和平滑数据的技术。但数据清洗是一项艰巨的工作，将数据清洗作为数据预处理的一个必须过程，我们应该如何着手完成这项任务呢？

数据清洗的第一步是离群值检测。引起离群值的因素包括设计的数据输入表单、人为的数据输入错误、故意的隐瞒错误（如受访者不愿透露自己的信息）和数据及时性衰减（如过时的信息）。另外，离群值的其他来源还包括记录数据的仪器设备发生错误和系统错误等。数据集成也可能导致不一致的发生（如属性在不同的数据库中可能有不同的名称）。

我们如何进行离群值检测呢？基本统计数据描述在这里对于掌握数据趋势和识别异常是有用的。例如，找到平均值、中值和众数值。这一过程取决于数据是对称的还是倾斜的、数值的范围以及所有值是否都在这个范围内、每个属性的标准差，从而离给定属性的平均值超过两个标准差的值被标记为潜在的离群值。这时，我们从中可能会发现噪声、异常值和异常值，此时应该注意代码的不一致使用和任何不一致的数据表示（如日期的格式）。另外，还应该检查唯一规则、连续规则和空规则的数据。唯一规则是指给定属性的每个值必须与该属性的所有其他值不同。连续规则规定，属性的最低值和最高值之间不能有缺失的值，并且所有的值也必须是唯一的。空规则是指使用空格、问号、特殊字符或其他可能表示空条件的字符串，以及规定应该如何处理这些值。

如前文所述，缺失值的原因包括以下三方面：

（1）最初要求为该属性提供值的人拒绝或发现所要求的信息不适用。例如，非驾驶员留下空白的牌照号码属性。

（2）数据录入人员不知道正确的值。

（3）该值将由流程的稍后步骤提供。

空规则还应该指定如何记录这些空值。例如，将正值数字属性中的空值存储为0、字符属性存储为空白，或任何其他可能使用的规则（如将"不知道"转化为空白）。

目前，有许多数据清洗工具可以帮助我们进行离群值和异常值的检测。数据清洗工具还可以使用简单的领域知识（如邮政地址和拼写检查的知识）来检测错误并更正数据。当清洗来自多个数据源的数据时，这些工具依赖于解析和模糊匹配技术，通过分析数据来发现规则和关系，并检测违反这些条件的数据，从而发现离群值和异常值。

另外，数据不一致还可以使用外部信息手动纠正。然而，大多数错误都需要进行数据转换来纠正数据中发现的差异。也就是说，一旦我们发现了差异，通常需要定义和应用一系列转换方式来纠正它们。数据迁移工具允许指定简单的转换。提取、转换、加载（ETL）工具允许用户通过图形用户界面（GUI）进行数据转换。这些工具通常只支持一组受限的转换，因此，我们通常还可以为数据清理过程的这一步编写自定义脚本。

差异检测和数据转换（纠正差异）两步的过程反复进行。然而，数据转换过程中有时可能会引入更多的差异。另外，还有一些嵌套的差异只有在其他差异被修复后才能检测到，如只有在将所有日期值转换为统一格式后，年份字段中的诸如"20010"等拼写错误才能出现。同时，只有在转换完成后，用户才能返回并检查，从而创建新的异常。所以通常需要多次迭代，整个数据清理过程需要具有交互性。

许多新的数据清洗方法强调了增加交互性。例如，Potter's Wheel 是一个集成了差异检测和转换的公开数据清理工具。用户通过在类似电子表格的界面上一步一步地组合和调试单独的转换，逐步构建转换集。转换可以图形化地指定，也可以通过提供示例来指定，结果会立即显示在屏幕记录上。用户可以选择撤销转换，这样引入额外错误的转换就可以被"删除"。该工具在后台对数据的最新转换视图自动执行差异检查。当发现差异时，用户可以逐步开发和细化转换，从而实现更有效的数据清洗。在数据清洗中增加交互性的另一种方法是定义强大的结构化查询语言（SQL）扩展和算法，使用户能够有效地表达数据清理规范。随着我们对数据的了解越来越多，重要的是要不断地更新元数据以反映这些知识。

# 4.3  数据集成

数据挖掘通常需要数据集成，即合并来自多个数据存储的数据。数据集成可以帮助减少数据冗余和避免数据不一致性，有助于提高后续数据挖掘过程的准确性和效率。

例如，对于一个企业而言，由于开发时间或开发部门的不同，往往有多个异构的、同时运行在不同的软硬件平台上的信息系统，这些系统的数据源彼此独立、相互封闭，使得数据难以在系统之间交流、共享和融合，从而形成了"信息孤岛"。随着信息化应用的不断深入，企业内部、企业与外部信息交互的需求日益强烈，急切需要对已有的信息进行整合，联通"信息孤岛"，共享信息。数据通过应用间的交换从而达到集成，主要解决数据的分布性和异构性问题，其前提是被集成应用必须公开数据结构，即必须公开表结构、表间关系、编码的含义。

然而,数据的语义异构性和结构给数据集成带来了巨大的挑战。我们需要考虑如何匹配来自不同来源的模式和对象。

### 4.3.1 实体识别问题

数据分析任务中往往涉及数据集成,即将来自多个数据源的数据组合到一个一致的数据存储中,如数据仓库。在数据集成过程中有许多问题需要考虑,如模式集成和对象匹配等难题。如何匹配来自多个数据源的等价现实实体,被称为实体识别问题。例如,如何确保一个数据库中的客户 ID 和另一个数据库中的客户编号引用相同的属性。

由于每个属性的元数据样本包括该属性允许的值的名称、含义、数据类型和范围,以及处理空值、零值或空值的空规则,这样的元数据就可用于帮助避免模式集成中的错误。元数据也可以用来进行数据转换。例如,在一个数据库中用于支付类型的数据代码可能是"H"和"C",但在另一个数据库中可能是 1 和 2。因此,如前所述,数据集成过程可能还涉及数据清洗。在集成过程中,当从一个数据库匹配属性到另一个数据库时,必须特别注意数据的结构。

### 4.3.2 冗余和相关性分析

冗余是数据集成中的另一个重要问题。如果一个属性(如年收入)可以从另一个属性或一组属性"派生"出来,那么它可能是冗余的。属性或维度命名的不一致也会导致结果数据集中的冗余。

通过相关性分析可以检测出一些冗余。如果给定两个属性,相关性分析可以根据现有数据衡量一个属性对另一个属性的依赖和关联程度。对于标称数据,我们可以使用 $\chi^2$(卡方)检验;对于数值属性,我们可以使用相关系数和协方差等度量,它们都可以描述一个属性的值与另一个属性的差异程度。

#### 4.3.2.1 标称数据的 $\chi^2$(卡方)检验

对于标称数据,通过 $\chi^2$(卡方)检验可以发现 $A$ 和 $B$ 两个属性之间是否存在相关关系。假设属性 $A$ 有 $c$ 个不同的值,即 $a_1, a_2, \cdots, a_c$。$B$ 有 $r$ 个不同的值,即 $b_1, b_2, \cdots, b_r$。$A$ 和 $B$ 描述的数据元组可以显示为列联表,$A$ 的 $c$ 值构成列,$B$ 的 $r$ 值构成行。设 $(A_i, B_j)$ 表示属性 $A$ 取值 $a_i$,属性 $B$ 取值 $b_j$ 的联合事件。每个可能的 $(A_i, B_j)$ 联合事件在表中都有自己的单元格。$\chi^2$ 值(也称为 Pearson 卡方统计量)的计算方法为

$$\chi^2 = \sum_{i=1}^{c} \sum_{j=1}^{r} \frac{(o_{ij} - e_{ij})^2}{e_{ij}}$$

其中,$o_{ij}$ 是联合事件 $(A_i, B_j)$ 的观测频率(计数),$e_{ij}$ 是联合事件 $(A_i, B_j)$ 的期望频率,可以计算为

$$e_{ij} = \frac{count(A = a_i) \times count(B = b_j)}{n}$$

其中,$n$ 为数据元组的个数。

在 $\chi^2$ 统计检验中,$A$ 和 $B$ 是独立的,即两者之间不存在相关性。该检验基于显著性水平,自由度为 $(r-1) \times (c-1)$。我们用一个例子说明该统计量的计算和使用。如果假设

可以被拒绝,那么我们说 $A$ 和 $B$ 是统计相关的。

【例1】假设我们对 1 500 人进行了调查,每个人都选择了他喜欢的阅读材料类型(小说或非小说),同时注意到每个被调查者的性别。因此,我们有两个属性,即性别和偏好阅读。每个可能联合事件的观测频率(计数)如表 4.1 所示,其中括号内的数字为期望频率。

表 4.1　调查数据

| 喜欢的阅读材料类型 | 男 | 女 |
| --- | --- | --- |
| 小说 | 250(90) | 200(360) |
| 非小说 | 50(210) | 1 000(840) |

值得注意的是,在任何一行中,期望频率的和必等于该行观察到的总频率,任何一列的期望频率的和也必等于该列观察到的总频率。

因此,

$$\chi^2 = \frac{(250 - 90)^2}{90} + \frac{(50 - 210)^2}{210} + \frac{(200 - 360)^2}{360} + \frac{(1\ 000 - 840)^2}{840} = 507.93$$

对于这个 2×2 的表,自由度为 1,根据 $\chi^2$ 统计值的上侧分位数表,要在 0.001 显著性水平 10.828 处拒绝假设。由于我们计算得到的 $\chi^2$ 统计值高于此值,我们可以拒绝性别和偏好阅读是独立的假设,并得出结论:这两个属性对于被调查人群是相关的。

#### 4.3.2.2　数值数据的相关系数

对于数值属性而言,我们可以通过计算相关系数(也称为皮尔逊系数)$r_{AB}$ 来计算 $A$ 和 $B$ 两个属性之间的相关性。

这里需要注意的是,$-1 \leqslant r_{AB} \leqslant +1$。如果 $r_{AB}$ 大于 0,则 $A$ 与 $B$ 正相关,即 $A$ 的值随着 $B$ 的值的增加而增加。$r_{AB}$ 越大,相关性越强,也就是说,其中一个属性蕴含着更多另一属性所表达的信息。因此,更高的 $r_{AB}$ 值表明 $A$ 或 $B$ 可能将作为冗余属性被删除。

如果 $r_{AB}$ 的计算值等于 0,那么 $A$ 和 $B$ 是独立的,它们之间没有相关性。

如果 $r_{AB}$ 的计算值小于 0,则 $A$ 和 $B$ 负相关,其中一个属性的值随着另一个属性的值的减少而增加。

另外,散点图也可以用来查看属性之间的相关性。注意,相关性并不意味着因果关系。也就是说,如果 $A$ 和 $B$ 是相关的,这并不一定意味着"原因 $B$"导致了"原因 $A$"。例如,在分析人口统计数据时,我们可能会发现一个地区的医院数量和汽车盗窃案数量两个属性是相关的。但这并不意味着两者之间有因果关系,两者实际上都与第三种数据属性相关联,即人口数量。

#### 4.3.2.3　数值数据的协方差

在概率论和统计学中,相关性和协方差是评估两个属性一起变化的两个相似性度量。考虑两个数值属性 $A$ 和 $B$,$A$ 和 $B$ 的均值也被称为 $A$ 和 $B$ 的期望值,分别记为 $E(A)$ 和 $E(B)$。则 $A$ 和 $B$ 之间的协方差定义为

$$Cov(A,B) = E((A - E(A))(B - E(B))) = E(A \cdot B) - E(A)E(B)$$

对于倾向于一起变化的两个属性 $A$ 和 $B$,如果 $A$ 属性值大于 $A$ 的期望值,则相应的 $B$

属性值一般也大于 $B$ 的期望值。因此，$A$ 和 $B$ 之间的协方差是正数。另外，如果一个属性趋向于高于它的期望值，而另一个属性趋向于低于它的期望值，那么 $A$ 和 $B$ 的协方差为负。如果 $A$ 和 $B$ 是独立的（没有相关性），则 $E(A \cdot B) = E(A) \cdot E(B)$。因此，协方差为 $Cov(A,B) = 0$。然而，反过来是不正确的。一些随机变量（属性）的协方差可能为 0，但它们之间不是独立的。只有在一些额外的假设下（如数据遵循多元正态分布）的协方差为 0，才意味着两个属性是独立的。

方差是协方差的一种特殊情况，其中两个属性是相同的，即属性与自身的协方差。

【例2】数字属性的协方差分析。表 4.2 显示了两个上市公司 A 和 B 在五个时间点上的股价。考虑这两个公司股票是否受到同一行业趋势的影响，即它们的价格是否一起上涨和一起下跌。

表 4.2　公司股价　　　　　　　　　　　　　　　　单位:元

| 时间点 | A 公司股价 | B 公司股价 |
| --- | --- | --- |
| 1 | 6 | 20 |
| 2 | 5 | 10 |
| 3 | 4 | 14 |
| 4 | 3 | 5 |
| 5 | 2 | 5 |

因为 $E(A) = 4, E(B) = 10.8$。则有

$$Cov(A,B) = \frac{6 \times 20 + 5 \times 10 + 4 \times 14 + 3 \times 5 + 2 \times 5}{5} - 4 \times 10.8 = 7$$

因此，协方差是正数，所以我们可以说两家公司的股价是一起上涨和一起下跌的。

### 4.3.3　数据值冲突的检测

数据集成还涉及数据值冲突的检测和解决。对于相同的真实实体，不同来源的属性值可能不同。这可能是表示、缩放或编码方面的差异导致的。这一情况普遍存在于现实数据中。例如，重量属性可以在一种系统中以公制单位存储，而在另一种系统中以英制单位存储；对于连锁酒店来说，不同城市的客房价格不仅包括不同的货币，还包括不同的服务（如是否含早餐）和税收；当学校之间交换信息时，每个学校都有自己各自不同的课程体系和评分方案，两所大学之间很难制定出精确的课程和成绩的转换规则，从而使得信息交流变得困难。

# 4.4　数据规约

当我们要分析的数据规模过于庞大时，对大量数据进行复杂的数据分析和挖掘可能需要很长时间，使得这种分析不现实或不可行。数据规约技术可用于获得数据集的约简表示，且保持了原始数据的完整性。也就是说，对缩减后的数据集进行数据挖掘同样有

效,也会产生相同(或几乎相同)的分析结果,同时可以提高计算效率。

### 4.4.1 数据归约策略概述

数据规约策略包括降维、样本数量缩减和数据压缩。

降维是将数据中随机变量或属性的数量减少的过程。降维方法主要包括小波分析和主成分分析等,可以将原始数据转换或投射到更小的数据空间上。另外,特征选择是一种对不相关、弱相关或冗余的属性或维度进行降维的方法。

样本数量缩减旨在用更小的替代性数据样本代替原始数据量。这些技术可以是有参数的,也可以是非参数的。对于参数化方法,使用一个模型来估计数据,因此通常只需要存储数据参数,而不需要存储实际数据,如回归模型和对数线性模型等。用于数据规约的非参数方法包括直方图和抽样等方法。

在数据压缩中,利用数据转换以获得原始数据的简化或"压缩"表示。如果原始数据可以从压缩数据重构而不丢失任何信息,则此时的数据规约称为无损数据规约。相反,如果我们只能重构原始数据的近似,那么数据规约称为有损的。字符串压缩有几种无损算法,然而,它们通常只允许有限的数据操作。降维和样本数量缩减技术也可以被认为是数据压缩的形式。花费在数据规约上的计算时间不应该超过在减少的数据集上挖掘所节省的时间。

### 4.4.2 抽样

抽样可以作为一种样本数量缩减技术,因为它允许用一个小得多的随机样本数据子集来表示一个大规模数据集。假设一个原始大规模数据集 $D$ 包含 $n$ 个样本,则有以下四种常见的样本数量缩减方法。

#### 4.4.2.1 大小为 s 的简单随机抽样

从 $D$ 中抽取若干个大小为 $s(s<n)$ 的样本子集,其中从 $D$ 中抽取任一样本的概率为 $1/n$,即所有样本被采样的可能性相等。

#### 4.4.2.2 大小为 s 的简单随机替换样本

这类似于大小为 $s$ 的简单随机抽样,只是每次从 $D$ 中抽取一个样本组时,采取有放回的策略。也就是说,在抽取一个样本之后,它会被重新放回 $D$ 中,以便可以再次抽取它。

#### 4.4.2.3 集群样本

如果 $D$ 中的样本可以被分组成若干个互不相交的"集群",那么可以获得集群产生的子集。例如,在地图空间数据库中,我们可以根据不同区域的地理位置紧密程度来选择定义集群子集的划分。

#### 4.4.2.4 分层样本

如果 $D$ 可以被划分为互不相交的连续数值(称为层),那么可以获得每个层生成 $D$ 的分层样本。例如,可以从客户数据中根据客户年龄组获得分层样本。

用于数据规约的抽样方法有一个优点:获得一个抽样子集的成本与样本大小 $s$ 成正比,而不是与数据集大小 $n$ 成正比。因此,采样复杂度与数据子集的大小呈线性关系。其他数据规约技术要求至少遍历一次数据 $D$。对于固定的样本大小,采样复杂度只随着

数据维数 $n$ 的增加而线性增加。抽样是一个逐步细化减少数据集的随机选择过程,因此可以通过简单地增加样本量来进一步细化。

### 4.4.3　主成分分析

主成分分析(principal components analysis,PCA)是一种维数减少的方法。

假设原始数据由 $n$ 个属性或维度组成。主成分分析法搜索 $k$ 个 $n$ 维正交向量,可以用来最大化地表达原始数据中包含的信息,其中 $k \leq n$。因此,通过这种方法,原始数据被投影到一个更小的数值空间,以此实现维度的降低。

主成分分析的基本流程如下:

(1)将输入数据标准化,使得每个属性都属于相同的范围,这有助于确保具有较大数域的属性不会主导较小数域的属性。

(2)主成分分析计算 $k$ 个标准正交向量,这些向量称为主分量,使得输入数据是主成分的线性组合。

(3)主成分按"重要性"或强度的递减顺序排列。主分量本质上是一组新的数据坐标,表示关于数据的方差信息,有助于识别数据中的组群或模式。

(4)主成分按"显著性"的降序排列,所以可以消除较弱的成分,即那些具有低方差的成分来减少数据量。

主成分分析可以应用于有序和无序属性,也可以处理稀疏数据和倾斜数据。通过将问题简化为两个维度,可以处理多于两个维度的多维数据。另外,主成分可以作为多元回归和聚类分析的输入。与相比于其他降维方法(如小波分析),主成分分析更适合处理稀疏数据,而小波分析更适合处理高维数据。

### 4.4.4　特征选择

特征选择是数据挖掘中的重要任务之一,目的是通过对数据的分析,剔除其中与分类任务无关的和冗余的特征字段,以达到提高模型执行效率和分类预测表现等效果。具体地,特征选择的目的是在一定泛化误差的情况下选择一个最小的特征子集,或者找到一个最佳特征子集从而产生最小的泛化误差。同时,特征选择还承担着解决"维度灾难",降低模型计算时间,提高模型的泛化能力和可解释性,减少训练过程中可能发生的过拟合等问题。我们可以将特征选择方法视作分类算法训练之前进行的数据预处理工作,同时也可以将其视为与分类算法紧密结合不可分割的一个整体。相比于使用整个特征全集来构建机器学习的分类模型,事先进行特征的选择具有重要的现实意义和必要性。

在一个特定的数据挖掘分类任务中,数据集中特征的提供和选取往往依据领域内的专家意见和经验。比如,具体到针对贷款的信用评价问题,人们很容易识别出借款人的资产、收入、信用历史记录等因素都是影响借款人信用的重要特征。但是在面对某一未知领域的问题,以及处理数据中众多复杂特征时,人们即使是领域内的专家,也很难有足够的认识去判断特征与目标之间的相关性,以及特征与特征之间的相关性。此时就需要利用特征选择的相关方法,从数据表征的信息入手,根据相关性评估指标从原始特征中选择一部分相关特征,来帮助我们识别和选取对分类任务有重要影响和作用的那些特征变量。

在这一过程中,特征选择方法的主要手段是剔除数据中的"无关特征"和"冗余特征"。其中,无关特征是指无法对样本所属的不同类别进行区分的特征,如信用评价问题中的手机号码、日期、民族等信息,这些特征并不能直接作用于贷款的精准信用评价。删除不相关的特征有助于训练一个更好的分类模型,因为不相关的特征可能会导致机器学习算法出现混乱,以及算法存储和计算效率低下。冗余特征是指与其他一个或多个已有特征相互冗余但共存的特征,如在信用评价问题中,借款人的收入水平和纳税水平是高度相关的两个变量,住房总价可以通过房屋单价和房屋面积两个特征来计算,那么在这些特征中就存在较多的冗余信息,类似于线性回归中的多重共线性问题。每个冗余特征都是有所关联的,删除其中一个不会影响分类器的学习训练效果,因为我们只需要其中一个特征就能够推算出另一个特征;同时,它还提高了算法的学习效率,减少过拟合。

一般来说,若从特征全集开始进行特征选择来逐步削减特征数量,随着特征空间的缩减,分类效果先变好后变差,如果以分类准确率为评价指标,则准确率先升高后降低。因为特征选择在初期成功删除了一些多余特征和冗余特征,特征空间的质量得以优化,分类结果变好直到达到一个最优。然而,继续削减的特征多为对分类任务有用的信息,导致分类器难以从特征空间中获取足够的有用信息,从而使分类效果变差。

特征选择大致可以分为过滤法、封装法和嵌入法,下面分别具体介绍三种特征选择方法的基本思想和流程。

### 4.4.4.1 过滤法

将特征选择与分类器学习分开,仅仅依靠数据的结构特点,过滤法无须使用任何分类算法即可评估特征,这避免了学习算法的偏差与特征选择算法的偏差相互作用,导致最终分类结果的偏差被放大。过滤法主要依赖于对数据特征的一些度量指标对特征的"重要性"进行排序,如距离度量、一致性度量、相关性度量、费舍尔系数、信息熵和信息增益相关的指标等,都是过滤法中具有代表性的算法。过滤法特征选择的基本过程如图4.1所示,在执行过程中,按照这些度量指标对各个特征进行评价和排序,最终设定一个截断阈值来确定特征子集。过滤法对过拟合具有较强的鲁棒性,但最终选取的特征子集对于某一特定的分类学习算法而言并不一定是最优的,因此,更加需要用实验结果来验证和比较,从而确定适用于某一特定问题或数据集的最佳特征子集。

**图 4.1 过滤法特征选择的基本过程**

由于过滤法具有计算效率高、易于计算和执行等优势,其受到越来越多的关注和广泛的应用。典型的过滤法包括两个步骤:第一步,根据某种定义的度量准则对特征进行评价和排名;第二步,选择具有最高排名的特征加入分类算法中。

由此可见,在过滤法特征选择中,如何评价特征的"重要性"是关键问题,需要定义量化准则来对特征的"重要性"进行度量。与封装法直接评价一个特征子集不同的是,过滤法并不是对一个特征是否打上 0 或者 1 的标签,而是使用度量准则对每一个特征进行评分,往往定义在一个取值范围中,如[0,1]。我们着重介绍其中的三个具体准则,信息增益、ReliefF 和对称不确定性,它们都是过滤法特征选择中被广泛应用的方法。

信息增益是基于信息熵的概念构建的用于评价特征变量的一个度量准则。它起源于信息论,并被广泛用于众多决策树分类算法中,以决定树上节点的分裂顺序。

为了计算信息增益,首先需要明确信息熵和条件熵的概念。熵这个概念度量的是一个随机变量的不确定程度,描述了一个数据集中样本在某一特征上的异质性程度,或者说是数据集中某一特征的分散程度。例如,如果我们从一个数据集中随机选择一个样本,那么它在特征 $X$ 上为 $x$ 的概率 $P(x)$ 可以用该类样本在数据集中出现的频率来做近似估计,即

$$P(X) = \frac{\|x\|}{\|S\|}$$

其中,$\|x\|$ 表示该数据集中样本在特征 $X$ 上表现值为 $x$ 的样本个数。定义 $X$ 这个特征传递的信息量为 $-\log_2(P(x))$,将该数据中所有样本在该特征上表现的信息量的期望总和定义为信息熵,若遍历数据在特征上所有取值 $x$,则特征 $X$ 所表达的信息熵可以表示为

$$H(X) = - \sum_x P(x) \cdot \log_2(P(x))$$

相似地,可以构建条件熵的定义和计算。若我们考虑数据集中的类变量 $Y$ 和任一特征 $X$,并且考虑在特征 $X$ 的条件下对样本类归属的条件概率,我们可以得到

$$H(Y \mid X) = - \sum_x P(x) \sum_y P(y \mid x) \cdot \log_2(y \mid x)$$

最后,根据信息熵和条件熵的计算公式,可以得到样本数据集上特征 $X$ 关于样本类 $Y$ 的信息增益,计算公式为

$$\text{InfoGain}(Y \mid X) = H(Y) - H(Y \mid X)$$

当我们预测一个随机变量或类别的概率分布时,不对未知取值做主观假设的情况下,准确的预测应当尽可能地满足已知条件。如果条件熵 $H(Y \mid X)$ 越小,说明用特征 $X$ 对样本进行分类的时候,结果和样本本身的所属类别的贴近度或准确度越高,那么此时我们对特征 $X$ 计算得到的信息增益 $\text{InfoGain}(Y \mid X)$ 也最大。因此,一个特征的信息增益越大,则表示该特征对数据样本的分类能力越强,在这种情况下,数据样本类的概率分布最均匀,预测的风险最小,分类效果最好。

除了信息增益,在信息熵这一重要概念的基础上,还可以构建众多度量准则来进行特征的评价,如信息增益率、Gini 系数等。特别地,对称不确定性(Symmetrical Uncertainty)准则得到了过滤法特征选择的广泛研究和应用。其公式为

$$\text{Symmetrical Uncertainty} = 2 \times \frac{\text{InfoGain}(Y \mid X)}{H(Y) + H(X)}$$

ReliefF 作为过滤器中的特征评价度量准则,是由 Relief 算法进行扩展得到的。在原始的 Relief 算法中,其工作原理是从数据中随机抽取一个样本 $R$,然后分别在与该样本属于相同类和相反类的样本中,找到与该样本距离最近的两个邻居 $H$(与 $R$ 相同类)和 $M$(与 $R$ 相反类)。在某一特征 $A$ 上,将两个邻居的特征值与所取的样本 $A$ 进行比较,并用于更新特征 $A$ 的相关性得分,具体计算方法如下

$$W[A] = W[A] - \text{diff}(A, R, H)/m + \text{diff}(A, R, M)/m$$

这样做的理由是,对分类任务有用的特征应该可以有效区分不同类之间的样本,并且在相同类的样本上应该具有相同的特征值。其中,$\text{diff}(A, R, H)$ 表示在特征 $A$ 上两个样本 $R$ 和 $H$ 的差异程度,如果特征 $A$ 是连续的数值变量,可以用差值距离来度量;如果特征 $A$ 是离散变量,则可以用$(0, 1)$的布尔型来反映样本特征值的差异情况。由此可见,原始的 Relief 算法可以处理离散的和连续的属性,但是仅限于两类分类问题,而处理不了两个以上类的问题。因此,如何对 Relief 进行分析和扩展,以能够处理多类的数据集,成为一个重要问题。

在此基础上,ReliefF 增加了处理多类问题的能力,并且能够处理不完整和含有噪音的数据,考虑了包括特征之间的交互作用,使得偏差低,增强了模型结果的鲁棒性,并且可以识别特征间的局部依赖性。与上述的原始 Relief 算法不同的是,ReliefF 算法并不是从不同的类别中找到一个邻近样本 $M$,而是为每个与 $R$ 不同的类别 $C$ 找到一个最邻近的样本 $M(C)$,并且通过每个类别的先验概率加权的方式计算一个平均值,根据其平均贡献的情况来对 $A$ 的特征得分 $W[A]$ 的估计值进行更新。其公式为

$$W[A] = W[A] - \text{diff}(A, R, H)/m + \sum_{C \neq \text{class}(R)} [P(C) \cdot \text{diff}(A, R, M(C))]/m$$

这一方法的核心思想是,特征选择算法应该评价一个特征的分离对每种类别的区分能力,而不管哪两个类别间彼此最接近。

综上所述,Relief 算法是有效的启发式特征评价度量准则,能够处理具有连续特征或离散特征的两类分类数据集。对它进行扩展的 ReliefF 算法,可以有效地处理多类问题。

#### 4.4.4.2 封装法

封装法是指使用某一特定分类学习算法的结果表现(如分类准确性)来评价所选特征子集的质量。图 4.2 为封装法特征选择的基本过程,是将分类器看作一个用于评估特征子集的黑匣子融入其中。特征搜索过程将生成一组特征组成一个子集,特征评估过程将使用分类器来评价分类表现,然后将其返回给特征搜索过程来进行下一次迭代选择新的特征子集。分类表现最好的特征子集将被选作特征选择的最终结果输出给分类器进行训练。在封装法中,搜索过程旨在使用启发式的搜索策略进行指导,以找到具有最优效果的特征子集。由于我们不知道分类器的实际准确性,因此在特征评估阶段,通常使用验证集或通过交叉验证的方式来进行分类结果表现的评价,将评价指标(如分类准确性、误分类总成本等)既用作启发式函数,又用作评估函数。

尽管这样的方法能够保证选取的特征子集是对该特定分类器最优的,但是具有大量特征的数据运行起来需要消耗大量时间。如果一个特征全集具有 $n$ 个特征,那么将产生 $n^2$ 个备选的特征子集,每一次都要进行分类算法的训练和测试,才能从中选择出哪一个在分类结果中表现最佳。因此,当 $n$ 较大时,这一过程需要消耗大量的时间。对于高维数据来说,训练分类器的次数和计算成本都会变得过高。事实上,特征选择就是在特征数量较多时才能发挥更大的作用。所以在封装法中,利用搜索策略来构建特征子集十分重要,有利于缩减搜索测试的规模,快速找到最优子集。在搜索策略中,我们根据目标函数,每次选择一些相关特征或者排除一些无关特征,直到选择出最佳的特征子集。封装法特征选择中可以使用多种搜索策略,包括爬山算法、最佳优先搜索、分支定界和遗传算法等。

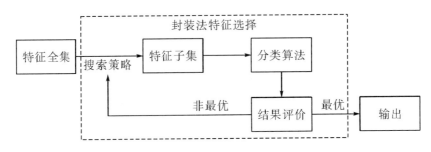

**图 4.2　封装法特征选择的基本过程**

　　从以上两种方法来看,过滤法特征选择独立于分类器的特性,尽管避免了封装法中的交叉验证步骤,在计算上具有很高的效率,但是它没有考虑与分类器结合的情况,导致过滤法选择得到的特征子集在不同分类算法上的表现差异很大。封装法利用选定的分类器来评估特征的质量,因此一个分类器对应一个固定的特征选择结果,从而避免了特征子集在不同分类器上的差异。但是,封装法必须执行分类器很多次才能评估所选特征子集的质量,计算效率很低。由于每种方法都有其优缺点,因此有些研究工作者提出用嵌入法来弥补过滤法和封装法的差异。

### 4.4.4.3　嵌入法

　　嵌入法是指结合了有关学习算法所使用的特定结构和知识,先利用某些机器学习的分类算法进行训练,在数据中各个特征上计算得到其权值系数,根据特征的权重,从大到小进行排序和选择。这一过程类似于过滤法,但是特征"重要性"是通过训练一个分类模型来确定的。其具体执行过程大致可以分为三种情况:第一种,先利用所有特征来训练模型,然后将某些特征的系数设置为 0 来逐一消除它们,如使用支持向量机(SVM)进行递归特征消除。第二种,在分类器自身中就具有用于特征选择的内置机制,如决策树中的 ID3 和 C4.5 算法。第三种,具有目标函数的正则化模型,该函数旨在最小化拟合误差,然后消除系数较小的特征。

　　可以看出,嵌入法与过滤法一样引入了评价特征的度量指标,用来从候选的特征子集中选择分类精度最高的子集。因此,嵌入法通常既可以实现与封装法相当的精度,也可以达到与过滤法相当的效率。另外,值得注意的是,嵌入法可以同时实现模型拟合和特征选择。

# 5

# 大数据预处理实施

## 5.1 数据录入

### 5.1.1 Excel 快速录入

我们经常会录入一些数据在 Excel 表格里,如员工的身份证号或工号,这些数字录入起来很麻烦,但是如果这些数据有一些相同部分的话,我们就可以使用一个小技巧达到快速录入的效果。打个比方,如果员工的工号前面部分都差不多,如员工 1 的工号是3998888062201,员工 2 的工号是3998888062202,那我们就可以使用这个方法快速录入。

快速录入可以按照如下步骤操作:

(1)要在某些单元格批量录入重复的数据,选中这些单元格,在编辑栏输入数据,然后按"Ctrl+Enter"键,即可一键填充内容到所有选中的表格。如图 5.1 所示。

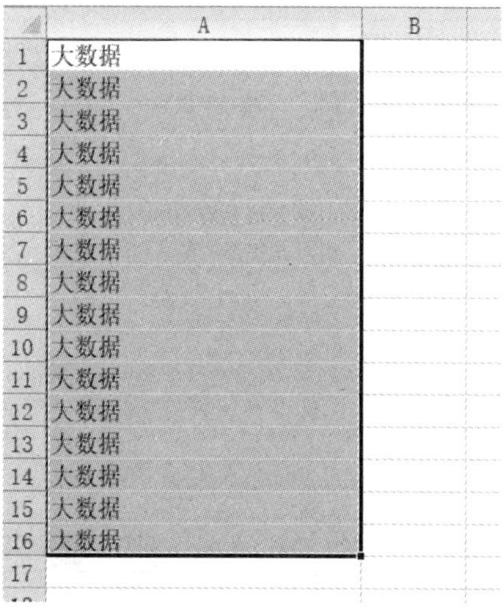

**图 5.1 使用"Ctrl+Enter"键录入数据**

(2)批量录入某行或者某列重复数据,也可以用复制粘贴的方法来完成。首先选中内容进行复制,其次选中要录入内容的区域进行粘贴操作即可,如图 5-2 所示。

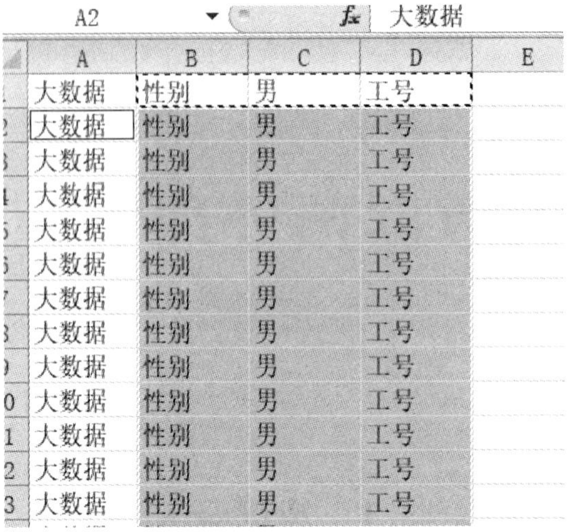

图 5.2　粘贴录入内容的区域

（3）如果要录入大量的不规则重复数据,可以做一个下拉框方便录入。首先,把这些内容做成一个序列的形式,如图 5.3 所示的"男女"那样;其次,选中单元格,单击数据选项卡下的数据验证,"允许"选择"序列","来源"选择事先设置好的序列,单击"确定"按钮,下拉框就完成了,效果图如图 5.4 所示。

图 5.3　设置数据有效性

**图 5.4 录入大量的不规则重复数据**

（4）录入长数值的方法。在 Excel 中的常规格式下录入超过 11 位的数字，表格会自动采用科学记数法，从而使数据显示不完整。因此在录入长数值之前，要先设置单元格格式。在设置单元格格式界面，选择"文本"，单击"确定"按钮即可完成设置，如图 5.5 所示。录入长数值文本数据效果如图 5.6 所示。

**图 5.5 设置数据单元格文本格式**

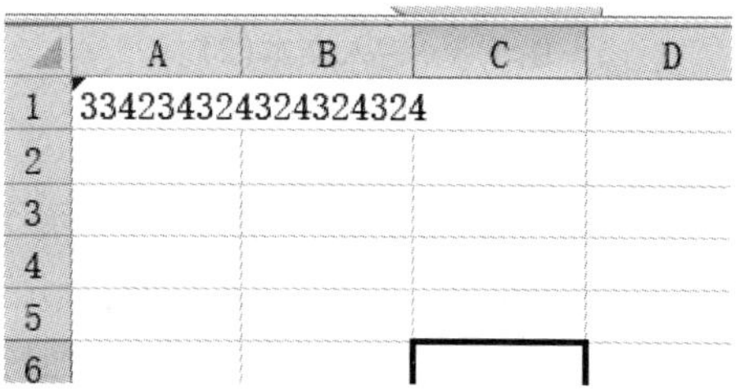

| | A | B | C | D |
| --- | --- | --- | --- | --- |
| 1 | 334234324324324324324324 | | | |
| 2 | | | | |
| 3 | | | | |
| 4 | | | | |
| 5 | | | | |
| 6 | | | | |

**图 5.6 录入文本数据**

### 5.1.2　案例：用 Excel 录入学生成绩表

#### 5.1.2.1　输入文本

（1）新建一个空白工作簿。

（2）选定第一个单元格，输入"大数据分析"后按"Enter"键，显示结果如图 5.7 所示。

（3）选定相邻的单元格，输入"人工智能"后按"Enter"键，显示结果如图 5.8 所示。

说明：单元格中的文本包括字母、数字和符号的组合。如果单元格列宽容不下文本字符串，就要占用相邻的单元格；如果相邻的单元格已有数据，就截断显示。在单元格中输入的数字"2010"被认为是文本，称为数值文本。

图 5.7　输入文本（1）

图 5.8　输入文本（2）

#### 5.1.2.2　输入数字

（1）选定单元格，输入"12345678988"后按"Enter"键，显示结果如图 5.9 所示。

（2）选定单元格，输入"123456789.88"后按"Enter"键，显示结果如图 5.10 所示。

说明：在 Excel 2010 中，当我们向单元格输入数值型数字时，如果数字位数多于 11 位（不含 11 位）时，单元格就不能完全显示出来。

（3）选定单元格，输入"'123456789.88"后按"Enter"键，显示结果如图 5.11 所示。

说明：在单元格中输入多位数字时，先在数字前面添加录入一个英文状态下的单引号"'"，然后接着录入数字，就可以让多位数字完全显示出来。

（4）选定单元格，单击鼠标右键，在随后出现的快捷菜单中选择"设置单元格格式"选项,打开"设置单元格格式"对话框,选择"数字"标签→"文本"分类,单击"确定"按钮,如图 5.12 所示。输入"123456789.12"后按"Enter"键,显示结果如图 5.13 所示。

说明:这种录入长数值数据的方法是将录入的数据不是作为"数值"来处理,而是作为"文本"来处理。

图 5.9　输入数字(1)

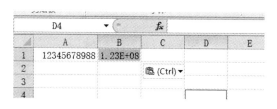

图 5.10　输入数字(2)

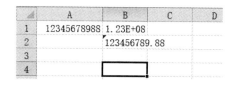

图 5.11　输入数字(3)

图 5.12　输入数字(4)

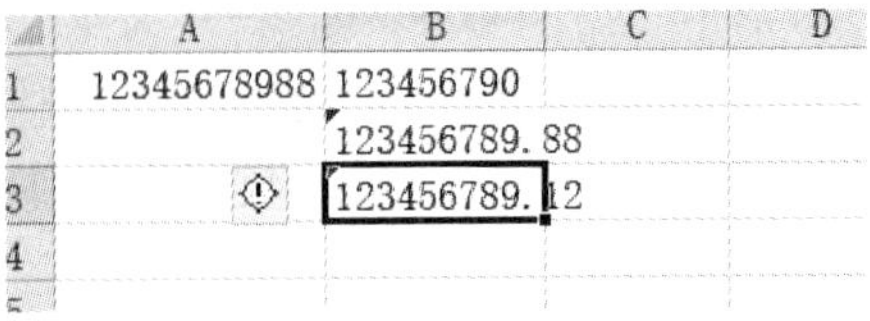

图 5.13　输入数字(5)

(5)选定单元格,输入"0 1/2"后按"Enter"键,显示结果如图 5.14 所示。

说明:如果要输入分数,如 1/2,先输入"0"和一个空格,然后输入 1/2。否则,Excel 会把数据作为日期处理,认为输入的是"1 月 2 日"。

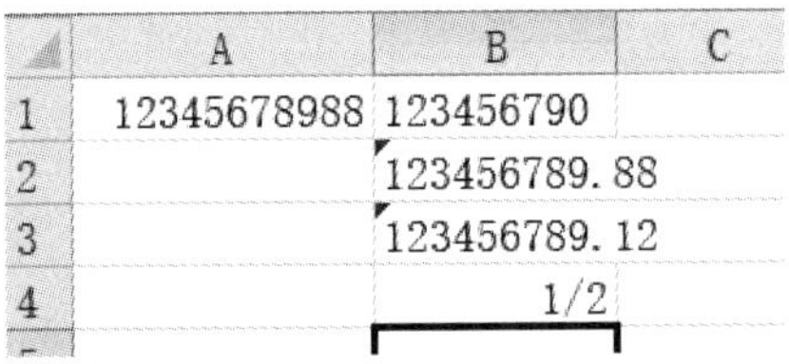

图 5.14　输入数字(6)

### 5.1.2.3　输入日期和时间

(1)选定单元格,输入"2020-12-29"后按"Enter"键,显示结果如图 5.15 所示。

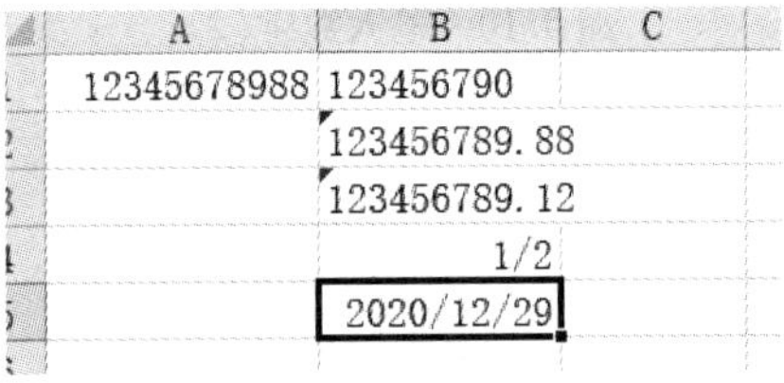

图 5.15　输入日期

(2)选定单元格,按组合键"Ctrl+;",即可输入当前日期,显示结果如图 5.16 所示。

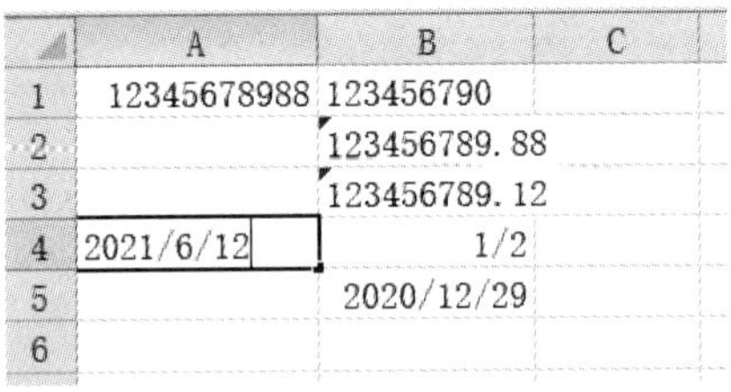

图 5.16　输入当前日期

(3)选定单元格,输入"11:04"后按"Enter"键,即可输入指定时间。按组合键"Ctrl+ Shift+;",即可输入当前时间,显示结果如图 5.17 所示。

|  | A | B | C |
|---|---|---|---|
| 1 | 12345678988 | 123456790 | |
| 2 | | 123456789.88 | |
| 3 | | 123456789.12 | |
| 4 | 2021/6/12 | 1/2 | |
| 5 | 11:26 | 2020/12/29 | |
| 6 | | | |

图 5.17　输入当前时间

（4）选定单元格，输入"2021-6-2 12:35"后按"Enter"键，即可输入日期和时间，显示结果如图 5.18 所示。

说明：在同一单元格中输入日期和时间时，必须用空格隔开，否则 Excel 将把输入的日期和时间作为文本数据处理。

|  | A | B | C |
|---|---|---|---|
| 1 | 12345678988 | 123456790 | |
| 2 | | 123456789.88 | |
| 3 | | 123456789.12 | |
| 4 | 2021/6/12 | 1/2 | |
| 5 | 11:26 | 2020/12/29 | |
| 6 | 2021/6/2 12:35 | | |
| 7 | | | |

图 5.18　输入日期和时间

### 5.1.2.4　数据自动填充

（1）选定单元格，输入"BC201"后按"Enter"键。

（2）选中该单元格，在该单元格的右下角出现一个黑色小方块"填充柄"，鼠标移至"填充柄"标志上，待鼠标呈"黑十字"状时，按住鼠标左键向目标单元格拖拉，拖至目标单元格后，松开鼠标即可，如图 5.19 和图 5.20 所示。

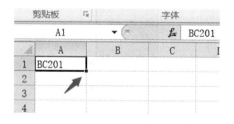

图 5.19　填充柄自动填充拖拉

|  | A | B |
|---|---|---|
| 1 | BC201 | |
| 2 | BC202 | |
| 3 | BC203 | |
| 4 | BC204 | |
| 5 | BC205 | |
| 6 | BC206 | |
| 7 | BC207 | |
| 8 | | |

图 5.20　填充柄自动填充序列

（3）选定"自动填充选项"→"复制单元格"或者在上面步骤时按"Ctrl"键，显示结果如图 5.21 所示。

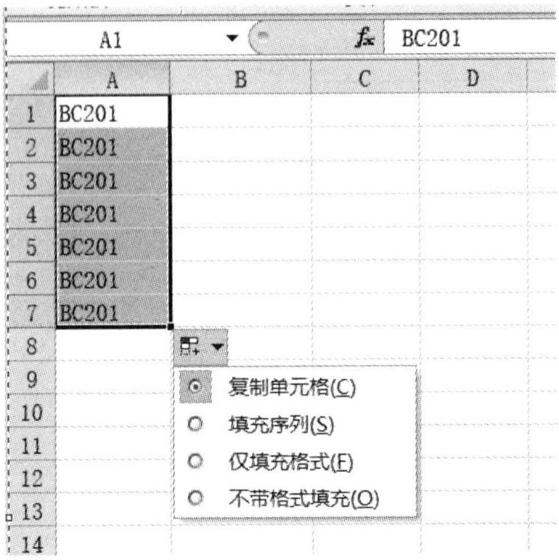

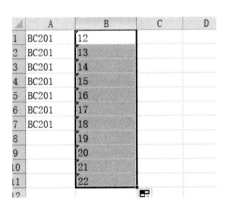

**图 5.21　填充柄自动填充复制单元格**

（4）选定单元格，输入"12"后按"Enter"键，按住鼠标右键拖拉，显示结果如图 5.22 所示。

**图 5.22　填充柄自动填充**

（5）选定单元格，输入"12"，按住鼠标右键向目标单元格拖拉，拖至目标单元格后松开鼠标，在随后出现的快捷菜单中，选择"序列"选项，如图 5.23 所示。

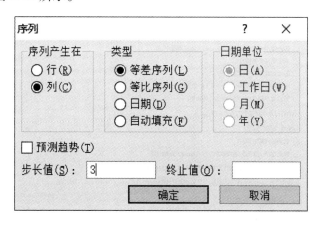

| | A | B | C | D | E | F | G |
|---|---|---|---|---|---|---|---|
| 1 | BC201 | 12 | 12 | | | | |
| 2 | BC201 | 13 | | | | | |
| 3 | BC201 | 14 | | | | | |
| 4 | BC201 | 15 | | | | | |
| 5 | BC201 | 16 | | | | | |
| 6 | BC201 | 17 | | | | | |
| 7 | BC201 | 18 | | | | | |
| 8 | | 19 | | | | | |
| 9 | | 20 | | | | | |
| 10 | | 21 | | | | | |
| 11 | | 22 | | | | | |
| 12 | | | | | | | |
| 13 | | | | | | | |
| 14 | | | | | | | |
| 15 | | | | | | | |
| 16 | | | | | | | |
| 17 | | | | | | | |
| 18 | | | | | | | |
| 19 | | | | | | | |
| 20 | | | | | | | |
| 21 | | | | | | | |
| 22 | | | | | | | |
| 23 | | | | | | | |
| 24 | | | | | | | |

复制单元格(C)
填充序列(S)
仅填充格式(F)
不带格式填充(O)
以天数填充(D)
以工作日填充(W)
以月填充(M)
以年填充(Y)
等差序列(L)
等比序列(G)
序列(E)…

图 5.23　选择序列选项

（6）在出现的"序列"对话框中,将"步长值"设置成 3,单击"确定"按钮,如图 5.24 所示,显示结果如图 5.25 所示。

序列 ? ×

序列产生在
○ 行(R)
● 列(C)

类型
● 等差序列(L)
○ 等比序列(G)
○ 日期(D)
○ 自动填充(F)

日期单位
● 日(A)
○ 工作日(W)
○ 月(M)
○ 年(Y)

□ 预测趋势(T)
步长值(S)：3　　终止值(O)：

确定　　取消

图 5.24　序列对话框设置

5 大数据预处理实施

| | A | B | C | D |
|---|---|---|---|---|
| 1 | BC201 | 12 | 12 | |
| 2 | BC201 | 13 | 15 | |
| 3 | BC201 | 14 | 18 | |
| 4 | BC201 | 15 | 21 | |
| 5 | BC201 | 16 | 24 | |
| 6 | BC201 | 17 | 27 | |
| 7 | BC201 | 18 | 30 | |
| 8 | | 19 | 33 | |
| 9 | | 20 | 36 | |
| 0 | | 21 | 39 | |
| 1 | | 22 | 42 | |
| 2 | | | | |

**图 5.25 录入的等差序列**

说明：针对不同类型的数据，自动填充所产生的效果是不一样的。当单个单元格为纯数字、纯文字或公式时，填充结果等同于复制，如"成都""China"；当单个单元格为文字或字符与数字的混合体时，填充结果是文字或字符不变，数字递增，如学号的输入；当单个单元格为序列中的一项，填充结果会按序列的关系变化而变化（单击"Office"按钮→"Excel 选项"按钮，在弹出"Excel 选项"对话框中选择"常用"选项，右侧单击"编辑自定义序列"按钮，出现"自定义序列"对话框，如图 5.26 和图 5.27 所示）；当两个或两个以上连续单元格中的数据有一定的变化趋势时，如数字 1，2，3，…，只需输入前两项，然后选定这两项，拖动填充柄，即可生成序列后续选项。

**图 5.26 选择"自定义序列"对话框**

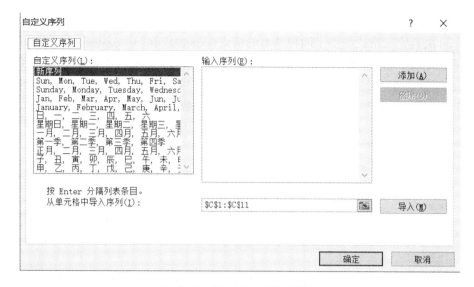

图 5.27　"自定义序列"对话框

### 5.1.2.5　自定义格式数据输入

Excel 内置的数据格式不算少,但仍然很难满足用户千变万化的要求。为此,它提供了一种自定义格式。

（1）自定义方法。

选中要设置自定义格式的单元格或区域,单击鼠标右键,在出现的快捷菜单中选择"设置单元格格式"选项,打开"设置单元格格式"后选中"分类"下的"自定义"选项,即可在下面的列表框内选择现有的数据格式,或者在"类型"框中输入你定义的数据格式(原有的自定义格式不会丢失)。在后一种情况下,只要自行定义的数据格式被使用,它就会自动进入列表框被调用,如图 5.28 所示。

图 5.28　自定义单元格格式

(2)格式表达式。

Excel 的自定义格式提供了四种基本的格式（又称为"节"）。这些格式是以分号来分隔的,它们定义了格式中的正数、负数、零和文本。其中,正数的格式代码为"#,##0.00","#"表示只显示有意义的零（其他数字原样显示）,逗号为千分位分隔符,"0"表示按照输入结果显示零,"0.00"小数点后的零的个数表示小数位数;负数的格式代码为"-#,##0.00","-"表示负数。自定义格式表达式如图 5.29 所示。

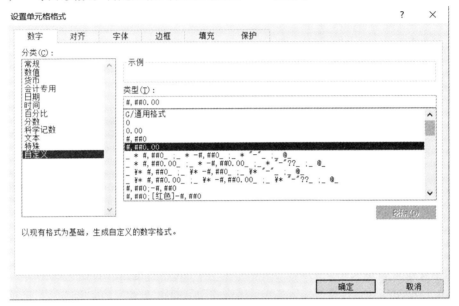

图 5.29　自定义格式表达式

例如,在格式为"###0.0"的单元格内输入"12345.987"会显示为"12346.0",如图5.30 所示。

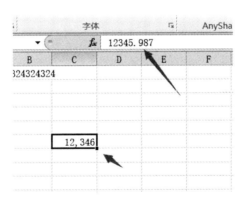

图 5.30　自定义格式效果

(3)Excel 其他数据的输入。

除"账号/学号"之外的其他列数据,可采取直接输入的方法。在输入过程中,需要注意不同类型的数据,输入的格式有不同要求。输入完成后的效果如图 5.31 所示。

| | A | B | C | D |
|---|---|---|---|---|
| 1 | 账号/学号 | 学生姓名 | 课程名称 | 分数 |
| 2 | 203040042 | 周童玉 | 大数据导论 | 94 |
| 3 | 203040095 | 余霞 | 大数据导论 | 91 |
| 4 | 203040086 | 义轩 | 大数据导论 | 90 |
| 5 | 203040798 | 虎杏 | 大数据导论 | 88 |
| 6 | 203040084 | 李冰冰 | 大数据导论 | 87 |
| 7 | 203040087 | 胡欣 | 大数据导论 | 87 |
| 8 | 203040024 | 楚曦 | 大数据导论 | 87 |
| 9 | 203040038 | 许朵儿 | 大数据导论 | 87 |
| 10 | 203040005 | 唐睿 | 大数据导论 | 86 |
| 11 | 203040096 | 米宝茹 | 大数据导论 | 86 |
| 12 | 203040089 | 李怡 | 大数据导论 | 85 |
| 13 | 203040010 | 胡诗杰 | 大数据导论 | 85 |
| 14 | 203040028 | 倪蓓筠 | 大数据导论 | 85 |
| 15 | 203040003 | 张依 | 大数据导论 | 84 |
| 16 | 203040011 | 刘开乾 | 大数据导论 | 83 |
| 17 | 203040052 | 岳洋西 | 大数据导论 | 83 |
| 18 | 203040074 | 党雯钰 | 大数据导论 | 83 |
| 19 | 203040032 | 罗毅 | 大数据导论 | 82 |
| 20 | 203040085 | 阳杉杉 | 大数据导论 | 82 |
| 21 | 203040004 | 李琪骑 | 大数据导论 | 81 |
| 22 | 203040080 | 张维维 | 大数据导论 | 80 |
| 23 | 203040081 | 邹耀阳 | 大数据导论 | 80 |

**图 5.31 "学生成绩表"**

说明:输入文本型数字时,要在前面加单引号,如学号、身份证号码、电话号码等;输入分数时,整数与小数间要空一格,如先输入数字"0",然后"空格",紧接着输入数字"3",最后输入数字"4",即完成分数"3/4"的输入;输入日期时,用斜线或短横线分隔年、月和日,如"2013/1/3"或"2013-1-1";输入时间时,用冒号隔开小时、分钟、秒,如 13:00:00。

(4)导入外部数据。

①单击"数据"选项卡,如图 5.32 所示。

**图 5.32 数据选项卡**

②选择导入的方式,如来自文本,出现"导入文本文件"对话框,如图 5.33 所示。

③选择导入的文本,出现"文本导入向导"对话框,根据提示修改选项,如图 5.34 至图 5.36 所示,文本导入效果如图 5.37 所示。

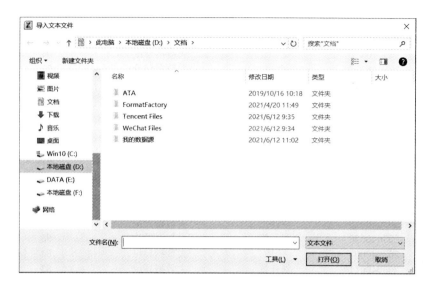

图 5.33 "导入文本文件"对话框

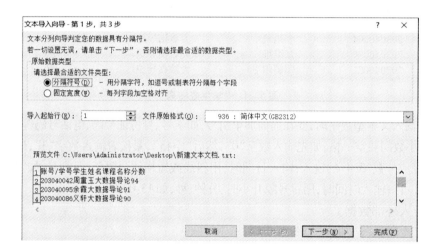

图 5.34 文本导入向导(1)

图 5.35 文本导入向导(2)

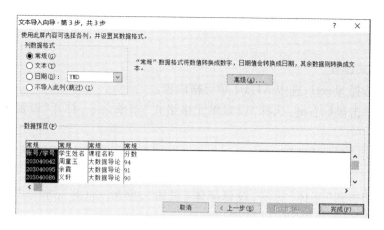

图 5.36　文本导入向导(3)

| ▲ | A | B | C | D | E |
|---|---|---|---|---|---|
| 4 | 账号/学号 | 学生姓名 | 课程名称 | 分数 | |
| 5 | 203040042 | 周童玉 | 大数据导论 | 94 | |
| 6 | 203040095 | 余霞 | 大数据导论 | 91 | |
| 7 | 203040086 | 义轩 | 大数据导论 | 90 | |
| 8 | 203040798 | 虎杏 | 大数据导论 | 88 | |
| 9 | 203040084 | 李冰冰 | 大数据导论 | 87 | |
| 10 | 203040087 | 胡欣 | 大数据导论 | 87 | |
| 11 | 203040024 | 楚曦 | 大数据导论 | 87 | |
| 12 | 203040038 | 许朵儿 | 大数据导论 | 87 | |
| 13 | 203040005 | 唐睿 | 大数据导论 | 86 | |
| 14 | 203040096 | 米宝茹 | 大数据导论 | 86 | |
| 15 | 203040089 | 李怡 | 大数据导论 | 85 | |
| 16 | 203040010 | 胡诗杰 | 大数据导论 | 85 | |
| 17 | 203040028 | 倪蓓筠 | 大数据导论 | 85 | |
| 18 | 203040003 | 张依 | 大数据导论 | 84 | |
| 19 | 203040011 | 刘开乾 | 大数据导论 | 83 | |
| 20 | 203040052 | 岳洋西 | 大数据导论 | 83 | |
| 21 | 203040074 | 党雯钰 | 大数据导论 | 83 | |
| 22 | 203040032 | 罗毅 | 大数据导论 | 82 | |
| 23 | 203040085 | 阳杉杉 | 大数据导论 | 82 | |
| 24 | 203040004 | 李琪骑 | 大数据导论 | 81 | |
| 25 | | | | | |

图 5.37　文本导入效果

(5)工作表的格式设置。

打开学生成绩表,完成下面操作步骤:

①表格标题格式。

对齐格式:选定 A1:D1 单元格区域,单击"开始"→"对齐方式"→"合并后居中"按钮,合并单元格并使表格标题"学生基本信息表"居中对齐。

字体格式:在"字体"功能区"字体"下拉列表框中选择字体"楷体",在"字号"下拉列表框里选择"11"。

②表格格式。

对齐格式:选定区域 A2:D15,单击"开始"→"对齐方式"→"居中"按钮,使除标题之外的其他数据居中对齐。

框线格式:选定区域 A2:D15,单击"开始"→"字体"→"框线"→"所有框线"按钮。

行高:选定区域 A2:D15,单击"开始"→"单元格"→"格式"→"行高"按钮,输入"16"。

③字符格式设置。

第一步,选择 Sheet1,选中 A1:D1 单元格内容。

第二步,单击鼠标右键,选择"设置单元格格式"菜单命令,打开"设置单元格格式"对话框。

第三步,切换到"对齐"标签,设置"水平对齐"和"垂直对齐"为居中,如图 5.38 所示。

第四步,切换到"字体"标签,设置字体"黑体",字形"加粗",字号"22",颜色"红色",如图 5.39 所示,单击"确定"按钮。

第五步,单击"开始"→"格式"→"自动调整列宽"按钮。

第六步,设置完成效果如图 5.40 所示。

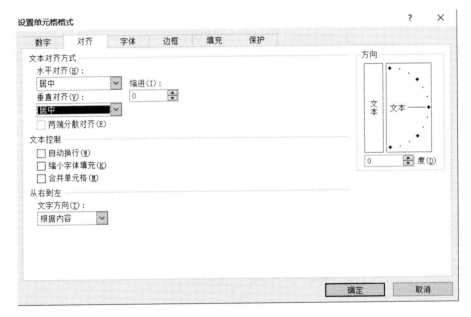

**图 5.38  对齐设置**

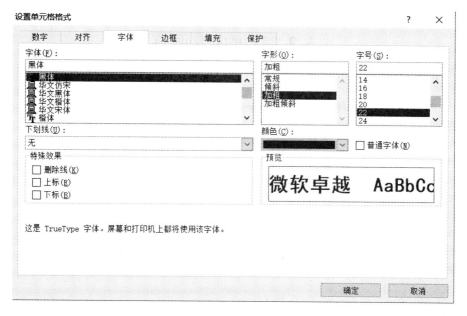

图 5.39 字体设置

| | A | B | C | D |
|---|---|---|---|---|
| 1 | 学生成绩表 | | | |
| 2 | | | | |
| 3 | 序号 | 学号 | | 姓名 |
| 4 | | | | |
| 5 | 1 | 194100001 | | 罗淼 |
| 6 | 2 | 194100002 | | 陈启新 |
| 7 | 3 | 194100003 | | 杨美雯 |
| 8 | 4 | 194100004 | | 鲜雨君 |
| 9 | 5 | 194100005 | | 刘欣阳 |
| 10 | 6 | 194100007 | | 余洋 |
| 11 | 7 | 194100008 | | 李宗泽 |
| 12 | 8 | 194100009 | | 钟玉山 |
| 13 | 9 | 194100010 | | 赵思雨 |
| 14 | 10 | 194100011 | | 李佳芮 |
| 15 | 11 | 194100013 | | 黄珩洲 |

图 5.40 字符格式设置效果

## 5.2 数据内容调整

### 5.2.1 单元格的相对引用

（1）选择 Sheet1，将 F2 单元格选中为活动单元格，在"编辑栏"中输入"=B5"。按回车键后 F2 单元格将得到如图 5.41 示的结果。

（2）复制 A5 单元格并粘贴至 F4 单元格，由于 A5 单元格的引用为相对引用，所以此时 F4 单元格的引用会在原来引用值的基础上发生变化，如图 5.42 所示。

（3）在 F5 中输入公式"=A5+5"，拖动单元格右下方小黑点，观察公式变化，在这个公式中"=A1"即为相对引用，F5 单元格发生变化为 F5，A5 单元格跟着变化为 A6，如图 5.43、图 5.44 所示。

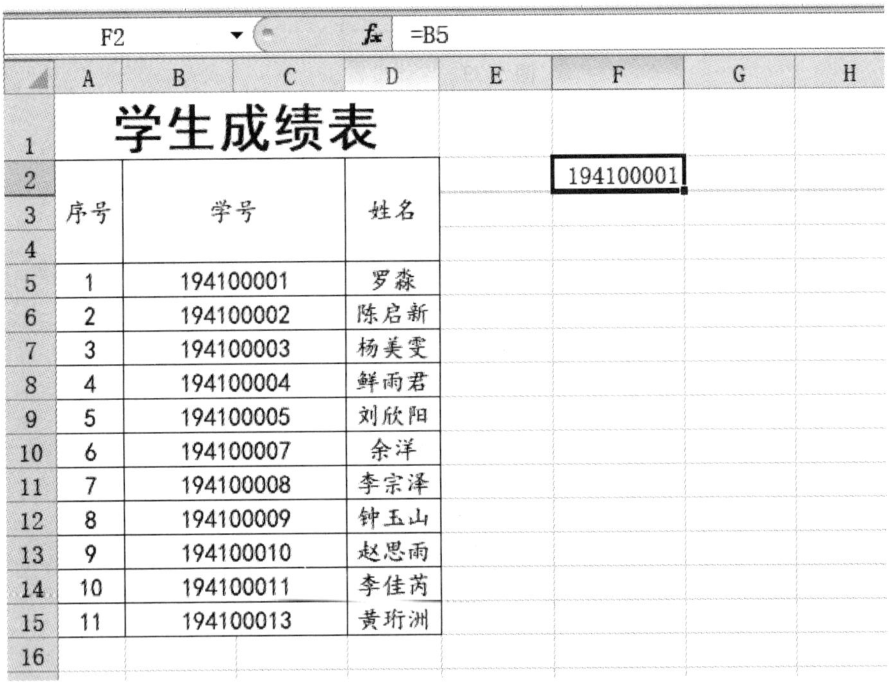

| | F2 | ▼ | | $f_x$ | =B5 | | |
|---|---|---|---|---|---|---|---|
| | A | B | C | D | E | F | G | H |
| 1 | 学生成绩表 | | | | | | | |
| 2 | | | | | | 194100001 | | |
| 3 | 序号 | 学号 | | 姓名 | | | | |
| 4 | | | | | | | | |
| 5 | 1 | 194100001 | | 罗淼 | | | | |
| 6 | 2 | 194100002 | | 陈启新 | | | | |
| 7 | 3 | 194100003 | | 杨美雯 | | | | |
| 8 | 4 | 194100004 | | 鲜雨君 | | | | |
| 9 | 5 | 194100005 | | 刘欣阳 | | | | |
| 10 | 6 | 194100007 | | 余洋 | | | | |
| 11 | 7 | 194100008 | | 李宗泽 | | | | |
| 12 | 8 | 194100009 | | 钟玉山 | | | | |
| 13 | 9 | 194100010 | | 赵思雨 | | | | |
| 14 | 10 | 194100011 | | 李佳芮 | | | | |
| 15 | 11 | 194100013 | | 黄珩洲 | | | | |
| 16 | | | | | | | | |

图 5.41 单元格相对引用编辑栏输入及结果

| | F4 | | | $f_x$ | 1 | | |
|---|---|---|---|---|---|---|---|

|  | A | B | C | D | E | F | G |
|---|---|---|---|---|---|---|---|
| 1 | 学生成绩表 | | | | | | |
| 2 | 序号 | 学号 | | 姓名 | | 194100001 | |
| 3 | | | | | | | |
| 4 | | | | | | 1 | |
| 5 | 1 | 194100001 | | 罗淼 | | | |
| 6 | 2 | 194100002 | | 陈启新 | | | |
| 7 | 3 | 194100003 | | 杨美雯 | | | |
| 8 | 4 | 194100004 | | 鲜雨君 | | | |
| 9 | 5 | 194100005 | | 刘欣阳 | | | |
| 10 | 6 | 194100007 | | 余洋 | | | |
| 11 | 7 | 194100008 | | 李宗泽 | | | |
| 12 | 8 | 194100009 | | 钟玉山 | | | |
| 13 | 9 | 194100010 | | 赵思雨 | | | |
| 14 | 10 | 194100011 | | 李佳芮 | | | |
| 15 | 11 | 194100013 | | 黄珩洲 | | | |
| 16 | | | | | | | |

图 5.42　单元格相对引用的复制

| | F5 | | | $f_x$ | =A5+5 | | |
|---|---|---|---|---|---|---|---|

|  | A | B | C | D | E | F | G | H |
|---|---|---|---|---|---|---|---|---|
| 1 | 学生成绩表 | | | | | | | |
| 2 | 序号 | 学号 | | 姓名 | | | | |
| 3 | | | | | | | | |
| 4 | | | | | | | | |
| 5 | 1 | 194100001 | | 罗淼 | | 6 | | |
| 6 | 2 | 194100002 | | 陈启新 | | 7 | | |
| 7 | 3 | 194100003 | | 杨美雯 | | 8 | | |
| 8 | 4 | 194100004 | | 鲜雨君 | | 9 | | |
| 9 | 5 | 194100005 | | 刘欣阳 | | 10 | | |
| 10 | 6 | 194100007 | | 余洋 | | 11 | | |
| 11 | 7 | 194100008 | | 李宗泽 | | | | |
| 12 | 8 | 194100009 | | 钟玉山 | | | | |
| 13 | 9 | 194100010 | | 赵思雨 | | | | |
| 14 | 10 | 194100011 | | 李佳芮 | | | | |
| 15 | 11 | 194100013 | | 黄珩洲 | | | | |

图 5.43　相对引用公式变化(1)

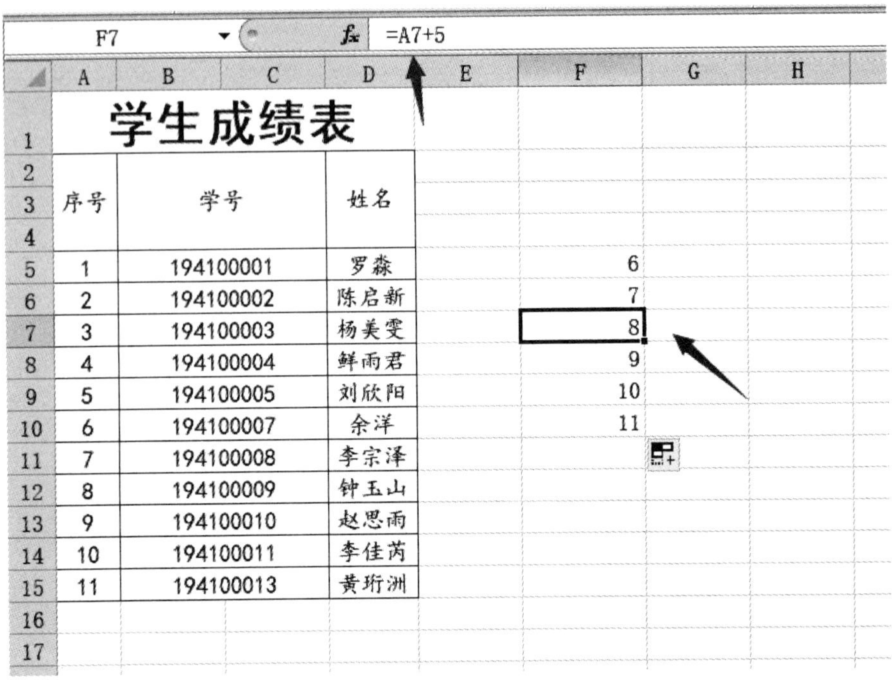

**图 5.44   相对引用公式变化(2)**

说明:单元格相对引用的特点即"你走我也走"。

### 5.2.2   单元格的绝对引用

(1)将 F8 单元格选中为活动单元格,在"编辑栏"中输入" = ＄A＄5+5"后按回车键,即在列字母及行字数的前面加上"＄"号,这样就变成了绝对引用,如图 5.45 所示。

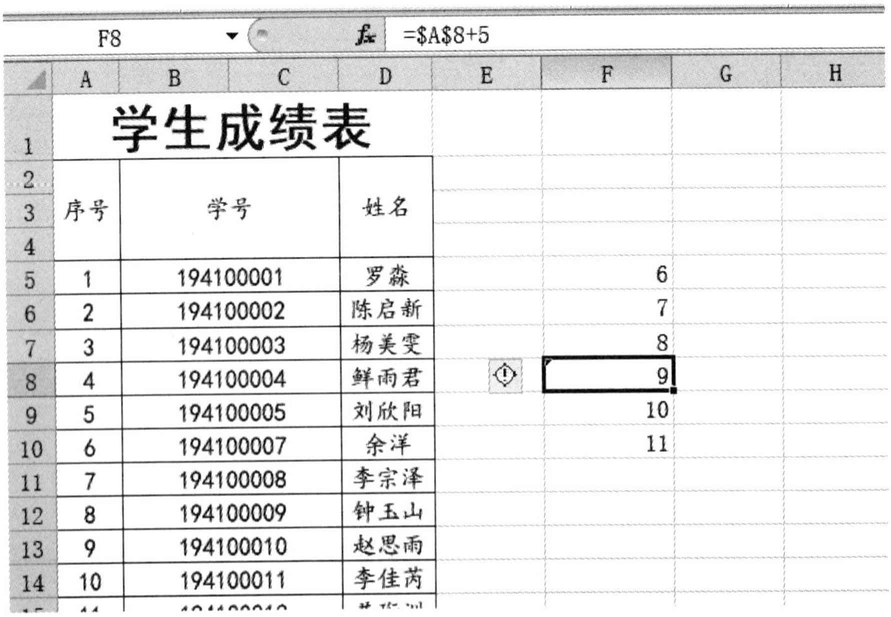

**图 5.45   单元格绝对引用(1)**

（2）复制 F8 单元格并粘贴至 F11 单元格,由于 F8 单元格的引用为绝对引用,所以此时无论单元格的位置是否发生变化,F11 单元格的引用仍是公式" = $ A $ 5+5",如图 5.46 所示。

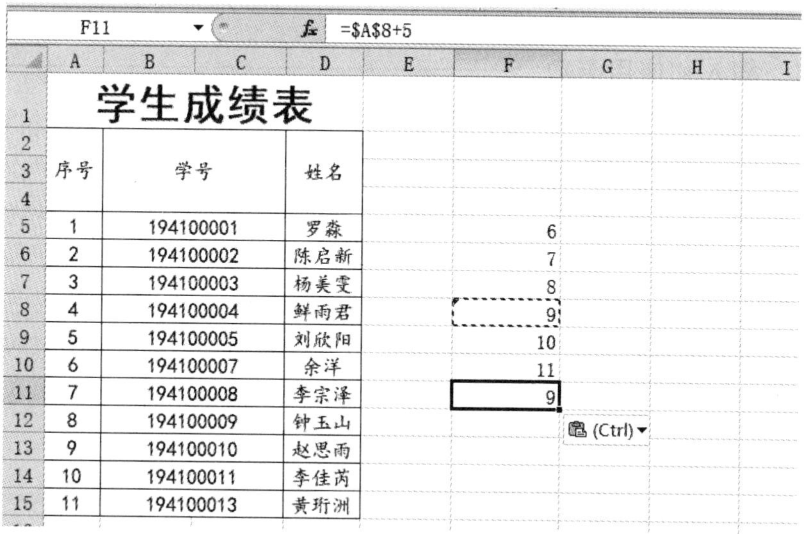

图 5.46　单元格绝对引用(2)

说明:单元格绝对引用的特点即"给我美元我就不走"。

### 5.2.3　输入和编辑公式

（1）选择 E11 为活动单元格,在"编辑栏"中输入" =（SUM（E5:E10）-10）＊F2",按回车键,如图 5.47 所示。

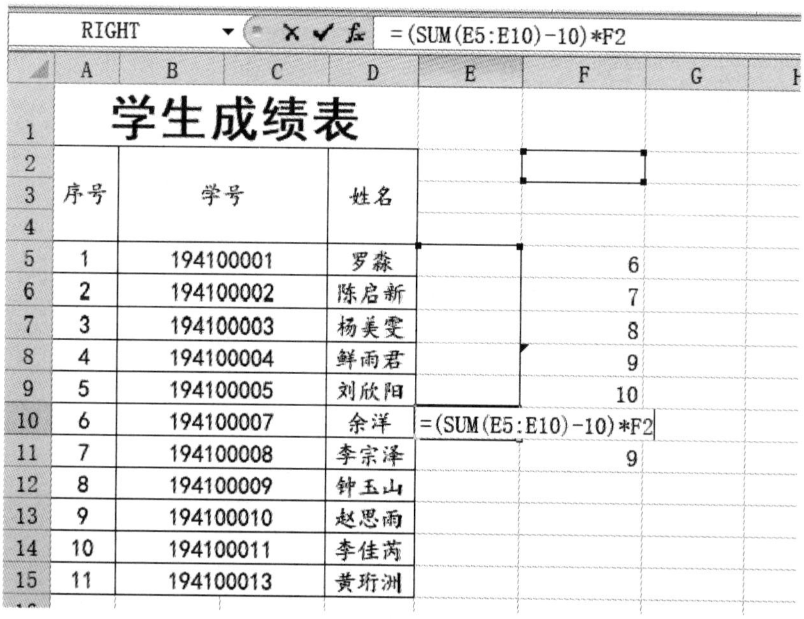

图 5.47　单元格输入公式

（2）选择 E11 为活动单元格,在"编辑栏"中修改公式"=(SUM(E5:E10)-14)*F2",按回车键。

说明:当公式所引用的单元格中的数值被修改时,Excel 将根据修改后的数值重新计算结果。

### 5.2.4　插入和使用函数

（1）选择 A11 为活动单元格,单击工具栏上的"插入函数"命令,如图 5.48 所示。

（2）在弹出的"插入函数"对话框中,选择"常用函数"→"SUM"→"确定"命令。

（3）在弹出的"函数参数"对话框中,设置如图 5.49 所示,单击"确定"按钮,结果如图 5.50 所示。

说明:对于一些简单的函数,可以采用同在单元格中输入公式的方法用手工输入函数。对于比较复杂的函数或者参数比较多的函数,则经常使用函数对话框来输入。利用函数对话框输入可以指导用户一步一步地输入一个复杂的函数,以避免在输入过程中产生错误。

图 5.48　"插入函数"命令

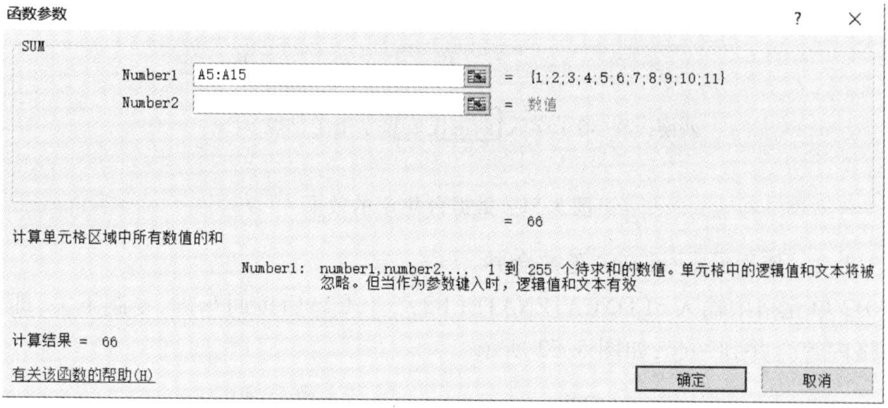

图 5.49  "函数参数"对话框

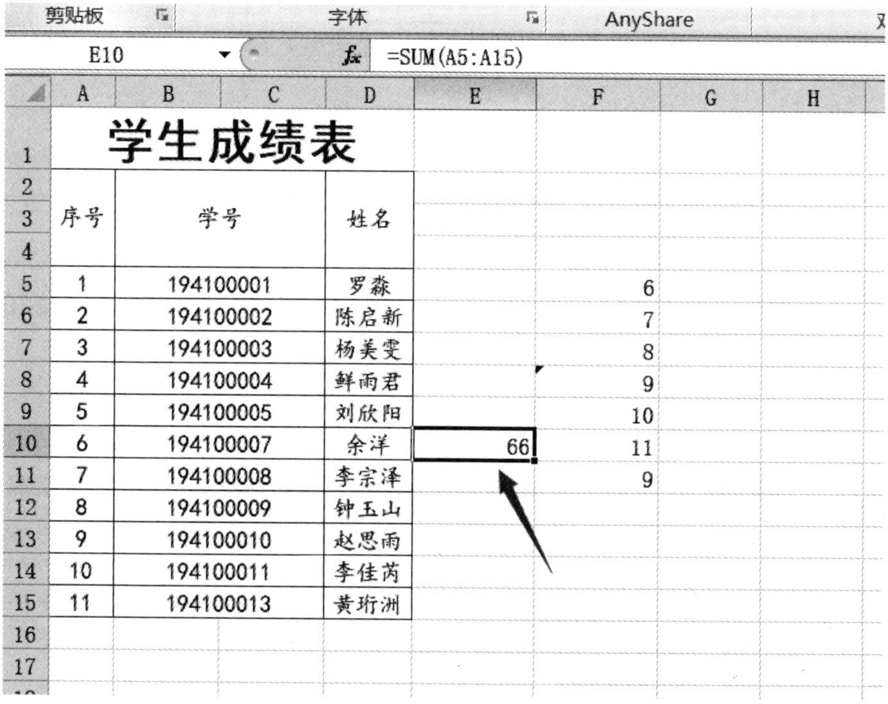

图 5.50  插入函数计算结果

# 5.3  数据合并与拆分

## 5.3.1  数据合并

### 5.3.1.1  使用 & 函数合并

在 D2 中输入 =B2&" "&C2 后按回车键,复制下去即可把 2 个单元格内容合并到一起,如图 5.51 所示。

图 5.51　数据合并 & 的效果

#### 5.3.1.2　使用 Concatenate 函数合并

在 D2 单元格中输入 =CONCATENATE(B2," ",C2) 后按回车键，复制下去，即可把 2 个单元格内容合并到一起，如图 5.52 所示。

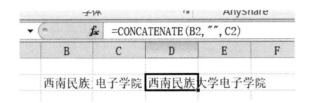

图 5.52　Concatenate 函数合并的效果

### 5.3.2　数据拆分

数据拆分的方法有很多，可以使用"分列"，也可以使用"函数"。来看一个案例，A 列中有学校名称和邮编，如图 5.53 所示。我们要把学校名称和邮编拆分开，放在不同的列。

#### 5.3.2.1　使用"分列"拆分数据

（1）选中 A 列中的数据，单击"数据"选项卡下的"分列"选项，如图 5.53 所示。

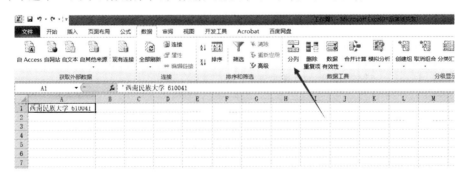

图 5.53　分列选项卡

（2）在"文本分列向导-第 1 步"对话框中，A 列中的学校名称和邮编中间是用空格分开的，所以文件类型我们选择"分隔符号"，单击"下一步"按钮，如图 5.54 所示。

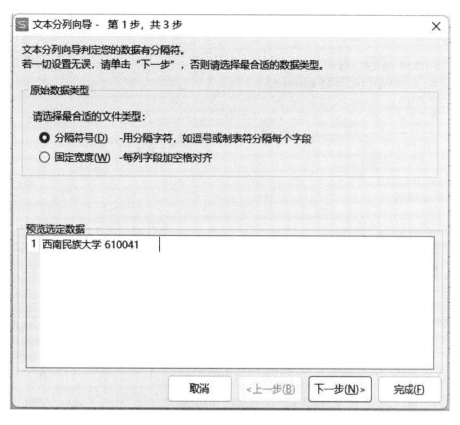

**图 5.54 分列向导(1)**

(3)在"文本分列向导-第2步"对话框中,在"分隔符号"处勾选"空格"选项,在"数据预览"处可以看到学校名称和邮编之间有一条竖线,说明已经分开,单击"下一步"按钮,如图5.55所示。

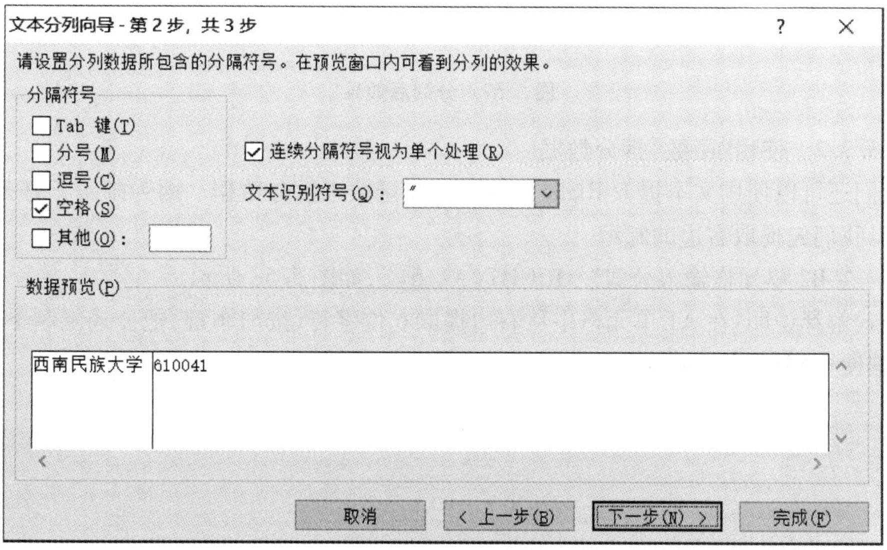

**图 5.55 分列向导(2)**

（4）在"文本分列向导–第3步"对话框中,列数据格式不需要修改,可直接单击"完成"按钮,如图5.56所示。

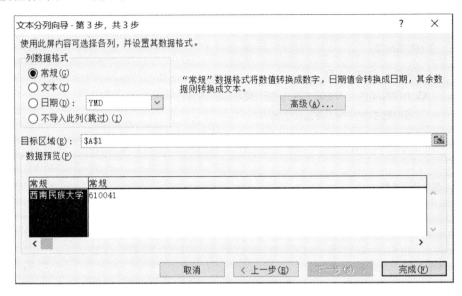

图 5.56　分列向导(3)

数据表中的学校名称和邮编已经拆分开,邮编分到了B列,如图5.57所示。

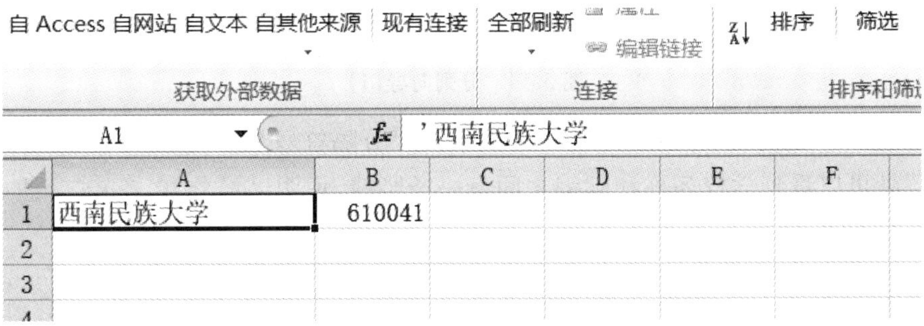

图 5.57　分列后效果

### 5.3.2.2　使用"函数"拆分数据

我们还可以使用文本提取 Right 函数和 Left 函数来拆分数据。因为邮编正好是6位数,所以我们先提取右边的邮编。

（1）在B2单元格输入公式" =RIGHT(A1,6)",如图5.58所示。

公式解释说明:在A1单元格中从右边提取6位字符,按回车键,把公式复制下去,这时,邮编便全部提取到B列。

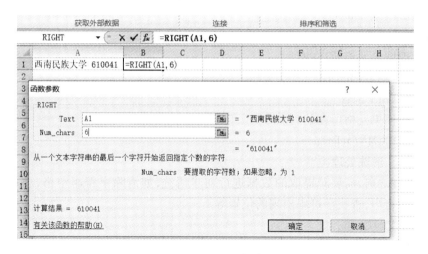

图 5.58　RIGHT 函数的设置

（2）提取地址。地址在左边，所以要用 LEFT 函数。在 C1 单元格输入公式"＝LEFT（A1,LEN（A1）-7）"。

公式解释说明：第一个参数是在 A1 中提取；第二个参数 LEN（A1）-7 ，其中 LEN（A1）是计算 A1 单元格中的字符数一共是多少，用整个 A1 单元格的字符数减去 6 位邮编和 1 位空格，一共减去 7 个字符，剩下的就是从左边提取的字符数，即学校名称。按回车键，把公式复制下去，学校名称便全部提取到 C 列了，如图 5.59 所示。

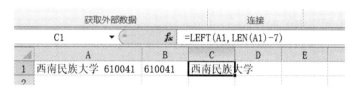

图 5.59　LEFT 函数的设置

## 5.3.3　Excel 常用数据处理函数分类

### 5.3.3.1　关联匹配类

（1）VLOOKUP 函数。

功能：按列查找满足条件的元素。

语法：VLOOKUP（lookup_value,table_array,col_index_num,[range_lookup]）

（2）INDEX 函数。

功能：返回表格或区域中的值或引用该值。

语法：INDEX（array,rav_num,column_num）

INDEX（reference,rav_num,column_num,area_num）

（3）MATCH 函数。

功能：返回指定内容在指定区域（某行或者某列）的位置。

语法：MATCH（lookup_value,lookup_array,match_type）

（4）RANK 函数。

功能：求某一个数值在某一区域内的排名。

语法：RANK(number,ref[order])

（5）ROW 函数。

功能：返回单元格所在的行。

语法：ROW(reference)

（6）COLUMN 函数。

功能：返回单元格所在的列。

语法：COLUMN(reference)

#### 5.3.3.2　清洗处理类

数据处理之前,需要对提取的数据进行初步清洗,如清除字符串空格,合并单元格,替换、截取字符串,查找字符串出现的位置等。

（1）TRIM 函数。

功能：清除掉字符串两边的空格。

语法：TRIM(string)

（2）LTRIM 函数。

功能：清除单元格左边的空格。

语法：LTRIM(string)

（3）RTRIM 函数。

功能：清除单元格右边的空格。

语法：RTRIM(string)

（4）CONCATENATE 函数。

功能：合并单元格中的内容。

语法：CONCATENATE(text1,[text2],…)

（5）LEFT 函数。

功能：从左截取字符串。

语法：LEFT(string,n)

（6）RIGHT 函数。

功能：从右截取字符串。

语法：RIGHT(string,length)

（7）MID 函数。

功能：从中间截取字符串。

语法：MID(text,start_num,num_chars)

（8）REPLACE 函数。

功能：替换掉单元格的字符串。

语法：REPLACE(old_text,start_num,num_chars,new_text)

（9）FIND 函数。

功能：查找文本位置。

语法：FIND(find_text,within_text,start_num)

（10）SEARCH 函数。

功能：返回一个指定字符或文本字符串在字符串中第一次出现的位置 ,从左到右查找。

语法:SEARCH(find_text,within_text,[start_num])

FIND 函数和 SEARCH 函数的功能几乎相同,都是实现查找字符所在的位置。其区别在于 FIND 函数是精确查找,区分大小写;SEARCH 函数是模糊查找,不区分大小写。

(11)LEN 函数。

功能:返回文本字符串的字符数。

语法:LEN(string)

### 5.3.3.3 逻辑运算类

(1)IF 函数。

功能:使用 IF 函数时,如果条件为真,函数将返回一个值;如果条件为假,函数将返回另一个值。

语法:IF(logical_test,value_if_true,value_if_false)

(2)AND 函数。

功能:使用 AND 函数时,全部参数为 True,则返回 True,只要有一个参数为 False,则返回 False。

语法:AND(logical1,logical2,…)

(3)OR 函数。

功能:使用 OR 函数时,只要参数有一个 True,则返回 Ture,所有参数为 False,才返回 False。

语法:OR(logical1,logical2,…)

### 5.3.3.4 计算统计类

在利用 Excel 表格统计数据时,常常需要使用各种 Excel 自带的公式。

(1)MIN 函数。

功能:找到某区域中的最小值。

语法:MIN(number1,number2,…)

(2)MAX 函数。

功能:找到某区域中的最大值。

语法:MAX(number1,number2,…)

(3)AVERAGE 函数。

功能:计算某区域中的平均值。

语法:AVERAGE(number1,number2,…)

(4)COUNT 函数。

功能:计算含有数字的单元格的个数。

语法:COUNT(number1,number2,…)

(5)COUNTIF 函数。

功能:计算某个区域中满足给定条件的单元格数目。

语法:COUNTIF(range,criteria)

(6)COUNTIFS 函数。

功能:统计一组给定条件所指定的单元格数目。

语法:COUNTIFS(criteria_range1,criteria1,criteria_range2,criteria2,…)

(7)SUM 函数。

功能:计算单元格区域中所有数值的和。

语法:SUM(number1,number2,…)

(8)SUMIF 函数。

功能:对满足条件的单元格求和。

语法:SUMIF(range,criteria,sum_range)

(9)STDEV 函数。

功能:基于样本,估算标准偏差。

语法:STDEV(number1,number2,…)

(10)SUBSTOTAL 函数。

功能:返回列表或数据库中的分类汇总。

语法:SUBSTOTAL(function_num,ref1,ref2,…)

# 5.4 案例:学生成绩表的排序、筛选与汇总

## 5.4.1 排序

Excel 有多种排列顺序的方法:可以按升序排序或按降序排序,还可以按字母的先后顺序排序。

(1)打开"学生成绩表.xlsx"工作簿,选择"Sheet1"为活动工作表,录入单元格数据,如图 5.60 所示。

| | A | B | C | D |
|---|---|---|---|---|
| | 账号/学号 | 学生姓名 | 课程名称 | 分数 |
| | 203040042 | 周童玉 | 大数据导论 | 94 |
| | 203040095 | 余霞 | 大数据导论 | 91 |
| | 203040086 | 义轩 | 大数据导论 | 90 |
| | 203040798 | 虎杏 | 大数据导论 | 88 |
| | 203040084 | 李冰冰 | 大数据导论 | 87 |
| | 203040087 | 胡欣 | 大数据导论 | 87 |
| | 203040024 | 楚曦 | 大数据导论 | 87 |
| | 203040038 | 许朵儿 | 大数据导论 | 87 |
| | 203040005 | 唐睿 | 大数据导论 | 86 |
| | 203040096 | 米宝茹 | 大数据导论 | 86 |
| | 203040089 | 李怡 | 大数据导论 | 85 |
| | 203040010 | 胡诗杰 | 大数据导论 | 85 |
| | 203040028 | 倪蓓筠 | 大数据导论 | 85 |
| | 203040003 | 张依 | 大数据导论 | 84 |
| | 203040011 | 刘开乾 | 大数据导论 | 83 |
| | 203040052 | 岳洋西 | 大数据导论 | 83 |
| | 203040074 | 党雯钰 | 大数据导论 | 83 |
| | 203040032 | 罗毅 | 大数据导论 | 82 |
| | 203040085 | 阳杉杉 | 大数据导论 | 82 |
| | 203040004 | 李琪骐 | 大数据导论 | 81 |
| | 203040080 | 张维维 | 大数据导论 | 80 |
| | 203040081 | 邹耀阳 | 大数据导论 | 80 |
| | 203040097 | 乔思吉 | 大数据导论 | 80 |
| | 203040070 | 舒苗苗 | 大数据导论 | 79 |

图 5.60 "Sheet1"录入待排序数据

（2）以"分数"字段为关键字进行升序排序,选择要进行排序的数据区域(如果是一列,就选中这个列当中的一个单元格,表示根据这个字段对记录行进行排序)。

（3）选择"开始"→"排序和筛选"→"排序"菜单命令,按图5.61所示进行"分数"升序设置。

图5.61 "升序"排序菜单命令

（4）单击"确定"按钮,"分数"升序排序结果如图5.62所示。

| | A | B | C | D |
|---|---|---|---|---|
| 1 | 账号/学号 | 学生姓名 | 课程名称 | 分数 |
| 2 | 203040088 | 蔡馨渝 | 大数据导论 | 15 |
| 3 | 203040048 | 黄玉萍 | 大数据导论 | 21 |
| 4 | 203040046 | 赵嘉玲 | 大数据导论 | 30 |
| 5 | 203040014 | 付思勤 | 大数据导论 | 37 |
| 6 | 203040071 | 熊力锋 | 大数据导论 | 40 |
| 7 | 203040034 | 杨程君 | 大数据导论 | 42 |
| 8 | 203040059 | 刘晨阳 | 大数据导论 | 50 |
| 9 | 203040020 | 熊燕 | 大数据导论 | 57 |
| 10 | 203040006 | 杨理晴 | 大数据导论 | 58 |
| 11 | 203040076 | 彭圻 | 大数据导论 | 62 |
| 12 | 203040007 | 李蕊岐 | 大数据导论 | 62 |
| 13 | 203040799 | 周林 | 大数据导论 | 63 |
| 14 | 203040018 | 贾玉琪 | 大数据导论 | 63 |
| 15 | 203040001 | 徐艾洁 | 大数据导论 | 65 |
| 16 | 203040066 | 周虹希 | 大数据导论 | 65 |
| 17 | 203040072 | 马欣蕾 | 大数据导论 | 65 |
| 18 | 203040063 | 彭浩芫 | 大数据导论 | 67 |
| 19 | 203040031 | 喻佳淇 | 大数据导论 | 67 |
| 20 | 203040044 | 袁雨 | 大数据导论 | 67 |
| 21 | 203040016 | 余冬蜜 | 大数据导论 | 68 |
| 22 | 203040077 | 刘娇娇 | 大数据导论 | 69 |
| 23 | 203040098 | 余彦科 | 数据分析 | 70 |
| 24 | 203040092 | 刘芮好 | 数据分析 | 71 |
| 25 | 203040099 | 叶乃榛 | 数据分析 | 71 |
| 26 | 203040021 | 羊珂函 | 数据分析 | 72 |
| 27 | 203060184 | 陈慧琳 | 数据分析 | 72 |
| 28 | 203040036 | 杨星瑶 | 数据分析 | 74 |
| 29 | 203040050 | 凌嘉怡 | 数据分析 | 74 |
| 30 | 203040025 | 孙小淋 | 数据分析 | 74 |
| 31 | 203040064 | 郭嫱零 | 数据分析 | 75 |

图5.62 "分数"升序排序结果

（5）选择"Sheet1"为活动工作表，选择"开始"→"排序和筛选"→"排序"菜单命令，在弹出的"排序"对话框中，以"分数"为关键字、排序依据为"数值"、次序为"降序"进行设置，如图5.63所示。

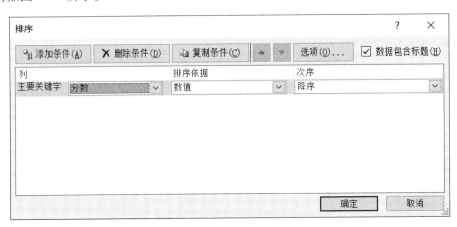

**图5.63 "排序"对话框设置**

（6）单击"确定"按钮，"分数"降序排序结果如图5.64所示。

| | A | B | C | D |
|---|---|---|---|---|
| 1 | 账号/学号 | 学生姓名 | 课程名称 | 分数 |
| 2 | 203040042 | 周童玉 | 大数据导论 | 94 |
| 3 | 203040095 | 余霞 | 大数据导论 | 91 |
| 4 | 203040086 | 义轩 | 大数据导论 | 90 |
| 5 | 203040798 | 虎杏 | 大数据导论 | 88 |
| 6 | 203040084 | 李冰冰 | 大数据导论 | 87 |
| 7 | 203040087 | 胡欣 | 大数据导论 | 87 |
| 8 | 203040024 | 楚曦 | 大数据导论 | 87 |
| 9 | 203040038 | 许朵儿 | 大数据导论 | 87 |
| 10 | 203040005 | 唐睿 | 大数据导论 | 86 |
| 11 | 203040096 | 米宝茹 | 大数据导论 | 86 |
| 12 | 203040089 | 李怡 | 大数据导论 | 85 |
| 13 | 203040010 | 胡诗杰 | 大数据导论 | 85 |
| 14 | 203040028 | 倪蓓筠 | 大数据导论 | 85 |
| 15 | 203040003 | 张依 | 大数据导论 | 84 |
| 16 | 203040011 | 刘开乾 | 大数据导论 | 83 |
| 17 | 203040052 | 岳洋西 | 大数据导论 | 83 |
| 18 | 203040074 | 党雯钰 | 大数据导论 | 83 |
| 19 | 203040032 | 罗毅 | 大数据导论 | 82 |
| 20 | 203040085 | 阳杉杉 | 大数据导论 | 82 |
| 21 | 203040004 | 李琪骑 | 大数据导论 | 81 |
| 22 | 203040080 | 张维维 | 大数据导论 | 80 |
| 23 | 203040081 | 邹耀阳 | 大数据导论 | 80 |
| 24 | 203040097 | 乔思吉 | 大数据导论 | 80 |
| 25 | 203040070 | 舒苗苗 | 大数据导论 | 79 |
| 26 | 203040077 | 刘娇娇 | 大数据导论 | 69 |
| 27 | 203040016 | 余冬蜜 | 大数据导论 | 68 |
| 28 | 203040063 | 彭浩荣 | 大数据导论 | 67 |

**图5.64 "分数"降序排序结果**

### 5.4.2 筛选

通过筛选用户功能可以帮助我们去掉那些不想看到或不想打印的数据。

（1）选定数据区域内任一单元格，选择"开始"→"排序和筛选"→"筛选"菜单命令，在每个字段右边都出现一个下三角按钮，如图5.65所示。

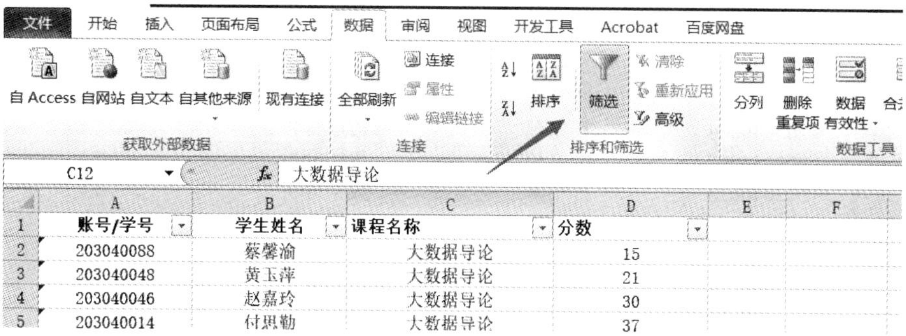

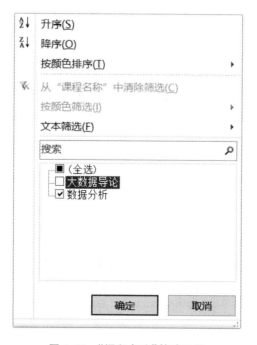

图5.65　选择"筛选"菜单命令

（2）选择"课程名称"字段的下三角按钮，在弹出的下拉菜单中，只选中"数据分析"课程，如图5.66所示。

图5.66　"课程名称"筛选设置

(3)单击"确定"按钮,"课程名称"筛选结果如图 5.67 所示。

| 账号/学号 | 学生姓名 | 课程名称 | 分数 |
|---|---|---|---|
| 203040098 | 余彦科 | 数据分析 | 70 |
| 203040092 | 刘芮妤 | 数据分析 | 71 |
| 203040099 | 叶乃榛 | 数据分析 | 71 |
| 203040021 | 羊珂函 | 数据分析 | 72 |
| 203060184 | 陈慧琳 | 数据分析 | 72 |
| 203040036 | 杨星瑶 | 数据分析 | 74 |
| 203040050 | 凌嘉怡 | 数据分析 | 74 |
| 203040025 | 孙小淋 | 数据分析 | 74 |
| 203040064 | 郭婧雯 | 数据分析 | 75 |
| 203040102 | 罗飞杨 | 数据分析 | 76 |
| 203040094 | 罗圳 | 数据分析 | 76 |
| 203040090 | 邓巍 | 数据分析 | 76 |
| 203040008 | 陈惠莉 | 数据分析 | 77 |
| 203040065 | 陈莎莎 | 数据分析 | 77 |
| 203040078 | 鲁轩毓 | 数据分析 | 78 |
| 203040012 | 毛波 | 数据分析 | 79 |
| 203040079 | 廖雅琳 | 数据分析 | 79 |

图 5.67 "课程名称"筛选结果

(4)选择"分数"字段的下三角按钮,在弹出的下拉菜单中,选择"数字筛选"→"自定义筛选"菜单命令,弹出"自定义自动筛选方式"对话框,按图 5.68 所示进行设置。

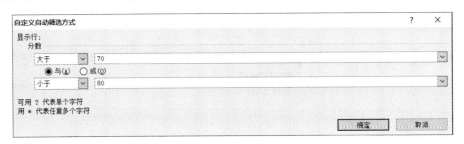

图 5.68 "自定义自动筛选方式"对话框设置

(5)单击"确定"按钮,在"课程名称"筛选的基础上,"分数"筛选结果如图 5.69 所示。

| 账号/学号 | 学生姓名 | 课程名称 | 分数 |
|---|---|---|---|
| 203040092 | 刘芮妤 | 数据分析 | 71 |
| 203040099 | 叶乃榛 | 数据分析 | 71 |
| 203040021 | 羊珂函 | 数据分析 | 72 |
| 203060184 | 陈慧琳 | 数据分析 | 72 |
| 203040036 | 杨星瑶 | 数据分析 | 74 |
| 203040050 | 凌嘉怡 | 数据分析 | 74 |
| 203040025 | 孙小淋 | 数据分析 | 74 |
| 203040064 | 郭婧雯 | 数据分析 | 75 |
| 203040102 | 罗飞杨 | 数据分析 | 76 |
| 203040094 | 罗圳 | 数据分析 | 76 |
| 203040090 | 邓巍 | 数据分析 | 76 |
| 203040008 | 陈惠莉 | 数据分析 | 77 |
| 203040065 | 陈莎莎 | 数据分析 | 77 |
| 203040078 | 鲁轩毓 | 数据分析 | 78 |
| 203040012 | 毛波 | 数据分析 | 79 |
| 203040079 | 廖雅琳 | 数据分析 | 79 |

图 5.69 "分数"筛选结果

（6）选定数据区域内任一单元格,选择"开始"→"排序和筛选"→"清除"菜单命令,如图 5.70 所示,清除筛选条件,数据表会回到原始状态。

图 5.70 "清除"筛选条件

### 5.4.3 高级筛选

有些较为复杂的筛选,使用"自动筛选"不能实现,这时需要使用高级筛选。使用高级筛选时,要求先在工作表中某个不含数据内容的区域内设置筛选条件。其格式是第一行写参与筛选的字段名,以下各行写相应的条件值;同一行条件的关系为"与",不同行条件的关系为"或"。设置完筛选条件,即可进行高级筛选操作。

这里选择筛选课程名称为大数据导论,分数为≥60分,或课程名称为数据分析,分数为≤80分。操作步骤如下:

（1）设置筛选条件:在F5:G7区域输入条件,如图 5.71 所示。

| 课程名称 | 分数 |
|---|---|
| 大数据导论 | >=60 |
| 数据分析 | <=80 |

图 5.71 设置高级筛选条件

(2)完成高级筛选操作:先单击数据清单中的任一单元格,再单击"数据"→"排序和筛选"→"高级"按钮,打开"高级筛选"对话框,如图 5.72 所示。在"方式"选项中选定"在原有区域显示筛选结果",在"条件区域"文本框中输入"学生成绩表!＄F＄5:＄G＄7",单击"确定"按钮完成高级筛选,筛选结果如图 5.73 所示。若"方式"选项中选定"将筛选结果复制到其他位置",则还需要在"复制到"文本框中指定筛选结果显示位置,最后筛选结果将在该位置显示。

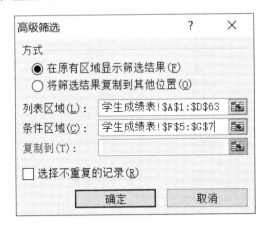

图 5.72 "高级筛选"对话框

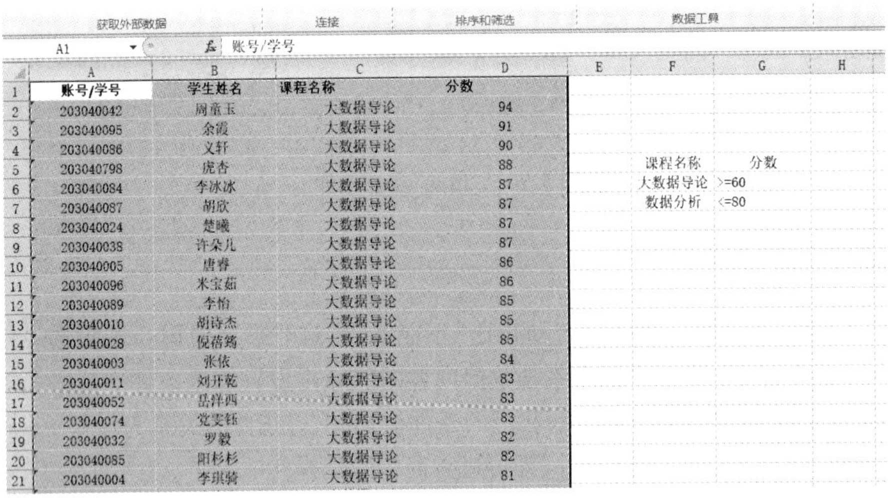

图 5.73 高级筛选结果

说明:单击"数据"→"排序和筛选"→"清除"按钮,可退出自动筛选或高级筛选状态。

### 5.4.4 分类汇总

要正确使用"分类汇总"功能,必须先对作为汇总分类字段的数据进行排序,然后才能对数值列中的数据进行分类汇总。

(1)选中"课程名称"字段列中的任意一个单元格,单击"数据"→"排序和筛选"→"升序"命令,如图 5.74 所示。

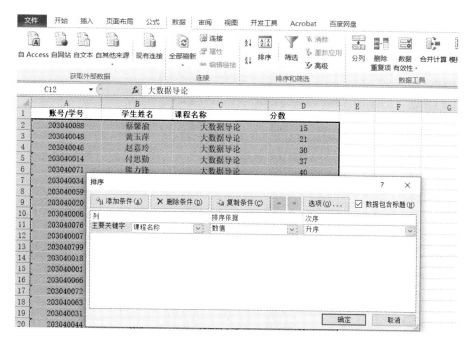

图 5.74 "升序"命令

（2）单击"数据"→"分级显示"→"分类汇总"命令，在弹出的"分类汇总"对话框中，按图 5.75 所示进行设置。

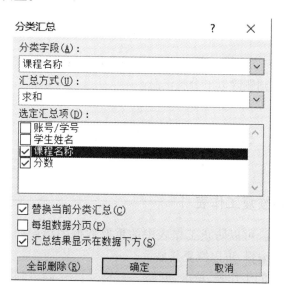

图 5.75 "分类汇总"对话框设置

（3）单击"确定"按钮，"分类汇总"结果如图 5.76 所示。

| | A | B | C | D | E |
|---|---|---|---|---|---|
| 40 | 203040087 | 胡欣 | 大数据导论 | 87 | |
| 41 | 203040024 | 楚曦 | 大数据导论 | 87 | |
| 42 | 203040038 | 许朵儿 | 大数据导论 | 87 | |
| 43 | 203040798 | 虎杏 | 大数据导论 | 88 | |
| 44 | 203040086 | 义轩 | 大数据导论 | 90 | |
| 45 | 203040095 | 余霞 | 大数据导论 | 91 | |
| 46 | 203040042 | 周童玉 | 大数据导论 | 94 | |
| 47 | | 大数据导论 汇总 | 0 | 3168 | |
| 48 | 203040098 | 余彦科 | 数据分析 | 70 | |
| 49 | 203040092 | 刘芮好 | 数据分析 | 71 | |
| 50 | 203040099 | 叶乃榛 | 数据分析 | 71 | |
| 51 | 203040021 | 羊珂函 | 数据分析 | 72 | |
| 52 | 203060184 | 陈慧琳 | 数据分析 | 72 | |
| 53 | 203040036 | 杨星瑶 | 数据分析 | 74 | |
| 54 | 203040050 | 凌嘉怡 | 数据分析 | 74 | |
| 55 | 203040025 | 孙小淋 | 数据分析 | 74 | |
| 56 | 203040064 | 郭婧雯 | 数据分析 | 75 | |
| 57 | 203040102 | 罗飞杨 | 数据分析 | 76 | |
| 58 | 203040094 | 罗圳 | 数据分析 | 76 | |
| 59 | 203040090 | 邓巍 | 数据分析 | 76 | |
| 60 | 203040088 | 陈惠莉 | 数据分析 | 77 | |
| 61 | 203040065 | 陈莎莎 | 数据分析 | 77 | |
| 62 | 203040078 | 鲁轩毓 | 数据分析 | 78 | |
| 63 | 203040012 | 毛波 | 数据分析 | 79 | |
| 64 | 203040079 | 廖雅琳 | 数据分析 | 79 | |
| 65 | | 数据分析 汇总 | 0 | 1271 | |
| 66 | | 总计 | 0 | 4439 | |
| 67 | | | | | |

图 5.76 "分类汇总"结果

（4）单击"数据"→"分级显示"→"分类汇总"命令，在弹出的"分类汇总"对话框中单击"全部删除"按钮，则删除以上分类汇总。

# 5.5 工作表的编辑和管理

## 5.5.1 隐藏和恢复工作表

隐藏工作表的数据，可以防止工作表中的重要数据因错误而丢失。工作表被隐藏后，如果还想对其进行编辑，可以恢复其显示。

（1）选定需要隐藏的工作表，单击"开始"→"格式"→"隐藏和取消隐藏"→"隐藏工作表"命令，如图 5.77 所示。

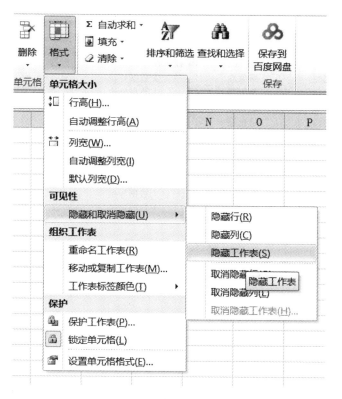

图 5.77　隐藏工作表命令

说明：被隐藏的工作表虽然仍处于打开状态，却没有显示在屏幕上，因此无法对其进行编辑。

（2）单击"开始"→"格式"→"隐藏和取消隐藏"→"取消隐藏工作表"命令，弹出"取消隐藏"对话框，如图 5.78 所示，选择"学生成绩表"选项，单击"确定"按钮，可恢复显示被隐藏的工作表。

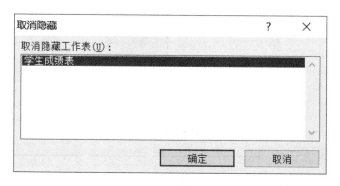

图 5.78　取消隐藏对话框

说明：隐藏行、列的操作方法和步骤与隐藏工作表类似，读者可自行尝试。

### 5.5.2　移动单元格

（1）选择要移动的单元格，单击"开始"→"剪切"命令，如图 5.79 所示。

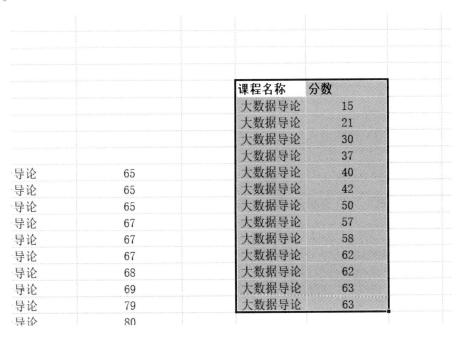

| | A | B | C | D | E |
|---|---|---|---|---|---|
| | 账号/学号 | 学生姓名 | 课程名称 | 分数 | |
| | 203040088 | 蔡馨渝 | 大数据导论 | 15 | |
| | 203040048 | 黄玉萍 | 大数据导论 | 21 | |
| | 203040046 | 赵嘉玲 | 大数据导论 | 30 | |
| | 203040014 | 付思勤 | 大数据导论 | 37 | |
| | 203040071 | 熊力锋 | 大数据导论 | 40 | |
| | 203040034 | 杨程君 | 大数据导论 | 42 | |
| | 203040059 | 刘晨阳 | 大数据导论 | 50 | |
| | 203040020 | 熊燕 | 大数据导论 | 57 | |
| | 203040006 | 杨理晴 | 大数据导论 | 58 | |
| | 203040076 | 彭圻 | 大数据导论 | 62 | |

图 5.79　剪切命令

（2）选择要放置数据的目标单元格，单击"开始"→"粘贴"命令，结果如图 5.80 所示。

| 课程名称 | 分数 |
|---|---|
| 大数据导论 | 15 |
| 大数据导论 | 21 |
| 大数据导论 | 30 |
| 大数据导论 | 37 |
| 大数据导论 | 40 |
| 大数据导论 | 42 |
| 大数据导论 | 50 |
| 大数据导论 | 57 |
| 大数据导论 | 58 |
| 大数据导论 | 62 |
| 大数据导论 | 62 |
| 大数据导论 | 63 |
| 大数据导论 | 63 |

导论　65
导论　65
导论　65
导论　67
导论　67
导论　67
导论　68
导论　69
导论　79
导论　80

图 5.80　粘贴命令

### 5.5.3　复制单元格

（1）选择要复制的单元格，单击"开始"→"复制"命令。
（2）选择要放置数据的目标单元格，单击"开始"→"粘贴"命令。

### 5.5.4　插入工作表

（1）单击"开始"→"插入"→"插入工作表"命令，如图 5.81 所示。

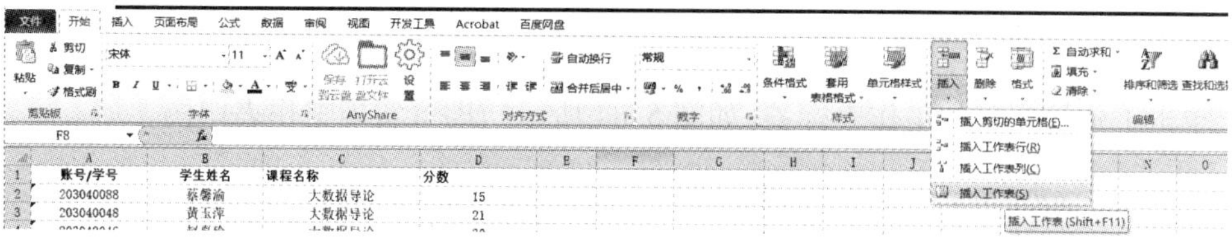

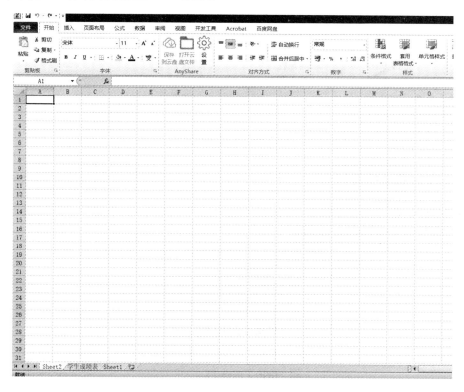

图 5.81　插入工作表命令

（2）插入工作表结果如图 5.82 所示。

图 5.82　插入工作表"Sheet2"

### 5.5.5　删除工作表

选中"Sheet2"工作表，单击"开始"→"删除"→"删除工作表"命令（如图 5.83 所示），即完成删除工作表操作。

图 5.83　删除工作表命令

### 5.5.6 切换工作表

单击工作簿底部的工作表标签(如图 5.84 所示),即可实现工作表切换。

| 21 | 203040016 | 余冬蜜 | 大数据导论 | 68 |
| 22 | 203040077 | 刘娇娇 | 大数据导论 | 69 |
| 23 | 203040070 | 舒苗苗 | 大数据导论 | 79 |
| 24 | 203040080 | 张维维 | 大数据导论 | 80 |
| 25 | 203040081 | 邹耀阳 | 大数据导论 | 80 |
| 26 | 203040097 | 乔思吉 | 大数据导论 | 80 |
| 27 | 203040004 | 李琪骑 | 大数据导论 | 81 |
| 28 | 203040032 | 罗毅 | 大数据导论 | 82 |
| 29 | 203040085 | 阳杉杉 | 大数据导论 | 82 |
| 30 | 203040011 | 刘开乾 | 大数据导论 | 83 |
| 31 | 203040003 | 岳洋西 | 大数据导论 | 83 |

Sheet2　学生成绩表　Sheet1

就绪

图 5.84　工作表标签

### 5.5.7 重命名工作表

鼠标右击工作表标签"Sheet1",在弹出的快捷菜单中选择"重命名"命令,将名称修改为"综合数据表",如图 5.85 所示。

插入(I)...
删除(D)
重命名(R)
移动或复制(M)...
查看代码(V)
保护工作表(P)...
工作表标签颜色(T)　▶
隐藏(H)
取消隐藏(U)...
选定全部工作表(S)

图 5.85　工作表重命名

### 5.5.8 移动工作表

选定要移动工作表的标签,鼠标右击标签,在弹出的快捷菜单中选择"移动或复制"命令(如图 5.86 所示),然后按住鼠标左键并沿着下面的工作表标签拖动,到达要移动的位置后释放鼠标左键即可。

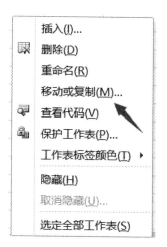

图 5.86　移动工作表

### 5.5.9　复制工作表

（1）鼠标右击工作表标签"学生成绩表"，在快捷菜单中选择"移动或复制…"命令。

（2）在弹出的"移动或复制工作表"对话框中，选中"建立副本"选项，单击"确定"按钮，如图 5.87 所示。

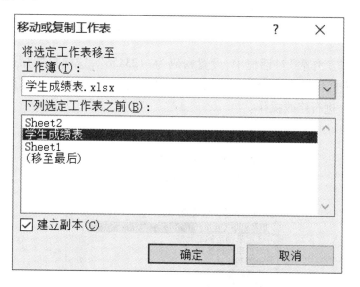

图 5.87　"移动或复制工作表"设置对话框

（3）复制工作表结果如图 5.88 所示。

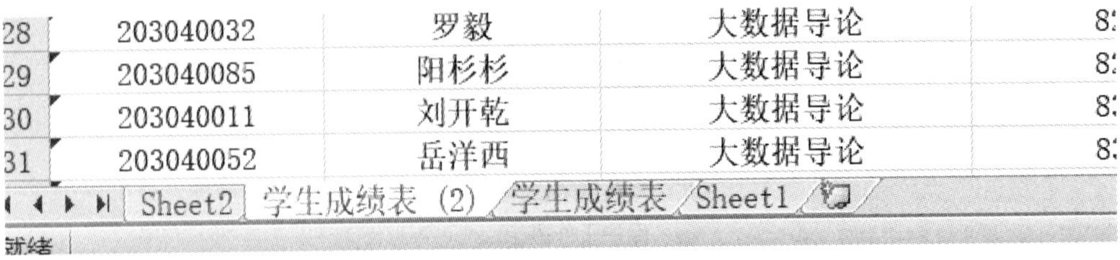

| 28 | 203040032 | 罗毅 | 大数据导论 | 8: |
| 29 | 203040085 | 阳杉杉 | 大数据导论 | 8: |
| 30 | 203040011 | 刘开乾 | 大数据导论 | 8: |
| 31 | 203040052 | 岳洋西 | 大数据导论 | 8: |

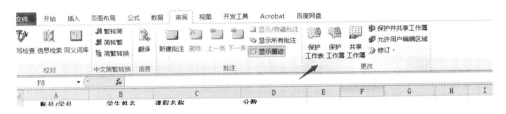

图 5.88　复制工作表

### 5.5.10　保护工作表

在某些特殊情况下，我们可能不希望其他人修改自己的工作表，这时可以使用 Excel
的保护工作表功能将工作表保护起来。

（1）选择"学生成绩表"，单击"审阅"→"保护工作表"命令，如图 5.89 所示。

图 5.89　保护工作表命令

（2）在"保护工作表"对话框中，设置密码为"123456"，这样只有知道此密码的用户
才能取消工作表的保护，如图 5.90 所示。单击"确定"按钮完成设置。此时用户已不能
对"学生成绩表"进行修改操作。

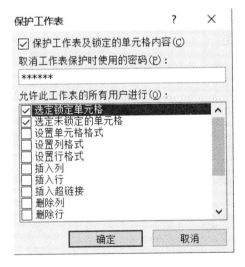

图 5.90　"保护工作表"设置对话框

### 5.5.11  撤销工作表保护

（1）选择"学生成绩表"，单击"审阅"→"撤销工作表保护"命令，如图5.91所示。

图5.91  "撤销工作表保护"命令

（2）在"撤销工作表保护"对话框中，输入密码"123456"，单击"确定"按钮，则工作表就会取消保护，从而可以继续对它进行编辑操作。

## 5.6  案例：中国流动人口动态监测调查数据表

2016年中国流动人口动态监测调查数据表如图5.92所示，要求隐藏部分不处理的相关列，再按现居住地址"省（区、市）"字段排序，并分类汇总；然后从户籍地区"县"提取相关省份名称，通过数据透视表等操作，从而可以了解人口流入省份的受教育程度等情况。

图5.92  2016年中国流动人口动态监测调查表

（1）由于工作表中很多列参数，先把不相关的列隐藏，保留编号、现居住地址省（区、市）、现居住地址市（地区）、性别、出生年、受教育程度、户口性质、婚姻状况、户籍地区县、户籍省份、本次流动范围、本次流动年份、本次流动月份、本次流动原因，操作步骤如图5.93、图5.94所示，隐藏部分列后的效果如图5.95所示。

图 5.93　隐藏部分列

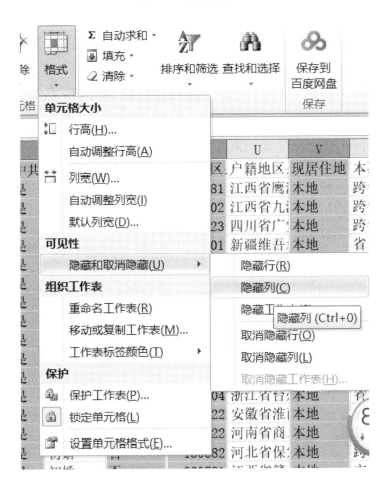

图 5.94　隐藏部分列设置

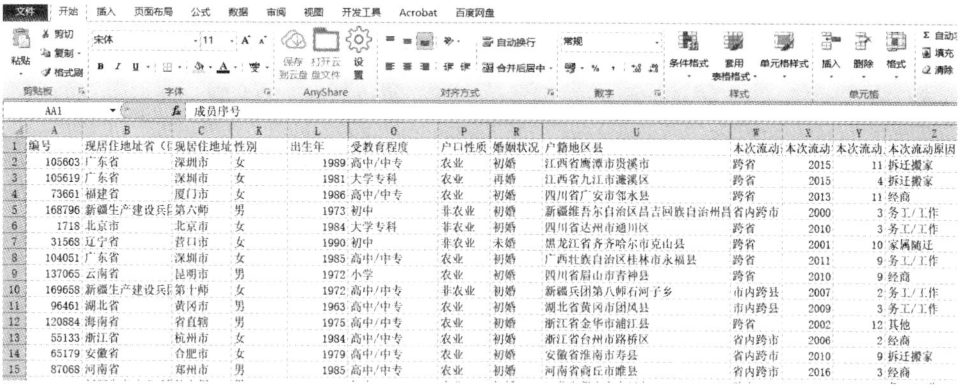

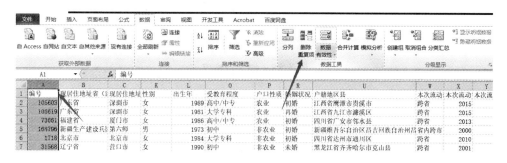

图 5.95 隐藏部分列后的效果

（2）在工作表中，通过单击"数据"→"删除重复项"命令，可直接识别和删除重复值。操作过后发现数据并无重复，如图 5.96、图 5.97 所示。

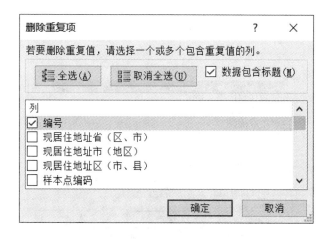

图 5.96 删除重复值选项卡

图 5.97 选择删除重复值的列参数

（3）按现居住地址省（区、市）字段升序排序，如图 5.98 所示。

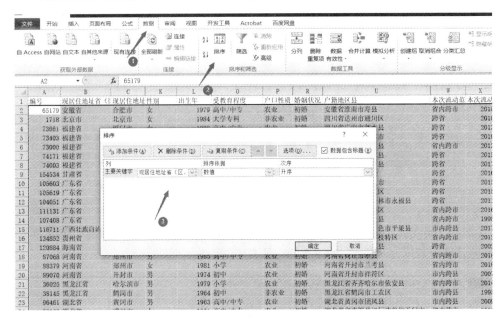

图 5.98　按字段排序

（4）按现居住地址省（区、市）字段分类汇总，汇总方式为计数，如图 5.99、图 5.100 所示。

图 5.99　分类汇总

| | 编号 | 现居住地址省 | 现居住地址 | 性别 | 出生年 | 受教育程度 | 户口性质 | 婚姻状况 | 户籍地区县 |
|---|---|---|---|---|---|---|---|---|---|
| 1 | 编号 | 现居住地址省(| 现居住地址 | 性别 | 出生年 | 受教育程度 | 户口性质 | 婚姻状况 | 户籍地区县 |
| 2 | 65179 | 安徽省 | 合肥市 | 女 | 1979 | 高中/中专 | 农业 | 初婚 | 安徽省淮南市寿县 |
| 3 | 安徽省 计 | | 1 | | | | | | |
| 4 | 1718 | 北京市 | 北京市 | 女 | 1984 | 大学专科 | 非农业 | 初婚 | 四川省达州市通川区 |
| 5 | 北京市 计 | | 1 | | | | | | |
| 6 | 73661 | 福建省 | 厦门市 | 女 | 1986 | 高中/中专 | 农业 | 初婚 | 四川省广安市邻水县 |
| 7 | 73403 | 福建省 | 厦门市 | 女 | 1975 | 大学专科 | 农业 | 初婚 | 河南省郑州市新郑市 |
| 8 | 73000 | 福建省 | 厦门市 | 女 | 1974 | 初中 | 农业 | 离婚 | 福建省泉州市安溪县 |
| 9 | 74171 | 福建省 | 莆田市 | 男 | 1980 | 初中 | 农业 | 初婚 | 浙江省温州市苍南县 |
| 10 | 74003 | 福建省 | 莆田市 | 男 | 1994 | 高中/中专 | 农业 | 初婚 | 河南省平顶山市叶县 |
| 11 | 福建省 计 | | 5 | | | | | | |
| 12 | 154534 | 甘肃省 | 庆阳市 | 女 | 1991 | 初中 | 农业 | 初婚 | 河北省邯郸市魏县 |
| 13 | 甘肃省 计 | | 1 | | | | | | |
| 14 | 105603 | 广东省 | 深圳市 | 女 | 1989 | 高中/中专 | 农业 | 初婚 | 江西省鹰潭市贵溪市 |
| 15 | 105619 | 广东省 | 深圳市 | 女 | 1981 | 大学专科 | 农业 | 再婚 | 江西省九江市濂溪区 |
| 16 | 104051 | 广东省 | 深圳市 | 女 | 1985 | 高中/中专 | 农业 | 初婚 | 广西壮族自治区桂林市永福县 |
| 17 | 111131 | 广东省 | 东莞市 | 男 | 1990 | 高中/中专 | 非农业 | 初婚 | 广东省河源市源城区 |
| 18 | 107408 | 广东省 | 佛山市 | | 1968 | 初中 | 农业 | 初婚 | 广东省河源市紫金县 |
| 19 | 广东省 计 | | 5 | | | | | | |
| 20 | 116711 | 广西壮族自治区 | 百色市 | 男 | 1972 | 初中 | 农业 | 离婚 | 广西壮族自治区百色市平果县 |
| 21 | 广西壮族自 | | 1 | | | | | | |
| 22 | 134852 | 贵州省 | 毕节市 | 女 | 1980 | 初中 | 农业 | 初婚 | 贵州省六盘水市六枝特区 |
| 23 | 贵州省 计 | | 1 | | | | | | |
| 24 | 120884 | 海南省 | 省直辖 | 男 | 1975 | 高中/中专 | 农业 | 初婚 | 浙江省金华市浦江县 |
| 25 | 海南省 计 | | 1 | | | | | | |

图 5.100 分类汇总结果

(5)选择 W 列标号,单击"开始"→"插入"→"插入工作表列"命令,然后单击 W1 单元格,输入"户籍省份",单击 W2 单元格输入公式 = LEFT(U2,MIN(FIND({"省","市","区","团"},U2&"省市区团"))),保留省份或兵团名称,拖拽 W2 右下角小黑点,到该列尾部,如图 5.101、图 5.102 所示。

图 5.101 插入列

`=LEFT(U12,MIN(FIND({"省","市","区","团"},U12&"省市区团")))`

| 地省（1 现居住地 | 性别 | 出生年 | 受教育程度 | 户口性质 | 婚姻状况 | 户籍地区县 | 户籍省份 | 本 |
|---|---|---|---|---|---|---|---|---|
| 合肥市 | 女 | 1979 | 高中/中专 | 农业 | 初婚 | 安徽省淮南市寿县 | 江西省 | 省 |
| 1 | | | | | | | | |
| 北京市 | 女 | 1984 | 大学专科 | 非农业 | 初婚 | 四川省达州市通川区 | 四川省 | 跨 |
| 1 | | | | | | | | |
| 厦门市 | 女 | 1986 | 高中/中专 | 农业 | 初婚 | 四川省广安市邻水县 | 四川省 | 跨 |
| 厦门市 | 女 | 1975 | 大学专科 | 农业 | 初婚 | 河南省郑州市新郑市 | 河南省 | 跨 |
| 厦门市 | 女 | 1974 | 初中 | 农业 | 离婚 | 福建省泉州市安溪县 | 福建省 | 省 |
| 莆田市 | 男 | 1980 | 初中 | 农业 | 初婚 | 浙江省温州市苍南县 | 浙江省 | 跨 |
| 莆田市 | 男 | 1994 | 高中/中专 | 农业 | 初婚 | 河南省平顶山市叶县 | 河南省 | 跨 |
| 5 | | | | | | | | |
| 庆阳市 | 女 | 1991 | 初中 | 农业 | 初婚 | 河北省邯郸市魏县 | 河北省 | 跨 |
| 1 | | | | | | | | |
| 深圳市 | 女 | 1989 | 高中/中专 | 农业 | 初婚 | 江西省鹰潭市贵溪市 | 江西省 | 跨 |
| 深圳市 | 女 | 1981 | 大学专科 | 农业 | 再婚 | 江西省九江市濂溪区 | 江西省 | 跨 |
| 深圳市 | 女 | 1985 | 高中/中专 | 农业 | 初婚 | 广西壮族自治区桂林市永 | 广西壮族自治区 | 跨 |
| 东莞市 | 男 | 1990 | 高中/中专 | 非农业 | 初婚 | 广东省河源市市辖区 | 广东省 | 省 |
| 佛山市 | 男 | 1968 | 初中 | 农业 | 初婚 | 广东省河源市紫金县 | 广东省 | 省 |

图 5.102　保留省份或兵团名称

（6）取消之前的分类汇总，单击"插入"→"表格"→"数据透视表"命令，选择编号、现居住地址省（区、市）、受教育程度，按图 5.103 所示将现居住地址省（区、市）字段拖入列标签，受教育程度拖入行标签，编号拖入 Σ 数值字段，然后将值字段设置为计数，具体操作步骤如图 5.103 至图 5.105 所示。数据透视效果如图 5.106 所示。

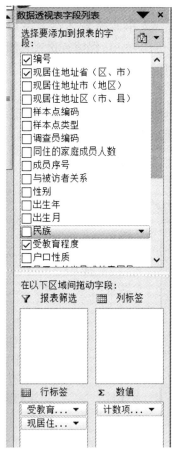

图 5.103　数据透视表字段列表

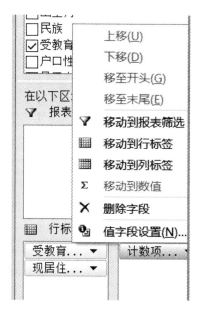

图 5.104　设置值字段

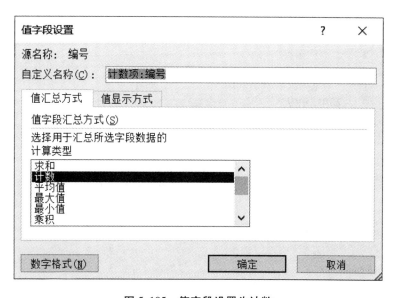

图 5.105　值字段设置为计数

大数据治理(初级)

·120·

图 5.106　数据透视表最后效果

# 6

# 大数据可视化基础

## 6.1 大数据可视化概述

### 6.1.1 大数据可视化的基本概念

数据可视化是指将大数据分析与预测结果以计算机图形或图像的直观方式显示给用户的过程,并可与用户进行交互式处理。

可视化在一定程度上也是数据视觉表现形式的科学研究。它主要采用了图像处理和计算机视觉等技术,以图形作为基本的展示形式,并通过对数据的表达、建模以及相关内容的显示,来对数据进行可视化解释。其显示的信息中包含了数据的各种属性和变量。

### 6.1.2 大数据可视化的基本思想

大数据以数据库中的独立数据项作为对象,表示为相应的图形元素。通过以上操作,可将多个数据集来构成数据图像。同时,数据具有多维性,每一维度单独表示了数据的属性值,从而可基于每一个维度来对数据进行相应的观察,实现更为深入的数据分析。

### 6.1.3 大数据可视化的实现要求

数据可视化在现阶段主要是通过相关的图像技术,以图像的形式来实现数据内容的高效传达与展示。但这并不意味着数据可视化的功能实现需要具备一定的复杂性,以及所展示的效果过于华丽。因此,为了有效地实现数据展示,需要权衡可视化的功能需求与表现形式。通过传达数据中的关键内容与特征,可实现对数据库中复杂且分布散乱数据的深度观察与分析。在此基础上,可设计出使用性强、表现形式简洁明了的可视化方法。

# 6.2 大数据可视化的特点

## 6.2.1 加快理解时间

与文本信息相比,人脑对于图像信息的理解速度是较快的。因此,将复杂的数据内容以图表的形式进行展示,可使数据的展示具有一定的直观性。对于使用人群而言,图像是更容易被接受的,能够相对地减少理解时间,提高数据分析的时效性。

## 6.2.2 增强用户与数据之间的互动性

数据可视化可表现出数据在指定时间范围内的变化程度,并对后续的发展趋势进行一定程度上的预测。由于可视化的数据具有动态性,因此用户能够通过相应操作来实现自身的需求,从而有效地了解数据信息。

## 6.2.3 提高数据关联展示的直观性

通过数据可视化,数据内容以图表的形式来进行描绘,使得对数据进行观察分析时,能够找出全部以及局部的数据变化,且使其间的关联性能够更为直观地展示出来。

## 6.2.4 美化数据

由于用户在对数据进行了解和分析时,并不关心数据的采集以及计算方式,故直接提供用户所需求的数据并以简单的视图进行展示才是最为有效的。因此,可视化是基于视觉的形式来完成数据的描绘,并通过相应的图像处理技术来对数据的表现形式进行一定的优化,使其具有美观性和实用性,从而让用户在了解数据的同时也能实现视觉上享受,增强用户的体验感。

# 6.3 大数据可视化的意义

大数据可视化是通过一个系统对数据集中所有数据进行集中展示。通过前期相关数据的采集并处理,大数据可视化负责其直接与决策者进行交互的任务,可被看作是一个实现了数据浏览和分析等操作的可视化、交互式的应用。因此,在决策者获取决策依据、进行科学合理的数据分析、辅助决策者进行科学决策时,大数据可视化承担了非常重要的作用。综上所述,大数据可视化对于提高企业决策的合理性、汇总优化数据特征与内容、提升决策者的工作效率等具有显著的意义。

# 6.4 大数据可视化工具

## 6.4.1 大数据可视化工具的特征

大数据可视化旨在将原始数据流以图像的形式进行展示,为了让决策者能够清晰地观察、分析数据,并做出科学合理的决策,可视化工具必须具备以下特征:

(1)能够有效处理不同类型的输入数据。

(2)能够应用多种过滤器对输出结果进行有效的调整。

(3)能够在数据分析过程中,与数据集进行交互。

(4)能够让决策者在分析过程中通过相关操作,达到数据交互的效果。

(5)能够与其他软件进行交接,实现数据的输入输出,使其具备流动性。

(6)能够为决策者提供协作选项,增强可视化的操作性。

## 6.4.2 Excel 软件

Microsoft Excel 是 Microsoft 为 Windows 和 Apple Macintosh 操作系统所编写的一款电子表格软件。其通过其内置的图表类型,如条形图、饼图、柱状图等,对数据进行可视化展示,即将数据空间映射到图形空间,用图表形式来了解和分析真实的数据。图 6.1、图 6.2 为 Excel 的可视化流程及形式选择。

如今,相较于其他大数据可视化工具而言,Excel 在使用率、兼容性等方面具有极大的优势,通过与 PPT 的交互使用,使得其与图表能进行随意切换。除此之外,基于 Excel 可视化操作简单、易于实现的特点,能够在多个场景下得到广泛的使用。

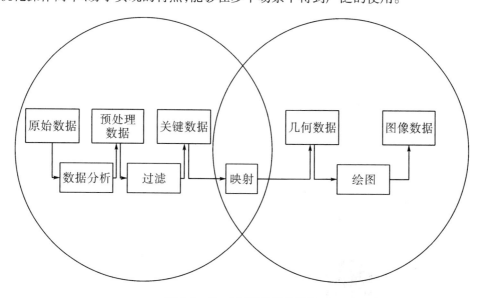

图 6.1 Excel 可视化操作流程

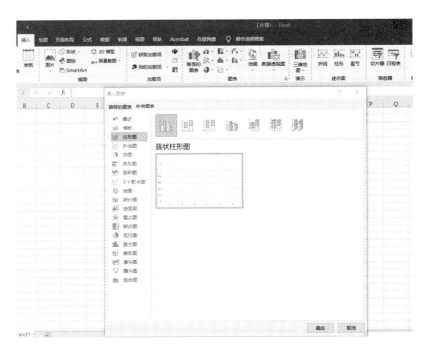

图 6.2　Excel 可视化形式选择

### 6.4.3　Jupyter Notebook

Jupyter Notebook 是基于 Python 语言的编译工具。现阶段，它已成为数据操作不可或缺的工具，在数据清理、可视化、数据分析以及机器学习等方面得到了广泛的使用。

如图 6.3 所示，Jupyter Notebook 的界面包含了代码输入窗口，通过输入相关数据可视化代码，可实现数据以图像形式进行展现。

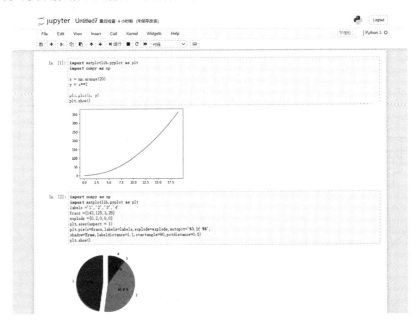

图 6.3　Jupyter Notebook 可视化相关代码操作

### 6.4.4　Tableau

Tableau 将数据运算与图表充分结合,通过拖放数据到数字"画布"上,来生成对应的可视化图表,易于操作。现阶段,它为大数据分析、人工智能等程序提供了直观有效的交互式数据可视化。Tableau 可视化展示如图 6.4 所示。

Tableau 工具的理念为:可视化界面的数据展示越容易被理解,企业就越容易判断出当前所处的业务领域中做出的决策是否具有合理性。

Tableau 具有以下特点:

(1)在数分钟内完成数据连接和可视化。

(2)无论是电子表格、数据库还是 Hadoop 和云服务,任何数据都可以轻松探索。

(3)通过实时连接获取最新数据,或者根据制定的日程表自动更新。

(4)任何人都可以直观明了地拖放产品分析数据,无须编程即可深入分析。

(5)集合多个数据视图,可进行更丰富的深入分析。

(6)只需数次点击,即可发布仪表板,在网络和移动设备上实现实时共享。

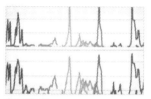

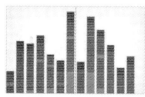
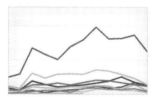
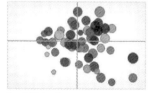

图 6.4　Tableau 可视化展示

### 6.4.5　Google Chart

Google Chart 是数据可视化的最佳解决方案之一,且完全免费。它提供了多种可视化形式,如基本图形、时间序列以及多维交互矩阵等。Google Chart 主页面如图 6.5 所示。

Google Chart 通过 HTML5/SVG 来对可视化数据进行展示,在与各种浏览器均保持较强的兼容性的同时,还能实现基于 Android 和 iOS 双系统的数据迁移。由于 Google 技术的支持,通过该工具生成的交互式图表不仅能够对数据进行实时输入,还可通过对应仪表板完成控制操作。图 6.6 为 Google Chart 可视化形式选择。

**6**

大数据可视化基础

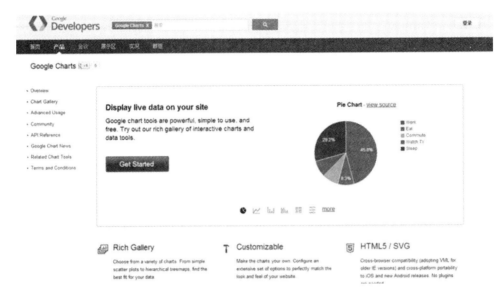

图 6.5　Google Chart 主页面

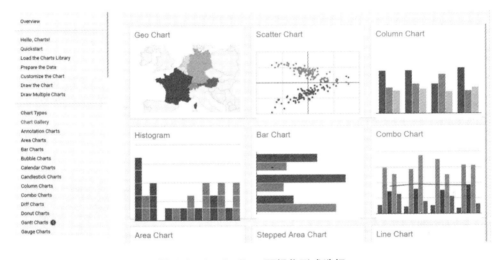

图 6.6　Google Chart 可视化形式选择

### 6.4.6　D3. js

D3. js 全称为 Data Driven Documen,是一个将大数据可视化实现实时交互的 JS 库。它的编译语言为 JavaScript。与 Google Chart 相同,D3.js 也是通过 HTML5/SVG 来对可视化数据进行展示。D3. js 主页面见图 6.7,D3. js 可视化效果展示见图 6.8。

图 6.7　D3. js 主页面

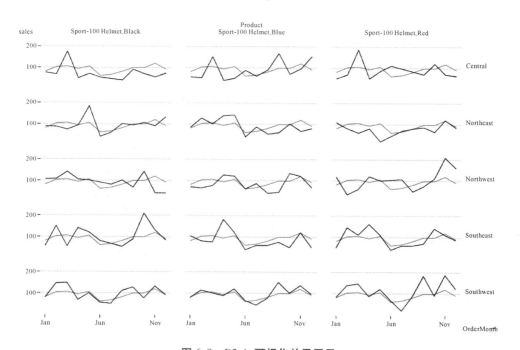

图 6.8　D3. js 可视化效果展示

### 6.4.7　Smartbi

Smartbi 是国内设计的一款大数据分析平台。它通过 Excel 静态图表和 HTML 动态图表两种形式实现了动静结合的数据可视化。Smartbi 主页面见图 6.9,Smartbi 可视化效果展示见图 6.10。

#### 6.4.7.1　Excel 静态图表

Smartbi 可使用 Excel 作为可视化设计器,支持 Excel 以及其插件中的所有图形,并结合数据仓库里的动态数据进行数据展现。

**6**

大数据可视化基础

### 6.4.7.2 HTML 动态图表

Smartbi 支持完整 ECharts 图形库/图形控件、3D 动态图形效果以及 HTML5 图形控件来实现可视化数据的动态展示。

图 6.9　Smartbi 主页面

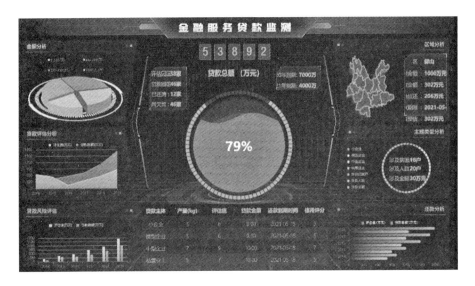

图 6.10　Smartbi 可视化效果展示

# 6.5　案例:六种大数据可视化的形式

## 6.5.1　柱形图

柱形图是指使用相同宽度的柱形来对数据进行表示的图形。柱形的高度代表变量值大小。它通常用来比较较为离散的数据。在实现大数据可视化时,柱形图主要用来表示简单的数据。

柱形图包含簇状柱形图、堆积柱形图、百分比堆积柱形图、三维簇状柱形图、三维堆积柱形图、三维百分比堆积柱形图以及三维柱形图七种。

柱形图的主要特点有：

（1）直观地显示每个数据的值大小。

（2）易于比较数据单一类别各项之间或者多个类别各项之间的差别。

图 6.11 为描述 A、B、C 三家公司每月销售额的簇状柱形图，从图中可以看出，A 公司的销售额处于不断上升趋势，C 公司与之相反，处于不断下降趋势，B 公司则保持平稳状态。

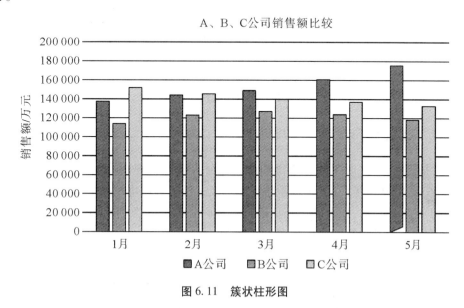

图 6.11　簇状柱形图

图 6.12 表示 A、B、C 三家公司在同一组数据下的堆积柱形图，根据图可得出每一家公司销售额基于月份的变化趋势。

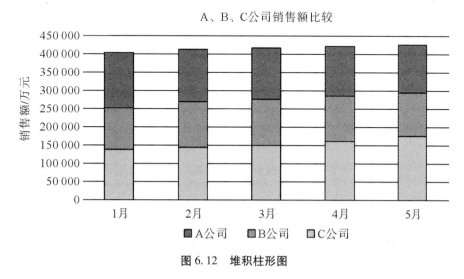

图 6.12　堆积柱形图

图 6.13 为百分比堆积柱形图，该图展示了 A、B、C 三家公司销售额分别占据的比重。其横轴代表百分比，因此对于每一条柱形的高度而言，均为 1。

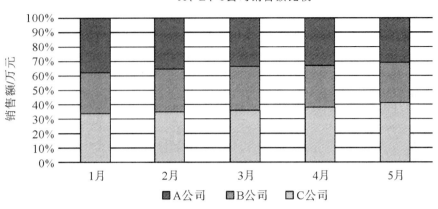

图 6.13　百分比堆积柱形图

### 6.5.2　条形图

条形图是通过对柱形图横置所得到的。其分为簇状条形图、堆积条形图、百分比堆积条形图、三维簇状条形图、三维堆积条形图以及三维百分比堆积条形图。

相较于柱形图而言,条形图能够更加容易地区分数据的类别。如图 6.14 所示,条形图可较好地区分消费金额及数据类名。

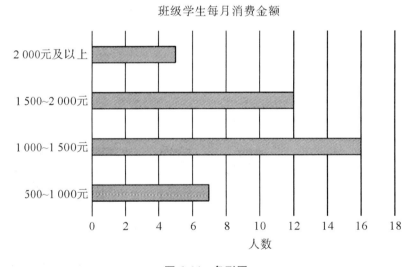

图 6.14　条形图

### 6.5.3　折线图

折线图是通过将一段时间内单个数据点进行直线相连所生成的。由于引入了时间序列,折线图对数据的连续性以及变化趋势实现了有效表示。

图 6.15 为显示 A 公司销售金额变化趋势的折线图,可以看出其处于上升趋势,并能对后续数据的变化进行预测。

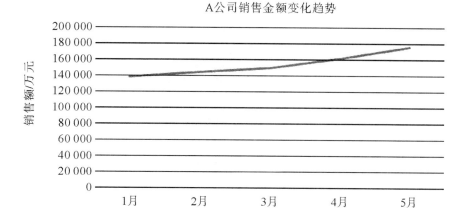

图 6.15　折线图

折线图也可表示多类数据的变化,并使用不同的颜色对其进行描绘来实现类别区分。图 6.16 反映了 A、B、C 公司销售额数据的变化情况。

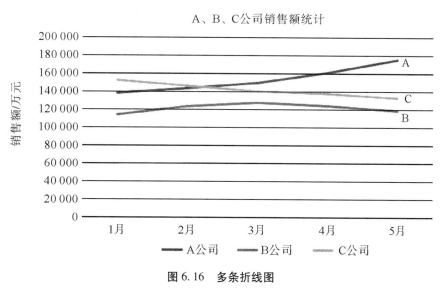

图 6.16　多条折线图

## 6.5.4　饼状图

饼状图能够有效地反映出多类数据的相对比例以及其对整体的贡献率,通过百分比显示统计结果。相较于柱形图、条形图、折线图三种可视化形式,饼状图仅能对单一数列进行分析。通过该形式进行数据可视化时,最多可使用六个变量作为数据点,从而能较好地实现结果分析。

饼状图主要包含了饼图、三维饼图、复合饼图、复合条形饼图和圆环图。

图 6.17 所示的饼图展示了旅游出行方式的选择情况,可以看出,通过火车的占比最大。

旅游出行方式统计

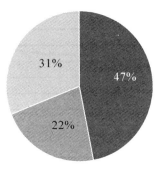

■ 火车　■ 飞机　■ 自驾游

图 6.17　饼图

### 6.5.5　散点图

散点图能够较好地表现数据之间的相关性。在生成该图时，需要两个变量，即自变量 $X$ 与因变量 $Y$。它们分别被绘制在横轴和纵轴上，来得出二者的关联性（正相关、负相关以及不相关）。散点图可被看作没有线条的条形图。如果所生成的散点图可视为曲线，则表明两种变量之间的关联性近似于该曲线。

该类型图形包含了散点图、带直线的散点图、带平滑线的散点图、带平滑线和数据标记的散点图、带直线和数据标记的散点图、气泡图与三维气泡图七种类型。

图 6.18 反映了商品研发投入金额与月销售额之间的关联信息。可以看出其两个变量处于正相关关系，即销售额随着投入额的增加而增加。

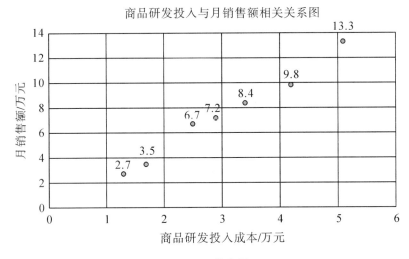

图 6.18　散点图

气泡图与饼状图不同的是，它旨在表现三个变量之间的相关关系。如图 6.19 所示，气泡大小代表着二手手机估值，气泡越大，估值越多。可以看出，估值与购买价格无关，与使用年限呈正相关关系。

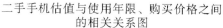

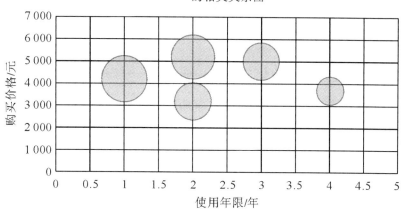

图 6.19 气泡图

### 6.5.6 面积图

面积图通常用来反映数据的频率分布,与折线图类似。当处理对象为多列数据时,面积图能对其进行有效分析。该类型图形含有面积图、堆积面积图、百分比堆积面积图、三维面积图、三维堆积面截图与三维百分比堆积面积图六种形式。

图 6.20 反映了班级中学生月消费金额分布情况,可以看出,其消费金额主要分布区间为 1 000~1 500 元。

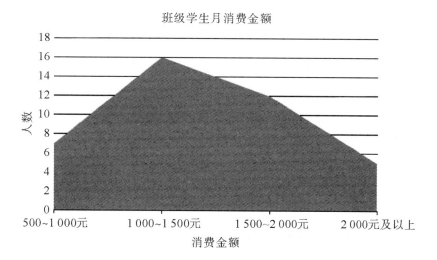

图 6.20 面积图

6

大数据可视化基础

# 6.6　大数据可视化的应用

### 6.6.1　金融大数据可视化

随着信息技术的不断发展,大数据技术现阶段广泛地应用于证券期货、互联网金融等多个领域中。对未来的金融行业而言,大数据技术极大程度上决定了其核心竞争力。金融大数据的提出有利于金融产品创新、精准营销和风险管理,以此来实现数据资产向市场竞争力的转化。

金融大数据可视化的应用主要可从以下三个方面来表现:

(1)在金融领域中的证券市场分析、判断期货市场走势等多个任务中,现阶段并未有一个科学的智能分析工具对其数据进行有效的预测。金融大数据可视化能够对信息碎片化、时间序列缺失以及语义模糊的数据进行有效的展示,从而提高对金融数据的直观了解与分析。

(2)对于海量的金融数据而言,如何对其内在关键的数据特征进行提取并分析是至关重要的。因此,通过可视化能实现数据整体的观察,对突出数据信息进行重点显示,并在此基础上实现数据的分析与推理。

(3)金融欺诈是金融行业人员需重点关注的事件。事态产生在一定程度上会受到用户所处环境、自身条件等多方面的影响,导致金融行业人员无法进行及时、有效的判断。因此,他们需要借助可视化界面结合人的经验以及直觉,实现应急的金融反欺诈机制。美国 Paypal 的反欺诈软件就使用了数据可视化的思想。

### 6.6.2　医疗大数据可视化

随着医疗卫生信息化建设进程的不断加快,医疗数据的类型和规模也在以前所未有的速度迅猛增长。医疗大数据旨在实现对医疗数据的有效处理与再利用,从而完成身体状况检测、疾病预防等多种任务,在社会发展中具有一定的现实意义。

医疗大数据在具备人数据五大基本特征的同时,还具有时效性、冗余性、隐私性以及不完整性等多个特点。因此,对于这种全新的数据类型,可视化操作能够增强医疗大数据的可读性,便于后期对医疗大数据的进一步理解与应用。

### 6.6.3　电子商务大数据可视化

在大数据的影响下,电子商务在很大程度上舍弃了传统的运营模式,逐渐将数据作为主导因素来实现企业的采购、运营等多种任务。通过电子商务大数据可视化,电商企业能够实时掌握用户的各种喜好、购买力、需求方向等信息,从而及时调整自己的销售模式和销售方向,进而在此基础上实现用户群体以及个体网络行为模式的精准把握与分析。基于用户个体的需求不同,进行个性化、精确化和智能化的广告推送,从而创立全新的商业模型,最终提高企业自身竞争力。

# 7 大数据可视化图表创建及 案例分析——以 Excel 为例

## 7.1 数据透视表

### 7.1.1 创建数据透视表

数据透视表是一种能够快速对海量数据进行分类汇总的交互式方法,并可通过相关计算操作来实现数值数据的深入分析。

选中表格中任意单元格,系统会基于单元格中的数据,将其作为数据源来进行对应的数据透视表创建。数据透视表创建流程如下:

(1)在 Excel 界面的选项卡中,选择"插入"选项卡,单击最左方的"数据透视表"选项,如图 7.1 所示。可通过对"选择放置数据透视表的位置"选项进行修改,使其生成新工作表/现有工作表。

图 7.1 插入数据透视表

（2）在数据透视图选项栏中,选择需要的字段,如图 7.2 所示,可选择"目的地""出行方式""人数"三个字段来生成相应的数据透视图。

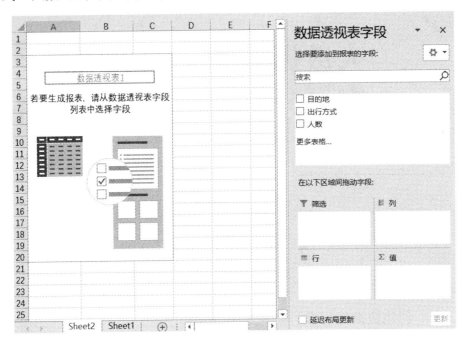

图 7.2　创建空白数据透视表

数据透视表生成结果如图 7.3 所示。生成的数据透视表由行标签和求和项组成,分别代表着目的地/出行方式与该选项下的人数总和。

图 7.3　数据透视表内容填充

数据透视表中的统计分类次序是基于字段的排列顺序。当选择的单元格字段顺序为"出行方式"→"目的地"→"人数",从图 7.4 可以看出,生成的数据透视表也会有所区别。

图 7.4　更改顺序

当所选取单元格中部分数据或整体数据发生变化时,只需单击"数据透视表-分析"选项卡中的"刷新"或"更改数据源",来生成相应的数据透视表(见图 7.5)。

图 7.5　更新数据源

### 7.1.2　数据透视表数据格式设置

在对数据透视表进行编辑时,不同数据必须通过正确的格式进行显示。例如,人口数量需要设置为"数字"格式、销售金额需要设置为"货币"格式等。

选择应修改的数据单元格,在"开始-数字"选项卡中单击下拉按钮,如图 7.6 所示,通过在下拉菜单中选择数据格式,可完成正确的数据格式显示。

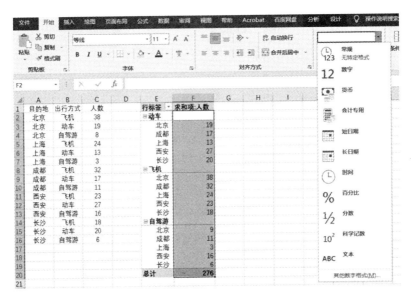

图 7.6　数据格式设置

### 7.1.3　数据透视表内容展示

选中数据透视表,单击"数据透视表工具-设计"选项卡,可实现显示内容布局编辑,如图 7.7 所示。

图 7.7　数据透视图设计选项卡界面

"分类汇总"设置每一类别包含数据总量是否显示,具体选项如图 7.8 所示。

图 7.8　分类汇总选项

分类汇总效果展示如图 7.9 所示,可以看出右表对每一个类别的人数总量都进行了求和汇总,并展示出来。

| 不显示分类汇总 | | | 在组的底部显示所有分类汇总 | | |
|---|---|---|---|---|---|
| 出行方式 ▼ | 目的地 ▼ | 求和项:人数 | 出行方式 ▼ | 目的地 ▼ | 求和项:人数 |
| ⊟动车 | 北京 | 19 | ⊟动车 | 北京 | 19 |
| | 成都 | 17 | | 成都 | 17 |
| | 上海 | 13 | | 上海 | 13 |
| | 西安 | 27 | | 西安 | 27 |
| | 长沙 | 20 | | 长沙 | 20 |
| ⊟飞机 | 北京 | 38 | 动车 汇总 | | 96 |
| | 成都 | 32 | ⊟飞机 | 北京 | 38 |
| | 上海 | 24 | | 成都 | 32 |
| | 西安 | 23 | | 上海 | 24 |
| | 长沙 | 18 | | 西安 | 23 |
| ⊟自驾游 | 北京 | 9 | | 长沙 | 18 |
| | 成都 | 11 | 飞机 汇总 | | 135 |
| | 上海 | 3 | ⊟自驾游 | 北京 | 9 |
| | 西安 | 16 | | 成都 | 11 |
| | 长沙 | 6 | | 上海 | 3 |
| 总计 | | 276 | | 西安 | 16 |
| | | | | 长沙 | 6 |
| | | | 自驾游 汇总 | | 45 |
| | | | 总计 | | 276 |

图 7.9 分类汇总效果展示

"总计"设置数据整体总量是否显示,如图 7.10 所示,它包含了"对行和列禁用""对行和列启用""仅对行启用"和"仅对列启用"四个选项。

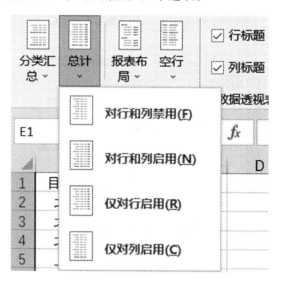

图 7.10 总计选项

使用前两个选项来体现差异性,效果如图 7.11 所示。可以看出,后者显示了人数的汇总值。

| 对行和列禁用 | | | 对行和列使用 | | |
| --- | --- | --- | --- | --- | --- |
| 出行方式 ▼ | 目的地 ▼ | 求和项:人数 | 出行方式 ▼ | 目的地 ▼ | 求和项:人数 |
| ⊟动车 | 北京 | 19 | ⊟动车 | 北京 | 19 |
| | 成都 | 17 | | 成都 | 17 |
| | 上海 | 13 | | 上海 | 13 |
| | 西安 | 27 | | 西安 | 27 |
| | 长沙 | 20 | | 长沙 | 20 |
| ⊟飞机 | 北京 | 38 | ⊟飞机 | 北京 | 38 |
| | 成都 | 32 | | 成都 | 32 |
| | 上海 | 24 | | 上海 | 24 |
| | 西安 | 23 | | 西安 | 23 |
| | 长沙 | 18 | | 长沙 | 18 |
| ⊟自驾游 | 北京 | 9 | ⊟自驾游 | 北京 | 9 |
| | 成都 | 11 | | 成都 | 11 |
| | 上海 | 3 | | 上海 | 3 |
| | 西安 | 16 | | 西安 | 16 |
| | 长沙 | 6 | | 长沙 | 6 |
| | | | 总计 | | 276 |

图 7.11　总计效果展示

　　"报表布局"可设置数据透视表的内容显示,包含"以压缩形式显示""以大纲形式显示"和"以表格形式显示"(见图 7.12)。

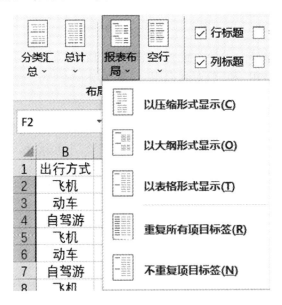

图 7.12　报表布局选项

报表布局效果展示如图 7.13 所示。

| 以压缩形式显示 | | | 以大纲形式显示 | | | 以表格形式显示 | | |
|---|---|---|---|---|---|---|---|---|
| 行标签 ▾ | 求和项:人数 | | 出行方式 ▾ | 目的地 ▾ | 求和项:人数 | 出行方式 ▾ | 目的地 ▾ | 求和项:人数 |
| ⊟动车 | | | ⊟动车 | | | ⊟动车 | 北京 | 19 |
| 北京 | 19 | | | 北京 | 19 | | 成都 | 17 |
| 成都 | 17 | | | 成都 | 17 | | 上海 | 13 |
| 上海 | 13 | | | 上海 | 13 | | 西安 | 27 |
| 西安 | 27 | | | 西安 | 27 | | 长沙 | 20 |
| 长沙 | 20 | | | 长沙 | 20 | ⊟飞机 | 北京 | 38 |
| ⊟飞机 | | | ⊟飞机 | | | | 成都 | 32 |
| 北京 | 38 | | | 北京 | 38 | | 上海 | 24 |
| 成都 | 32 | | | 成都 | 32 | | 西安 | 23 |
| 上海 | 24 | | | 上海 | 24 | | 长沙 | 18 |
| 西安 | 23 | | | 西安 | 23 | ⊟自驾游 | 北京 | 9 |
| 长沙 | 18 | | | 长沙 | 18 | | 成都 | 11 |
| ⊟自驾游 | | | ⊟自驾游 | | | | 上海 | 3 |
| 北京 | 9 | | | 北京 | 9 | | 西安 | 16 |
| 成都 | 11 | | | 成都 | 11 | | 长沙 | 6 |
| 上海 | 3 | | | 上海 | 3 | 总计 | | 276 |
| 西安 | 16 | | | 西安 | 16 | | | |
| 长沙 | 6 | | | 长沙 | 6 | | | |
| 总计 | 276 | | 总计 | | 276 | | | |

图 7.13　报表布局效果展示

在"数据透视表样式选项"和"数据透视表样式"两个选项卡中,用户可以选择自己
喜好的样式对数据透视表进行美化,如图 7.14 所示。

图 7.14　数据透视表样式选择

## 7.2　Excel 图表

### 7.2.1　图表的创建

在 Excel 中,选中需要分析显示的单元格数据,在"插入-图表"选项卡内,实现图表
的创建。现阶段有两种创建图表的方式。

第一种为使用图表的快捷创建方式。它包含了常用的图表形式,如柱形图、折线图
与饼图等。每一种方式都可通过单击旁边的下拉箭头,实现该类型下的子类型图表创
建。如"柱形图-二维柱形图"等(如图 7.15 所示)。

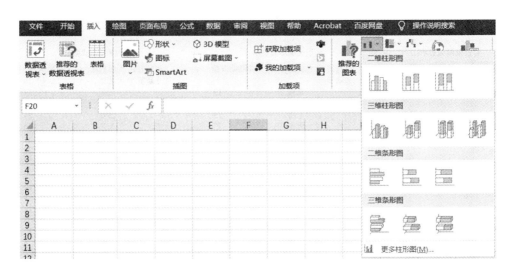

图 7.15　图表的快捷创建

第二种方式为单击"插入-图表"选项卡中的"推荐的图表"选项,从中选择合适的图表来实现数据的可视化(如图 7.16 所示)。这种创建方式的好处是能够直观地查看根据数据创建后的图表,判断其是否达到理想的效果。

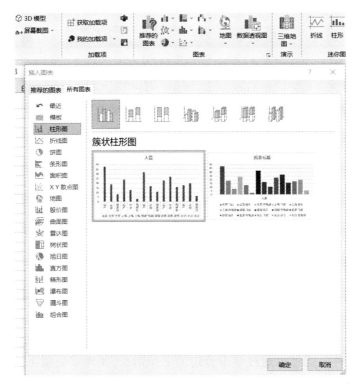

图 7.16　自定义插入图表

### 7.2.2　图表内容编辑

当可视化的图表无法支持后续的数据分析时,往往通过对数据源的更改或替换来实

现图表分析的有效化。操作步骤如下:

(1)单击图表,在"图表工具"选项卡中选择"选择数据",如图7.17所示。

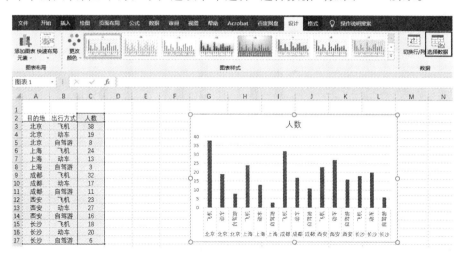

图 7.17 原始数据

(2)图7.18展示了"选择数据源"界面。单击"图表数据区域"右方的向上箭头,进行数据源选择(如图7.19所示)。完成选择后,单击回车键,实现图表的创建。

图 7.18 "选择数据源"窗口界面

=Sheet1!$A$2:$C$11

图 7.19 选取新数据

最终生成的图表如图 7.20 所示。

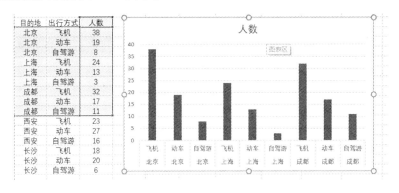

图 7.20 新图表生成

### 7.2.3 图表布局编辑

如果要对图表内的元素进行修改,首先选中图表,单击右方的"+"符号,就会出现图表元素的复选框,通过对元素项的选择来设置其是否显示在图表中。

图 7.21 显示了图表元素的选项菜单,每一个元素都包含着多个分选项(如图 7.22 所示),其详细的格式可通过该界面进行设置,以此来实现图表更为详细的数据显示。

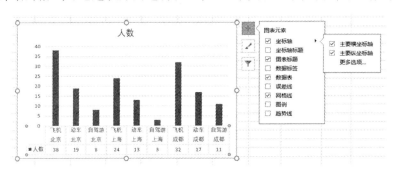

图 7.21 图表元素选项菜单

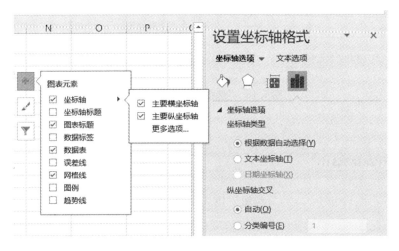

图 7.22 图表元素内容设置

除此之外,图 7.23、图 7.24 展示了更改图表显示形式与数值类别输出的视图界面。

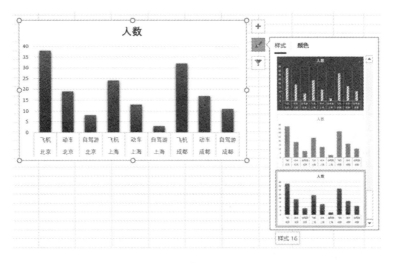

图 7.23　图表显示形式设置

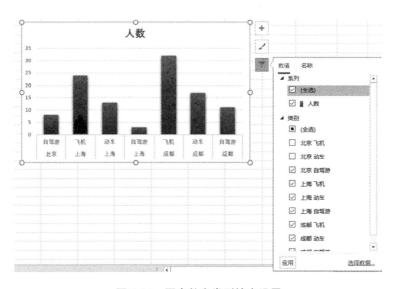

图 7.24　图表数字类别输出设置

## 7.3　案例:图表类型分类

对于 Excel 单元格可视化后的数据图表,通过其实现任务的种类可分为分布类、联系类、趋势类、比较类、构成类。图 7.25 展示了每一个类型下的相应图表。

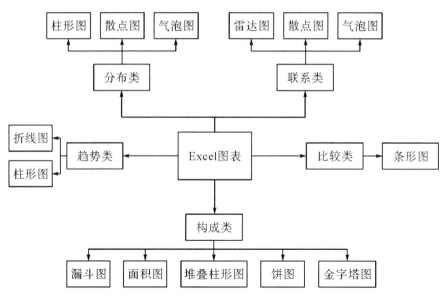

图 7.25　基于多种处理任务下的 Excel 图表分类

### 7.3.1　分布类

分布类图表能直观地表现出数据分布情况。

图 7.26 是班级学生各科目考试成绩汇总。为了有针对性地提高学生的各科成绩，可通过簇状条形图来对数据进行分析。因此，首先选中数据源，单击"插入-推荐的图表"，选择"簇状条形图"来生成相应图表。

| ▲ | A | B | C | D |
|---|---|---|---|---|
| 1 | | 数学 | 语文 | 英语 |
| 2 | A | 87 | 90 | 74 |
| 3 | B | 81 | 93 | 79 |
| 4 | C | 93 | 90 | 92 |
| 5 | D | 86 | 89 | 84 |
| 6 | E | 96 | 92 | 97 |

图 7.26　班级学生各科目考试成绩汇总

生成的图表如图 7.27 所示，列由三个类别组成，分别为数学、语文和英语，不同的颜色代表着学生个体。可以看出，在语文类别上，成绩呈现均匀分布的状态，而英语与数学分布不均匀，其中英语最为严重。因此，可通过增强对英语、数学的教学培训，来提高整体的教学质量与成绩。

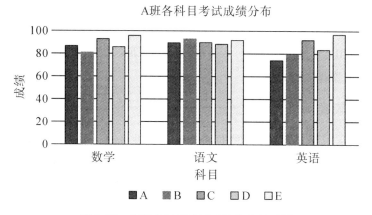

图 7.27　A 班各科目考试成绩分布柱形图

### 7.3.2　联系类

联系类的图表通常用于对每个类别的数值进行显示与比较,了解同类别的不同属性的综合情况,以及比较不同类别的相同属性差异,从而得出数据之间的相对性对比。

图 7.28 表示了 A 公司商品投入与月销售额数据。对于该类数据,需实现两者之间的联系分析,旨在得出月销售额是否与商品投入呈正相关关系,从而通过相关策略提高企业的销售额。

| | A | B | C | D |
|---|---|---|---|---|
| 1 | 商品质量投入 | 商品技术投入 | 月销售额 | |
| 2 | 20000 | 60000 | 150000 | |
| 3 | 30000 | 50000 | 180000 | |
| 4 | 40000 | 40000 | 240000 | |
| 5 | 50000 | 30000 | 280000 | |
| 6 | 60000 | 20000 | 350000 | |
| 7 | | | | |

图 7.28　A 公司商品投入与月销售额数据

选中包含数据的单元格,选中数据源,单击"插入－推荐的图表",选择"气泡图"(如图 7.29 所示)。

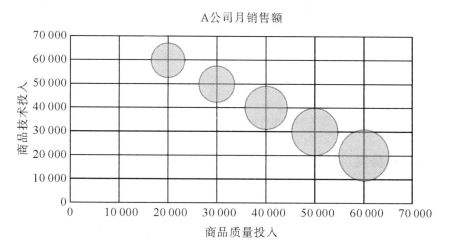

图 7.29　A 公司月销售额基于商品技术/质量投入的气泡图

7 大数据可视化图表创建及案例分析——以 Excel 为例

可以看出,当商品质量投入不断增加时,气泡逐渐变大,而商品技术投入增加促使气泡变小。这说明了商品质量投入与 A 公司的月销售额呈正向相关关系,而商品技术投入与月销售额呈负相关关系。因此,A 公司可以通过增加其对商品的质量投入来增加自身的月销售额,从而实现利益最大化。

### 7.3.3　比较类

比较类图表常用于分析多类别数据大小的差别性。其主要通过条形图实现该任务。

图 7.30 显示了一月的旅行社行程销售情况。以此为例,我们的目的是对每一个出现目的地类别的选择人数进行分析,从而得出选择差异性,最终通过增加热门地区的行程来提高旅行社的销售效益。

首先选中数据源,单击"插入-推荐的图表",选择"簇状条形图"。它能够更好地比较每一类别的数据大小。

从图 7.31 中可以看出,出行目的地选择成都、云南的人数是最多的。因此,我们可以增加去往成都、云南两个地区的行程。

| | A | B |
|---|---|---|
| 1 | 出行目的地选择 | 人数 |
| 2 | 成都 | 28 |
| 3 | 西安 | 19 |
| 4 | 北京 | 12 |
| 5 | 上海 | 17 |
| 6 | 云南 | 23 |
| 7 | 武汉 | 15 |

图 7.30　一月旅行社行程销售

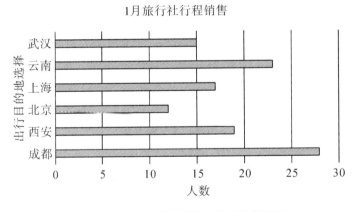

图 7.31　出行目的地选择人数分布条形图

### 7.3.4　趋势类

趋势类图表一般通过条形图或者折线图来可视化数据的变化,以及对后续发展趋势进行预测分析。

以 A 公司月销售额以及相较于 10 万元销售额的增长率为例(见图 7.32)。对于该类数据,可使用折线图较好地展示其变化趋势。选中基于销售额的单元格,单击"插入-

推荐的图表",选择"二维折线图",其效果如图 7.33 所示。

| 1 | | 1月 | 2月 | 3月 | 4月 | 5月 | 6月 |
|---|---|---|---|---|---|---|---|
| 2 | A公司销售额 | 140000 | 155000 | 170000 | 200000 | 180000 | 175000 |
| 3 | 增长率（以100000为基准） | 40% | 55% | 70% | 100% | 80% | 75% |

图 7.32　A 公司月销售额及增长率值汇总

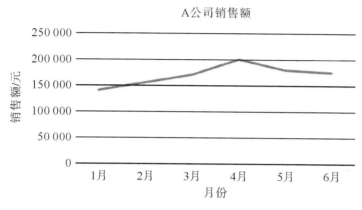

图 7.33　A 公司月销售额变化折线图

从图 7.33 中可以看出,A 公司的销售额处于先增加后减小的趋势,但总体销售额大小均是大于 1 月份的。

在此基础上,为了对数据进行更为详细的可视化分析,可引入组合图表。Excel 中的组合图表为两种或者两种以上的图表组合在一起。在组合图表中,数据系列也有主次之分,因此需将关键的数列设为主坐标轴,用于辅助分析的数列设置为次坐标轴。

下面基于 A 公司销售额与增长率两个类别,通过柱形图与折线图来创建组合图表。步骤如下:

(1)选中单元格中的数据源,创建相应的簇状柱形图(见图 7.34)。

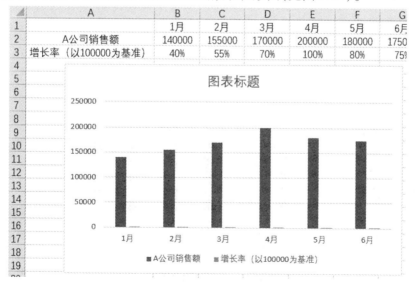

图 7.34　原图表

（2）单击生成的柱形图,在"图表工具-设计"选项卡中,选择"更改图表类型"。将原有图形更改为组合图,在该数据源中,我们旨在可直观地了解 A 公司的销售额变化情况,以此通过柱形图来对销售额进行可视化,将增长率设置为次坐标轴,以折线图的形式来显示。选择界面如图 7.35 所示。

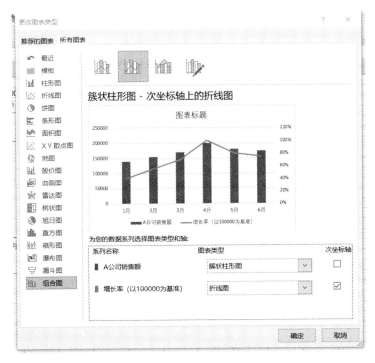

图 7.35　更改图表类型

图 7.36 表示了最终生成的"簇状柱形图-折线图"。如图 7.36 所示,在 1~4 月,A 公司的销售额增长率是呈整体上升趋势,其中 3~4 月最为明显;后续 4~6 月,增长率逐步下降,4~5 月下降较为迅速,直到 5~6 月,下降速度才逐渐平缓。

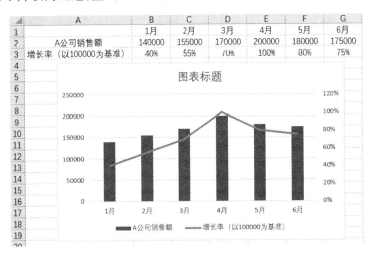

图 7.36　创建组合图表

## 7.3.5 构成类

构成类图表是对数据源的类别构成以及其所占比重大小进行可视化。现阶段,构成类图表主要包括主要通过饼图、金字塔图、漏斗图等形式。

以 A 商场中商店类别数量汇总为例,数据如图 7.37 所示。

| 商店类别 | 数量 |
|---|---|
| 服装 | 25 |
| 饮食 | 13 |
| 家居 | 8 |
| 生活 | 14 |
| 娱乐 | 19 |

图 7.37 A 商场中商店类别数量汇总

可通过构建饼图来分析商场内部构成。选中数据源,单击"插入-推荐的图表",选择"饼图"。

图 7.38 的饼图直观地展示了商场的类别构成,并且可以看出其中服装类的占比最大为 32%,而家居类最小为 10%。

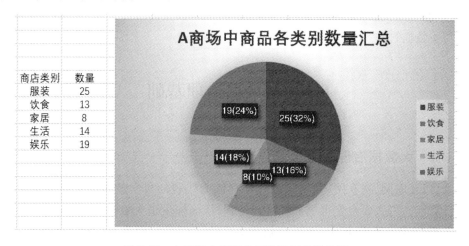

图 7.38 A 商场中商店类别数量汇总饼状图

# 8

# 大数据治理概述

本章将针对大数据治理展开论述,主要内容包括大数据治理基础、数据标准体系建设、元数据管理以及主数据管理。具体就是在大数据治理基础上介绍大数据治理的概念、治理对象与框架以及实施保障;在数据标准体系建设中介绍数据标准体系的整体流程图与流程;在元数据管理中,着重阐述元数据的概念与元数据管理;在主数据管理中,阐述主数据的概念、如何进行主数据管理以及主数据管理平台的架构。通过此章节的内容,读者能够掌握大数据治理概念、治理对象等,了解数据标准体系的建设以及熟悉元数据管理与主数据管理。

## 8.1 大数据治理基础

### 8.1.1 大数据治理的概念

当今,以互联网、物联网、分布式计算与存储为代表的科学技术的快速发展使信息、连接和计算能力三大要素变得更加经济和便利,从而催生了大数据时代的降临。数据成为除了人力、实物、财务、技术、知识产权和关系之外的另一种重要资产。企业利用大数据资产,可以更加敏锐地感知周边的变化,更加深邃地洞察消费者以及合作伙伴们的行为和变化趋势,更加精准地优化企业的运营,更加和谐地与商业伙伴一起开展协同创新。大数据正在重塑企业,重新定义行业,成为跨界的驱动力。对企业而言,大数据治理非常重要,数据已经成为重塑竞争优势的新动力。持续地从大数据"金矿"中挖掘出有价值的洞见,并把这些洞见转化成企业的行为最终形成竞争优势,这就是大数据应用的价值逻辑。为了保证大数据价值的实现,必须要关注大数据治理。大数据治理是发挥大数据价值的机制,保证企业面对由于信息技术带来的日益增长的数据和快速变化的创新时,在收益和风险之间取得平衡,从而进一步影响企业竞争优势。

"治理"来源于拉丁文和希腊语中的"掌舵"一词,是指政府控制、引导和操纵的行动或方式,经常在国家公共事务相关的情景下与"统治"一词交叉使用。随着对"治理"概念的不断挖掘,目前比较主流的观点认为"治理"是一个采取联合行动的过程,它强调协调,而不是控制。虽然"治理"这一概念源于社会公共管理领域,但是治理概念所强调的"协调"理念很快被企业管理所借鉴,用于解决公司股东与职业经理人之间的矛盾,最终演化成围绕着代理权和经营权分离的公司治理研究领域。在公司治理领域,治理关注所有权问题,其理论基础是控制权与剩余索取权的分配。治理强调设定一种制度架构,以达到相关利益主体之间的权利、责任和利益的相互制衡,实现效率和公平的合理统一。理性的治理主体追求治理效率。管理则更侧重于经营权的分配,强调的是在治理架构下,通过计划、组织、控制、指挥和协同等职能来实现目标,理性地经营主体和追求经营效率。

近年来,信息科学与信息技术以及由此产生的数据科学与数据技术的迅速发展,使企业的管理者认识到信息技术和数据成为产生价值的重要资产,这两类资产的配置,以及与其他资产的协同配置,成为企业产生价值的新源泉,由此延伸出信息技术治理和数据治理领域。信息技术治理、数据治理等概念起源于组织内部的资源治理,因此是由公司治理领域延续而来,其强调董事会和高层管理者的责任,是公司治理的一部分。在信息技术治理和数据治理的应用背景下,治理和管理的概念做了进一步界定:治理是指评估利益相关者的需求、条件和选择以达成平衡一致的企业目标,通过优先排序和决策机制来设定方向,然后根据方向和目标来监督绩效和合规,包含评估、指导和监督三个关键活动;管理是指按照治理机构设定的方向开展计划、建设和监控活动,以实现企业目标。此外,信息技术和数据技术的进一步发展,尤其是在数据感知和采集、数据存储与处理、数据分析和数据可视化方面的迅猛发展,使得处理大量、非结构化、实时、低价值密度的数据成为可能,发挥大数据的价值成为一种新的机遇而备受企业关注,由此产生了大数据治理。

关于大数据治理的概念,比较有影响力的观点有:

(1)大数据治理是广义信息治理计划的一部分,通过协调多个职能部门的目标来制定与大数据优化、隐私和货币化相关的策略。

(2)大数据治理是对组织的大数据管理和利用进行评估、指导和监督的体系框架,通过制定战略方针、建立组织架构、明确责任分工等,实现大数据的风险可控、安全合规、绩效提升和价值创造,并提供不断创新的大数据服务。

(3)大数据治理是不同的人群或组织机构在大数据时代,为了应对大数据带来的种种不安、困难与威胁而运用不同的技术工具对大数据进行管理、整合、分析并挖掘其价值的行为,且并不能局限于企业界,还应该包括一切置身于大数据时代的领域、部门、机构和组织等。

与传统数据相比,大数据的"4V"特征(大量、多样、低价值密度和计算速度快)导致大数据治理范围更广、层次更高、需要资源投入更多,从而导致在目的、权利层次等方面与数据治理有一定程度的区别,但是在治理对象、解决的实际问题等关于治理问题的核心维度上有一定的相似性。

#### 8.1.1.1 大数据治理和数据治理目的相同

治理就是建立鼓励期望行为发生的机制,大数据治理和数据治理的目的是鼓励期望行为发生,具体而言就是实现价值和管控风险。通俗地说,这两个方面就是如何从大数据中挖掘出更多的价值,如何保证在大数据分析和使用过程中符合国内外法律法规和行业相关规范,保证用户的隐私不被泄露。从价值和风险的角度,大数据治理就是在快速变化的外部环境中建立一种价值和风险的平衡机制。在共同的目的下,数据治理和大数据治理还存在细微的差别:由于大数据具有更强的多源数据融合,甚至是与企业外部数据的融合,由此带来了较大的安全和隐私的风险;此外,对异构、实时和海量数据的处理需要企业对大数据应用大量投入,这也造成了大数据治理更强调实现效益。与此相对,数据治理通常发生在企业内部,很难衡量其经济价值和经济效益,因此更强调内部效率提升;而且由于数据主要是内部数据,相对可控,引发的安全和隐私的风险较小。因此,大数据治理更强调效益和风险管控,而数据治理更强调效率。

### 8.1.1.2 大数据治理和数据治理的权利层次不同

大数据治理侧重于企业内外部数据融合,涉及企业内部和企业之间,甚至是行业和社会层面。当前关于大数据交易的探索反映了大数据只有在更大的范围流通才能产生更高的价值;而数据治理主要关注企业内部的数据融合。在企业内部,大数据治理主要是借鉴公司治理的研究基础,关注经营权分配问题;而企业外部的大数据治理涉及所有权分配问题,具体包括占有、使用、收益和处置四种权能在不同的利益相关者之间分配。因此,大数据治理强调所有权和经营权,而数据治理主要关注经营权。

### 8.1.1.3 大数据治理和数据治理的对象相同

治理关注决策权分配,即决策权归属和责任担当,从这个角度看,大数据治理和数据治理的对象相同。在权责分配的过程中,需要遵循权利和责任匹配的原则,即具有决策权的主体也必须承担相应的责任,这是治理模式的选择问题。在公司治理领域,不同类型的企业、不同时期的企业、不同产业的企业,其治理模式都可能不一样。大数据治理模式也存在多样性,但是无论何种治理模式,保证企业中行为人(包括管理者和普通员工)责权利的对应是衡量治理绩效的重要标准。

### 8.1.1.4 大数据治理和数据治理解决的实际问题相同

围绕着决策权归属和责任担当产生了四个需要解决的实际问题:为了保证有效地管理和使用大数据,应该做出哪些范围的决策;由谁/哪些人决策;如何做出决策;如何监控这些决策。大数据治理、数据治理和信息技术治理都面临着相同的问题,但是解决这些问题,大数据治理更复杂,因为人数据治理涉及的范围更广、技术更复杂、投入更大,这些是由大数据的特征导致的。

治理的重要内涵之一就是决策,大数据治理要素描述了大数据治理重点关注的领域,也是大数据治理层应该在哪些领域做出决策。按照不同领域在经营管理中的作用,我们把大数据治理要素分为四大类领域(如图8.1所示),分别是目标要素、促成要素、核心要素和支持要素。目标要素是大数据治理的预期成果,它提出了大数据治理的需求;促成要素是影响大数据治理成效的直接决定因素;核心要素是大数据治理需要重点关注的要素;支持要素是实现大数据治理的基础和必要条件。

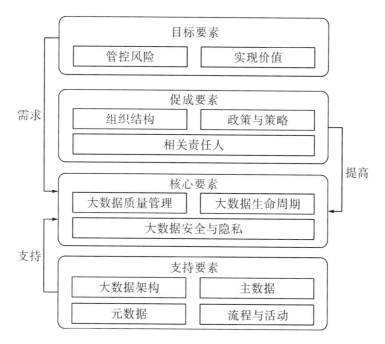

图 8.1　大数据治理要素及框架

（1）目标要素。

目标要素是指大数据治理的目的,即实施大数据治理的预期结果。在数据治理和信息技术治理领域,也有很多关于治理目标的讨论,如信息及相关技术的控制目标(COBIT 5)把治理目标统称为价值创造,具体包含了利益实现、风险优化和资源优化;IBM 在数据治理模型中提出治理的结果是数据风险与合规、价值创造;信息技术治理的主要目标是增加价值、规避风险;大数据治理的主要目标是通过特定的机制设计,实现价值和管控风险。实现价值是指大数据治理必须能够带来收益,这种收益主要体现为效益和效率,其中效益主要由减少成本和提高收入所决定。由于大数据需要相应的人员、技术、软件和硬件的投入,而且数量巨大,因此通过大数据应用获得效益就显得尤其迫切,这也要求企业在开展大数据应用之前需规划好获取收益的方式。管控风险是强调有效的大数据治理,有助于避免决策失误和经济损失,有助于降低合规风险。大数据应用模式往往会导致数据占有权、使用权、收益权的分离,从而使数据处于所有权人的可控范围之外,对数据的安全和合规提出了严峻的挑战,风险管控变得前所未有的迫切。多源数据的融合有可能唯一识别出用户,从而威胁用户隐私,其中最著名的案例是发生在 20 世纪 90 年代的美国马萨诸塞州的医疗隐私泄露事件。为了推动公共医学研究,美国马萨诸塞州保险委员会发布了政府雇员的医疗数据,在数据发布前,为了防御用户隐私泄露,委员会对数据进行了匿名化处置,即删除了一切敏感信息,如姓名、身份证号和家庭住址等,只保留了性别、生日和居住地邮编 3 个关键字段。然而,来自麻省理工学院的 Sweeney 成功破解了这份匿名化处理后的医疗数据,Sweeney 将一份包括投票人的姓名、性别、出生年月、住址和邮编等个人信息的公开投票人名单与医疗数据进行匹配,发现匿名医疗数据中与投票人生日相同的人数有限,而其中与投票人性别和邮编都相同的人更稀少,从而能够确定大部分医疗数据的对应者。大数据应用中,多源数据的融合使得个人隐私存在被全面暴露的风险;更为复杂的是,经过多重交易和多个第三方渠道的介入,个人数据的权利边界变得模糊不清,数据流通的轨迹难寻,从而使隐私保护面临着严峻的挑战。因此,大数据治理非常关注风险管控。

（2）促成要素。

促成要素是对实现大数据治理目标起到关键促进作用的因素,比较重要的促成要素包括组织结构、战略和政策、大数据相关责任人。大数据治理需要关注组织结构。设计与大数据治理相适应的组织结构,需要考虑决策权、授权和控制三个方面。大数据治理组织结构设计的具体步骤如下:建立责任分配模型,即谁负责、谁批准、咨询谁和通知谁,识别出大数据治理的利益相关者;确立新角色和既有角色的适当组合;适时考虑任命大数据主管;在传统治理的基础上,适时考虑增加大数据责任;建立承担大数据治理责任在内的混合式信息治理组织。战略是企业在竞争中采用的一种计谋,包括战略形成与战略实施两个阶段。而政策是指设定好的规章制度。大数据已经成为企业战略转型的重要机遇,寻找战略机遇并实现成功转型就是大数据治理所关注的战略和政策。企业在制定大数据战略和政策的过程中,应注意以下三点:大数据战略应融合业务需求;建立大数据价值实现的蓝图和步骤;统筹考虑企业组织和战略问题。

大数据相关责任人是指与大数据治理相关的参与者,包括大数据利益相关者、大数据治理委员会、大数据管理团队。利益相关者包括大数据产生者、收集者、处理者、整合者、应用者和监督者。他们可能在同一个组织,也可能来自不同的组织;同一个利益主体可能由多方承担,同一方可能同时是多个利益主体。大数据治理委员会一般由数据利益相关者组成,他们主要是规划大数据战略、建立相关的政策和标准、起草大数据治理文件,并提交给更高级别的治理委员会和治理联盟审批。大数据管理团队是大数据治理的执行人员,他们执行大数据治理委员会制定的战略和政策,包括定义、监控以及解决与大数据相关的具体事务。

（3）核心要素。

核心要素是影响大数据治理绩效的重要因素,包括数据质量管理、数据生命周期、数据安全与隐私。大数据质量对大数据治理而言至关重要。大数据应用之前必须评估大数据质量,以保证分析结果的准确性。认为大数据基数超大,可以忽视数据质量的观点是不全面的。大数据生命周期是指某个集合的大数据从产生、获取到消亡的过程,伴随着大数据生命周期的各个阶段,数据的价值会发生变化。大数据治理需要结合大数据生命周期不同阶段的特点,采取不同的管理和控制手段。大数据往往意味着数据使用权和所有权分离,数据产生者、提供者和使用者往往不是同一个主体,数据也不再像以往那样在产生者的可控范围内,这也使数据的安全问题受到了前所未有的挑战。隐私是个人要求独处,而不受他人或相关组织(包括国家)的干扰和监督的诉求。大数据应用使用户可以在享受挖掘出的各种有价值信息带来的便利条件的同时,也不可避免地泄露了用户的隐私。保护用户的隐私的前提是对隐私进行准确描述和量化,这是大数据治理的工作内容之一。

（4）支持要素。

支持要素是大数据治理的基础要素,包括大数据技术架构、主数据、元数据和审计、日志与报告。大数据架构是指大数据应用的技术实现、技术部署和技术环境,旨在对结构化和非结构化数据的存储与挖掘提供支持。大数据架构一般包括数据存储模块、数据编程模块、数据分析模块、数据应用模块。合理、可靠的大数据架构是保证大数据应用正常运行的技术支撑。主数据是关于业务实体的数据,通常也是整个企业范围内各个信息系统之间需要共享的数据。它是最有价值的信息,为业务交易提供关联环境,如客户、产品、厂商、账号等范畴。在任何组织中,不同的部门、流程和系统都需要共享相同的信息。早期流程中所创建的数据可为后期流程中所创建的数据提供关联环境,然而,不同的部门会基于各自的目的来使用相同的数据,如财务、销售和生产部门都关心产品销售数据,但每个部门对数据质量有不同的期望。大数据环境下主数据治理的主要目标是提高主数据的数据质量,以利于大数据分析;提高参考数据质量和一致性,挖掘有价值的信息丰富主数据。元数据是关于数据的组织、数据域及其关系的信息。元数据管理是关于元数据的创建、存储、整合与控制等一套流程的集合,用以支持基于元数据的相关应用。在大数据环境下,数据的体量、速度和多样性与传统数据不同,大数据环境下元数据管理的失败会导致数据重复、数据质量差等关键问题。流程与活动是为了实现大数据价值、监控风险和得证大数据治理有效性的行为。流程与活动应该标准化、明确记录在案,并能够被重复应用。为了能够支持大数据治理的战略和政策,实现大数据治理目标,流程与活动必须精心设计。

## 8.1.2 大数据治理的对象

大数据治理的对象是大数据治理实践活动和认识活动所指向的对象,是为了保证大数据治理的责、权、利的一致而设计的规则、制度和流程,大数据治理的要素就是确定这些规则、制度和流程的构成。从广义角度理解,治理的要旨之一是决策。为了保证决策代表利益相关者的整体利益,需要考虑激励与约束机制;此外要对决策结果进行监督,还需要考虑监督机制。因此,决策包括有哪些决策、谁有权力进行决策、如何保证做出"好"的决策、如何对"决策"进行监督和追责。基于以上分析,可以认为大数据治理最主要的活动是决策权分配和职责分工,具体包含三个方面的机制设计,即决策机制、激励与约束机制、监督机制(如图 8.2 所示),其中,决策机制包括了决策权和组织结构两个方面。

**图 8.2 大数据治理的要素**

根据以上对大数据治理概念的剖析,可知大数据治理体系是在大数据资源应用的过程中,鼓励"价值创造"和"风险管控"这种期望行为而建立的权利和责任的制衡体系,并形成一个有反馈和控制的责任链。这一治理体系解决的具体问题包括:明确有哪些决策？应该由谁做决策？如何鼓励做出"好"的决策？如何监督决策效果？如何对"不好"的效果进行追责？综上所述，大数据资源治理是为了鼓励与大数据资源应用相关的人员遵从"实现价值"和"管控风险"的期望行为，在所有权层面做出的权责安排，主要体现为决策机制、激励与约束机制、监督机制。其所要解决的具体问题是：为了实现大数据资源的价值，管控大数据资源的风险，应该做出哪些范围的决策？应该由谁决策？如何做出好的决策？如何监控决策？大数据治理概念体系如表8.1所示。

表 8.1　大数据治理概念体系

| 概念维度 | 大数据治理概念内涵 |
| --- | --- |
| 目的 | 鼓励"实现价值"和"管控风险"的期望行为的发生 |
| 权利层次 | 大数据资源治理是所有权层面的问题，关注剩余控制权和剩余索取权 |
| 治理范围 | 大数据治理的对象是规则、制度和流程，具体范围包括决策机制、激励与约束机制、监督机制 |
| 解决的实际问题 | ①有哪些决策；②由谁来做决策；③如何做出决策；④如何对决策进行监控 |

## 8.1.3　大数据治理的框架

参考架构旨在阐述大数据治理所处的外部环境的典型特征以及大数据治理的主要对象和关键域，从外部环境和内部构成两个方面解构大数据治理，为研究大数据治理领域的相关问题，图8.3展示了一种大数据治理参考架构。在大数据资源治理参考架构中，核心要素是决策机制、激励与约束机制、监督机制，也就是大数据治理的关键域，大数据治理体系就是建立决策、激励与约束、监督三个关键领域的规则、制度和流程。大数据资源所具有的三维特征，形成了大数据资源与众不同的应用情景，即大数据资源治理所需要重点考虑的外部环境因素。大数据治理参考架构从内部要素和外部应用特征两个方面构建了大数据治理体系的逻辑框架，为大数据治理的相关实践和研究提供了参考。例如，大数据资源治理中的隐私保护问题，需要考虑大数据所处的不同生命周期、不同的流通方式、利益相关者所组成的重要情景，建立相应的决策机制、激励与约束机制、监督机制，从而实现妥善保护个人数据隐私的目的。大数据治理参考架构将为分析大数据应用提供一个比较完整的逻辑框架。

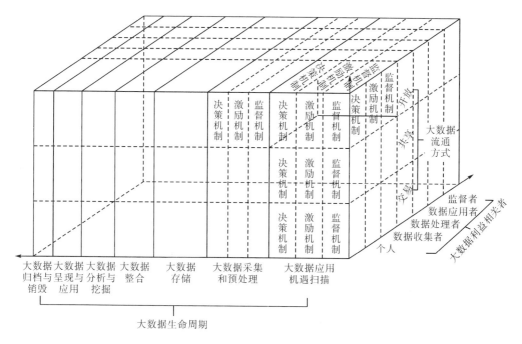

图 8.3　大数据治理参考架构

## 8.1.4　大数据治理的实施保障

决策是在多种行动方案中进行选择,以及在做出选择之前所进行的一切活动。决策机制是制定决策的基本规则和制度,是保障决策质量、决策效率的重要措施。决策机制的具体内容包括决策的规则和程序、决策评价和追究制度、决策的专家论证和咨询制度等。决策机制是依靠一定的组织结构和制度来运行的,由决策权力机构及其对应的决策内容构成。决策机制包括了决策权和组织结构,具体到大数据治理领域,决策机制就是建立与大数据应用相关的规则和程序、评价机制和追究制度,并建立大数据治理相关的组织结构,确定大数据应用相关的决策权力机构及其对应的决策内容和范围。决策是由高层管理者做出,当负责大数据应用的管理者将一系列决策权下放给下属时,必须决定哪些决策权留在自己手中,而将哪些决策权下放给下属,下属也面临着同样的问题,通过这一个逐步确认的过程,大数据治理的决策权得到明确,相关岗位和职责、大数据治理的组织结构也得到最终确定。

### 8.1.4.1　激励与约束是两种不同的管理活动

激励主要提高管理者工作热情、积极性和创造性,使其潜能得到充分发挥,而约束主要解决人际关系、行为方向等问题,确保成员个人目标与组织目标的一致,激励与约束旨在解决组织发展的动力与方向。依据委托-代理理论,解决代理问题的关键是建立一套有效的激励和约束机制,激励代理人在实现个人效用最大化目标的同时实现委托人的效用最大化,并有效约束代理人的行为,使代理问题带来的损失降到最低。激励机制和约束机制是促进激励和约束活动发挥效力的载体,是由一整套规则体系构成,包括激励规则、约束规则、平衡激励与约束的协调规则。在大数据治理的背景下,激励与约束机制的效果取决于"价值创造"和"风险管控"与经营管理人员目标利益的相关程度,以及违反了相关要求而受到的惩罚程度。激励与约束机制设计的重要内容之一就是使报酬具有充分的激励数额与合理的结构,激励机制的实现依靠大数据资源价值创造的业绩评价和报酬契约,让经营管理人员做出有利于实现大数据价值的行为或决策,降低代理成本。

### 8.1.4.2　监督是建立一种实施控制的行为方式,一般指监察和督导

大数据治理的监督范围包括组织之间和组织内部。组织之间监督机制的目标是协调各监督主体,形成合力,达成大数据应用的合作联盟,这依赖于组织之间存在的相关约定。在组织内部,当大数据治理的相关管理者因不具有剩余索取权而不能分享由其决策而产生的大量财富时,在决策过程中对代理成本的监督就极为重要,如果没有有效的监督机制,经营人员可能采纳一些与所有人利益相违背的决策。在大数据治理的背景下,监督机制建立的范围不但包括多源主体之间、所有者与经营者之间,而且包括经营者与下属管理者之间、管理者与一般员工之间。监督机制是对大数据管理工作的评估、指导和监控,大数据治理的监督机制旨在评估大数据应用的战略选择,为大数据应用提供方向,监控大数据应用工作的结果,并进行有效沟通。监督机制是有效解决如何监督的问题,从而达成大数据治理的目标。

## 8.2　数据标准体系

数据标准的定义包含两个层次,三个具体的实现维度,各个维度之间有一定的关联性,如数据集标准由数据元组合而成,而数据元又会引用代码集的标准定义,最终这些实现维度会通过自动化或手工关联与具体的抽象标准定义联系到一起。由于一个系统的标准内容可能较多,有些政府或企业之前可能已经完成了部分的标准化定义,为了方便用户快速将已有成果导入系统,除了单个信息的增删改操作之外,系统还提供了批量导入导出操作,让用户能够直接通过文件一次性地将已有标准导入。数据标准是为了消除相同属性信息因定义和描述不一致而导致的理解与使用偏差,是各信息业务系统建设、业务数据交互的重要参考。因为如果没有数据标准就不能保证数据的准确性与一致性,那么即使这些庞大的数据是一座信息金矿,用户也很难去挖掘。只有提供一套完整的数据标准维护、查询和使用工具,才能以最小的成本实现数据标准化工作。在实际应用过程中,整个数据标准体系的建立需要依据或借鉴一些国家、地方以及企业发布的标准与规范,只有有所依据才能更好地协调相关方完成标准化工作,同时在实际操作时,不可避免地会遇到遗留系统的问题。一般来说,对于老旧的业务系统是很难说服相关业务单位或部门对其进行标准化改造的,而让新系统在构建时按照标准进行设计开发则相对容易得多,为此,标准化体系的建立不可避免地需要同时考虑这些问题,只有提供满足兼容性和灵活性要求的系统才能更好地推动用户实现业务数据的标准化治理工作。数据标准服务涉及标准管理员和标准审核员两类角色,前者是标准的制定者,后者对前者制定的标准进行查看审核,该服务的用例如图8.4所示。

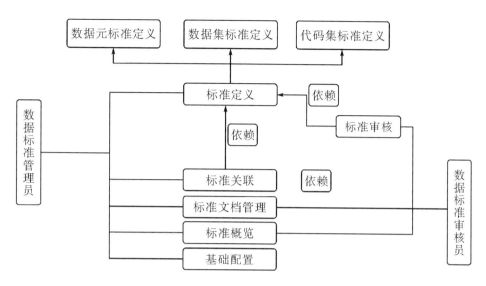

图 8.4　数据标准用例示意

数据标准的整体流程如图 8.5 所示。从流程图我们可以看出,标准定义完成后要经过用户审核才能真正使用,在审核通过后系统支持通过手动标准关联和自动关联分析两种模式将抽象的标准定义内容与实际的数据库实现内容进行关联,并最终为标准的应用提供落地依据。

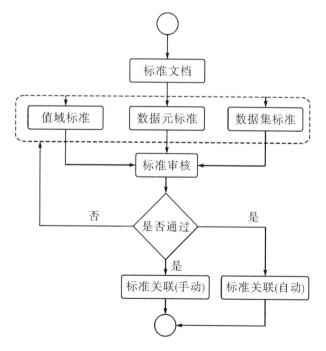

图 8.5　数据标准管理服务主要流程

数据标准的核心数据模型包括数据元标准、数据集标准和代码集三个表。数据元标准针对数据字段,定义了通用唯一识别码(UUID)、元名称、元描述、关联类型、类型定义、关联文档、关联代码集和标准命名八个字段;数据集标准针对数据表,定义了 UUID、名称、描述和关联文档四个字段；代码集对应码表或者说枚举信息，定义了 UUID、名称、类型、描述和关联文档五个字段，其中代码集的具体内容存储在代码集项表中，包括关联代码集、代码名称和代码值三个字段。数据元所支持的数据类型定义存储在数据类型表中，类型的实现存储在类型实现表中，之所以如此设计是为了灵活性，将数据类型的表述与不同数据库针对该类型的实现解耦。例如，我们定义了一个"姓名"数据元，该数据元的类型为字符串，在 Oracle 中用户可能习惯用 Varchar2 表示字符串，而在 MySQL 中用户可能习惯用 Vaixhar 表示字符串，在这种情况下，数据类型有一种，即字符串类型，而数据类型的实现却有两种，一种是 Oracle 中的，另一种是 MySQL 中的。标准文档存储了用户建设标准时所参考的文档信息，包括 UUID、类型、名称、版本、发布单位、发布时间、编号和描述八个字段。具体应用时，数据标准会和数据源中的表以及字段进行关联，这部分管理信息存储在数据集实现和数据集-数据元两个表中。数据标准制定之后，需要数据质量服务来保证，为了提升系统的使用体验，数据标准配置的信息可自动带入到数据质量规则定义中进行应用。

## 8.3　元数据管理

### 8.3.1　元数据概述

元数据的定义是"关于数据的数据"，元数据与数据的关系就像数据与自然界的关系，数据反映了真实世界的交易、事件、对象和关系，而元数据则反映了数据的交易、事件、对象和关系等。简单来说，只要能够用来描述某个数据的，都可以认为是元数据。举个例子：一本书，书的封面和内页都向我们展示了这样的元数据信息：标题、作者姓名、出版商和版权细节、背面的描述、目录、页码。从此例子可以看出，在我们日常生活中，都会有相应的元数据信息保留下来。在数据治理中，元数据便是对于数据的描述，存储着关于数据的数据信息。我们可以通过这些元数据去管理和检索我们想要的"这本书"。对于企业而言，元数据是跟企业所使用的物理数据、业务流程、数据结构等有关的信息，描述了数据（如数据库、数据模型）、概念（如业务流程、应用系统、技术架构）以及它们之间的关系。元数据最简单的定义是描述数据的数据。这里有两个关键点，一个是数据，另一个是描述数据。企业中一般可进行管理的数据如表 8.2 所示：

表 8.2　企业中可进行管理的数据

| 描述数据的数据 | 数据 |
| --- | --- |
| 业务元数据<br>（描述数据定义的数据） | 企业数据标准；企业数据质量标准；企业数据指标；企业数据字典；企业数据代码；企业数据安全 |
| 技术元数据<br>（描述数据物理模型的数据） | 物理模型（关系型数据库物理模型、NoSQL 类数据库存储模型、MPP 类数据库物理模型） |
| 操作元数据<br>（描述数据处理过程的数据） | 数据 ETL 信息；数据加工处理策略数据信息；数据处理调度信息；数据处理异常信息 |

表8.2(续)

| 描述数据的数据 | 数据 |
|---|---|
| 管理元数据<br>（描述数据管理归属的数据） | 数据归属信息（业务归属、系统归属、运维归属、数据权限归属） |

关于元数据,迄今为止,还设有完全统一的定义,最常规的定义就是:元数据是关于数据的数据。一些专家和学者又把这个过于简洁的解释加以扩展和深化,较具代表性的几种定义有:

（1）元数据是关于数据的数据。此术语指任何用于帮助网络电子资源的识别、描述和定位的数据。

（2）元数据是关于数据的结构化的数据。

（3）元数据是与对象相关的数据。此数据使其潜在的用户不必预先具备对这些对象的存在或特征的完整认识。它支持各种操作。用户可能是程序,也可能是人。

（4）元数据是对信息包的编码描述（如用 MARC 编码的 AACR2 记录、GILS 记录等）,其目的在于提供一个中间级别的描述,使得人们据此就可以做出选择,确定孰为其想要浏览或检索的信息包,而无须检索大量不相关的全文文本。

（5）元数据,即代表性的数据,通常被定义为数据之数据。它包含用于描述信息对象的内容和位置的数据元素集,促进了网络环境中信息对象的发展和检索。

到目前为止,人们对元数据的认识还时常会有所混淆甚至产生谬误。

（1）元数据不一定是数字形式舶。元数据的形式是多样化的,并不一定是数字形式的。在管理人类文化遗产的过程中,有关专家一直在编制元数据。

（2）元数据不只同对信息对象的描述相关。专家们对元数据的描述或编目公式最为熟悉,但是,他们同样认识到元数据还能够说明被描述资源的使用环境、管理、加工、保存和使用等方面的情况。

（3）元数据可以来自各种不同的资源。元数据可以由人类（编制者、信息专家或使用者）提供,还可以由计算机自动生成,或者通过一项资源与另一项资源的关系来推断,如超链接。

（4）在信息对象或系统的生命过程中自然增加元数据。在信息对象或信息系统的整个生命过程中。元数据首先被生成,继而被修改,甚或在某个阶段被废弃。

（5）关于元数据常规定义中的"数据"。在元数据的常规定义中,对前后出现的两个"数据",应有较为宽泛的理解。一般而言,数据表示事物性质的符号,是进行各种统计、计算、科学研究、技术设计所依据的数值,或者说是数字化、公式化、代码化、图表化的信息。

不过,在上述定义中,更准确地说,第一个定义所代表的含义应是"资源",且两个"数据"都不一定是数字形式的,而可以以各种不同的形式出现。

保罗·米勒（Paul Miller）将元数据粗略分为两类:专家层次与搜索引擎层次。专家层次包括 MARC、TEI 标题等较复杂的资源描述架构;搜索引擎层次则在 HqML 文件中隐藏语法,使之可被搜索引擎用于检索。显然,这种分类过于简单。1998 年,美国盖蒂（Getty）信息研究所曾就元数据进行过一次专项研究。在有关于此的专著中,吉利兰·斯威特兰（Gilliland Swetland）根据功能将元数据划分为管理型元数据、描述型元数据、保存型元数据、技术型元数据和使用型无数据五种类型。显而易见，元数据具有传统目录的"著录"功能，目的在于使资源的管理维护者及使用者可通过元数据了解并辨别资源，进而利用和管理资源，为由形式管理转向内容管理奠定必要的基础。

#### 8.3.1.1 元数据在网络信息资源组织方面的作用

（1）描述作用。根据元数据的定义，它最基本的功能就在于对信息对象的内容和位置进行描述，从而为信息对象的存取与利用奠定必要的基础。

（2）定位作用。由于网络信息资源没有具体的实体存在，因此，明确它的定位至关重要。元数据包含有关网络信息资源位置方面的信息，因而由此便可确定资源的位置之所在，促进了网络环境中信息对象的发现和检索。此外，在信息对象的元数据确定以后，信息对象在数据库或其他集合体中的位置也就确定了。

（3）搜寻作用。元数据提供搜寻的基础，在著录的过程中，将信息对象中的重要信息抽出并加以组织，赋予语意，建立关系，使检索结果更加准确，从而有利于用户识别资源的价值，发现其真正需要的资源。

（4）评估作用。元数据提供有关信息对象的名称、内容、年代、格式、制作者等基本属性，使用户在无须浏览信息对象本身的情况下，就能够对信息对象具备基本了解和认识。参照有关标准，即可对其价值进行必要的评估，作为存取与利用的参考。

（5）选择作用。根据元数据所提供的描述信息，参照相应的评估标准，结合使用环境，用户便能够做出对信息对象取舍的决定，选择适合用户使用的资源。

#### 8.3.1.2 元数据在网络信息检索中的作用

（1）管理大量低网络带宽的数据。元数据致力于解决标引大量不同形式的数据而无须数量庞大的网络带宽的问题。标引得到的是代表性数据，而非信息对象本身。

（2）支持有效的网络信息资源的发现和检索。当元数据单元和结构被设计用来在深度上分析数据的内容时，它就促进了信息的更复杂和更综合的检索。

（3）分享和集成异构的信息资源。信息资源以不同的形式具有不同的特征存在于异构的数据库中。标准的元数据描述允许在分散的网络环境下比较、分享、集成和再利用不同类型的数据。如此，元数据就成了在异构数据库中找到信息的重要的长久途径。

（4）控制限定检索的信息。元数据不仅能够促进有效的异构信息资源的检索，还能够管理限定检索的信息和用户服务，如排序、过滤和评分、保密性和安全性。元数据起到了看门人的作用，具有永远增长的商业化信息资源所不可缺少的特性。

此外，从系统的角度审视元数据，元数据的功能还包括提供浏览及检索的功能、管理功能、组合各个对象以及藏品的再呈现等。

元数据的使用范围非常广，可被应用于图像检索、导航和图像集合中的浏览，视频、声频和演讲，结构化的文献管理，地理和环境信息系统，数字图书馆，支持信息存取的混合多媒体等。在整个世界范围内，元数据正在被用于越来越多的领域中。

在元数据的众多应用领域中，数字图书馆非常突出。目前，所有正在开发中的数字图书馆项目都必须解决元数据方面的问题。这些项目中的大部分已经使它们的元数据框架能够适用于数字数据馆藏的描述，这些资料不仅包括全文数据，还包括参考资料集以及视频和声频等多媒体资料。在数字图书馆中，元数据的主要作用是为分布式资源发现和检索奠定基础,元数据体系具备描述、整合、控制和代理四个基本功能。此外,元数据在知识管理中同样能够发挥重要的作用。因特网及万维网的快速发展,促成了人们对于网络空间中数字信息和知识的传递和获取。有鉴于此,知识管理成为当今的重要课题。元数据能够通过完整描述揭示对象的内涵,自然能够在知识管理中发挥作用。元数据贯穿信息对象的整个生命过程,渗透于知识管理的各个环节。知识从数据到信息的增值过程中所采取的方式,主要与信息对象的形式特征有关,最根本的依据是关于信息对象的元数据;从信息到知识的增值过程,则不仅限于外部的信息加工与组织,而且需要对信息对象内容的加工和分析,其根本依据仍然是元数据。在知识管理的前期阶段,即信息增值(资料信息知识)的阶段中,元数据发挥着重要的作用;而在知识管理中的其他阶段中,元数据同样不可或缺。

元数据在中国的应用与发展尚处于起步阶段,其中,比较突出和初显成效的是数字图书馆中元数据的应用。目前,在中国影响最大的数字图书馆有:

(1)中国试验型数字式图书馆。中国试验型数字式图书馆项目,是 1997 年由国家计委批准立项的国家重点科技项目,项目实施期限为 1997 年 7 月至 2000 年 12 月。项目组规定该数字图书馆项目最小元数据集合采用都柏林核心;最小元数据集合都柏林核心的实现采用 RDF 方式;元数据分成两层,第一层为都柏林核心,第二层为 MARC 或 TEI 标题,在资源建设中要求按这两层实现。技术组据此提出项目所需采用的规范的元数据元素集及其定义、元数据元素的限定规则以及元数据元素的具体表达方式。

(2)中国数字图书馆工程。1998 年 8 月 25 日,"中国数字图书馆工程"筹备领导小组成立,有关研究、证论工作正式展开。在这个庞大的项目中,元数据方案的制订是最基本和至关重要的部分,需要建立数字图书馆的元数据共享、检索系统,即建立一个元数据资源中心。该中心使用并行数据库技术和分布式计算机系统来支撑海量的元数据系统。

(3)清华大学建筑数字图书馆。清华大学建筑数字图书馆是由清华大学图书馆、清华大学计算机科学与技术系、清华大学建筑学院三方精诚合作共同研制开发的。

清华大学数字图书馆的元数据基本上采取的是都柏林核心之一。此外,中国有关方面正在着手于基于中文资源的元数据标准的制定。广东省中山图书馆制定的《数字式中文全文文献通用格式》就是这方面的尝试和努力结果之一。北京大学数字图书馆研究所、北京大学图书馆数字图书馆工程将"中文 metadata 标准研究"作为重点研究项目。目前,中国数字图书馆针对的对象大都偏重于古籍、珍贵史料。随着数字图书馆在中国的发展,数字图书馆的对象将逐渐丰富、扩大。

### 8.3.2 元数据管理概述

和元数据管理相关的另一个重要概念是元模型,要实现企业元数据管理,需要定义一个符合存储企业数据现状的元数据模型,且这个模型是有不同粒度和层次的元模型。有了层次和粒度的划分,未来元数据进行批量管理后就可以灵活地从不同维度进行元数据分析,如学校课程管理(如图 8.6 所示)。企业的数据地图、数据血统都是基于此实现的。

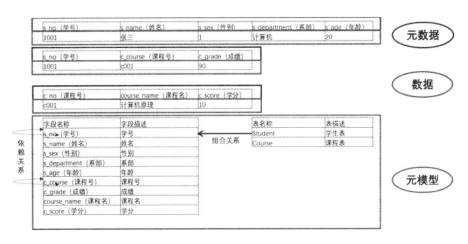

图 8.6　学校课程的元数据

元数据管理是对数据采集、存储、加工和展现等数据全生命周期的描述信息，帮助用户理解数据关系和相关属性。元数据管理工具可以了解数据资产分布及产生过程，实现元数据的模型定义并存储，在功能层包装成各类元数据功能，最终对外提供应用及展现；提供元数据分类和建模、血缘关系和影响分析，方便数据的跟踪和回溯。进行元数据管理的方向有三个：一是基于数据平台进行元数据管理，由于大数据平台的兴起，目前逐步开始针对 Hadoop 环境进行元数据管理；二是基于企业数据整体管理规划开展对元数据的管理，这也是企业数据资产管理的基础；三是元数据作为某个平台的组件进行此平台特有的元数据管理，它作为一个中介或中转互通平台各组件间的数据。

基于数据平台的元数据管理相对成熟，也是业界最早进行元数据管理的切入点，或者说是数据平台建设的必备。在此业务场景下，从技术维度讲：元数据管理围绕着数据平台内的源系统、数据平台、数据集市、数据应用、数据模型、数据库、表、字段、报表、字段和字段间的数据关系进行管理。从业务维度讲：元数据管理指标的定义包括指标的业务维度、技术维度和管理维度三方面的数据、字段的中文描述，表的加工策略，表的生命周期信息，表或字段的安全等级。从应用维度讲：元数据管理可实现数据平台模型变更管理、变更影响分析、数据血统分析、高阶数据地图、调度作业异常影响范围。

在企业整体数据管理背景下的元数据管理是数据管理的基础，除了要管理在数据平台元数据管理场景下的所有元数外，核心是要解决元数据管理和数据标准、数据质量、数据安全、数据生命周期、数据服务的贯通问题，进行数据描述层面的信息融合。在此背景下，元数据管理的着力点是字段或信息项，其他的管理维度或信息都可以基于字段或信息项进行扩展或外延。企业级的数据管理涉及的内容很多，但基于字段或信息项的扩展其结构是稳定的，它是一个支点。

元数据管理要符合企业数据现状，要能支撑企业数据人员分析数据的需要。元数据是企业数据资产的最原始词典，我们需要从这本词典中获取到准确的数据信息，准确、便捷、深度、广度是元数据管理努力的方向。要实现企业元数据管理需从两个方面考虑：一是盘点企业数据情况，搞清楚要管理哪些元数据以及这些元数据在什么地方，以何种形态存储，它们之间有着怎样的联系。二是建模，这里的建模是指建立元数据的模型（元模型），通过抽象出企业的元模型，建立一个元模型之间的逻辑关系。企业数据资产盘点，首先要把元数据建设的定位定义清楚,短期解决什么问题,长期达到什么目的,基于短期目标要重点细化。举个例子,要进行企业物理模型的全面管理,从而实现数据结构变更一体化管理这个短期目标,就需要盘点企业有多少应用系统,每个应用系统有多少个数据库,数据库的种类有什么,哪些是业务数据表,哪些是垃圾数据表,每个数据字段的含义是否完整,每个系统是哪个业务部门使用,哪些管理员进行运维,企业的数据变更是否有流程驱动等。将以上信息分为两大类,一类是数据模型本身的元数据信息,另一类是支撑数据模型管理的元数据信息,这两类信息都是需要盘点的内容。元数据建模是对企业要管理的元数据进行结构化、模型化。元模型的构建一般要参考公共仓库元模型,但也不能照搬,否则构建的元模型太过臃肿,不够灵活。在构建元模型的过程中不但要关心模型的结构,更要关心模型间的关系,每个模型在元数据的世界里是一个独立的个体,个体和个体之间的关系赋予了模型间错综复杂的关系圈,这些关系的创建往后衍生会支撑数据图谱或知识图谱的构建。再举一个数据资产盘点的例子,我们要建立数据库元模型、表元模型、字段元模型、管理员元模型,其中库-表-字段是通过组合关系构建的,而表-表、字段-字段是通过依赖关系构建的。通过这样的关系构建就能将企业中的所有有交互的数据形成一个错综复杂庞大的数据关系网络,数据分析人员就可以基于这张网络进行各种信息的挖掘。

元数据管理是大数据平台建设的重要组成部分,是企业实现数据资产以及资产服务化的重要基础。在数据管理大环境下,数据安全、数据质量、数据架构、数据模型等有着千丝万缕的关系,它们也是业务和技术互通的桥梁。因此,元数据建设的好坏会对企业整体数据以及管理带来重要的影响。而针对元数据管理的难点包括以下三点:首先是元数据识别,即确定要管理哪些元数据。按元数据的定义来看,只要是能描述数据的数据都能作为元数据进行管理。但从价值角度讲,一定要找到对数据业务、数据运维、数据运营、数据创新带来帮助的元数据进行管理。一般企业元数据建设都是围绕数据集中的数据平台进行全链路的源、数据平台、分析系统的元数据管理,围绕这条主线,进一步管理业务元数据和操作元数据。在建设过程中要围绕本企业数据管理问题域进行虚实结合的建设。其次是元模型的构建。元模型的核心结构要稳定,元数据的建设不是一蹴而就的,需要慢慢地积累和演变,因此存储元数据的元模型结构一定要抽象出稳定的结构,如针对关系抽象出组合关系和依赖关系、针对模型抽象出每一类型元数据父类或基类以方便其灵活扩展。最后是元数据间的关系。从元数据应用的角度来看,光分析元数据的结构对数据分析人员和数据应用的价值还不是那么的突出。元数据管理的价值主要在其关系的丰富程度,如一个人如果其社会关系足够丰富,那么其处理各种事情就游刃有余。元数据也类似,数据分析和应用一定是从其关系中探寻出数据的价值进而指导业务或进行数据创新。从长期的实践中发现,基于信息项或字段的元数据关系构建是最稳定的。

元数据管理统一管控分布在企业各个角落的数据资源,企业涉及的业务元数据、技术元数据、管理元数据都是其管理的范畴,按照科学、有效的机制对元数据进行管理,并面向开发人员、最终用户提供元数据服务,以满足用户的业务需求,对企业业务系统和数据分析平台的开发、维护过程提供支持。

作为企业数据治理的基础,元数据管理平台从功能上主要包括元数据采集服务、元数据访问服务、元数据管理服务和元数据分析服务。

（1）元数据采集服务。元数据采集服务是指能够适应异构环境,支持从传统关系型数据库和大数据平台中采集数据产生系统、数据加工处理系统、数据应用报表系统的全量元数据,包括过程中的数据实体(系统、库、表、字段的描述)以及数据实体加工处理过程中的逻辑。

（2）元数据访问服务。元数据访问服务是元数据管理软件提供的元数据访问的接口服务,一般支持 REST 或 Webservice 等接口协议。通过元数据访问服务支持企业元数据的共享,是企业数据治理的基础。

（3）元数据管理服务。元数据管理服务实现元数据的模型定义并存储,在功能层包装成各类元数据功能,最终对外提供应用及展现;提供元数据分类和建模、血缘关系和影响分析,从而方便数据的跟踪和回溯。

（4）元数据分析服务。元数据的应用一般包括数据的血缘分析、影响分析、冷热度分析、关联度分析,以及数据资产地图。血缘分析:告诉你数据来自哪里,都经过了哪些加工。影响分析:告诉你数据都去了哪里,经过了哪些加工。冷热度分析:告诉你哪些数据是企业常用数据,哪些数据属于"僵死数据"。关联度分析:告诉你数据之间的关系以及它们的关系是怎样建立的。数据资产地图:告诉你有哪些数据,在哪里可以找到这些数据,能用这些数据干什么。

元数据管理到底有什么用? 图书馆的目录卡片只是一个很简单的元数据管理,在企业中,元数据管理会更为全面,难度更高,同时也将带来更多的收益。元数据管理平台为用户提供高质量、准确、易于管理的数据,它贯穿数据中心构建、运行和维护的整个生命周期。同时,在数据中心构建的整个过程中,数据源分析、ETL 过程、数据库结构、数据模型、业务应用主题的组织和前端展示等环节,均需要通过相应的元数据进行支撑。通过元数据管理,形成整个系统信息数据的准确视图,通过元数据的统一视图,缩短数据清理周期、提高数据质量,以便能系统性地管理数据中心项目中来自各个业务系统的海量数据,梳理业务元数据之间的关系,建立信息数据标准,从而完善对这些数据的解释、定义,形成企业范围内统一的数据定义,并可以对这些数据来源、运作情况、变迁等进行跟踪分析。

# 8.4　主数据管理

在说主数据管理之前,先来看一个场景:一位银行客户向监管部门投诉,说银行泄露了他的个人隐私。但追查下来,其实银行并没有什么错:不同系统里保存了客户的多个手机号码,银行向客户发送其动账信息时,客户的一个"错误手机号码"收到了短信,然而客户不希望该号码看到动账信息,因为该号码可是某个"敏感人"在使用。一个客户,多个号码并存,且其中还含有"敏感号码"。这种现象在客户信息管理中,屡见不鲜,并由此带来了"客户投诉"等系列连锁反应。再来看一个行业趋势:如今,不管企业规模如何,客户关系管理(CRM)系统几乎成了每个企业的标配。并且,对于拥有多家子公司、多条业务线的大企业,它们还为不同的业务团队、部门或区域部署了多个 CRM。但是这种情况却给 CRM 发挥价值最大化带来了问题,如同一个客户信息存在于不同系统中,且信息不完全一致,在进行客户管理或营销活动时,这不仅浪费了企业资源还带来了隐患。由此,CRM 的下一个进阶之路,将从多个不同来源提取现成的客户数据,以创建客户数据的单一可信版本,帮助企业提高营销能力并促进销售。有两个概念隐藏在这两个场景中,一个是"主数据",案例中"客户"就属于主数据,其中由客户信息管理不当引起的投诉事件就是主数据管理缺失带来的问题。另一个就是"主数据管理"。创建客户数据的单一可信版本,就是引入主数据管理解决方案。

### 8.4.1　主数据的定义

《主数据管理实践白皮书》对主数据的定义:能够满足企业跨部门协同需要的、反映核心业务实体状态属性的企业(组织机构)基础信息,属性相对稳定、准确度要求更高、唯一识别的,就是主数据。由此定义可以很直接地把握到几个重要信息:"满足跨部门协同需要""核心业务实体状态属性""属性稳定""准确度高""唯一识别"。

主数据强调的是要共享、统一的基础数据。跨越了系统和部门界限,不归属于某一特定的部门,是多个系统之间的共享数据,是各个职能部门在开展业务过程中都需要的数据,是企业的核心数据资产。主数据是定义企业核心的业务对象,如产品、员工、原料、客户、供应商等,企业的业务记录都是围绕这些业务对象开展的,为保证业务数据的质量,主数据需要在企业全范围内保持一致性、准确性、完整性、可控性。在一个系统、一个平台,甚至一个企业范围内,主数据实体要求具有唯一标识即数据编码,同名同义,保证同一个对象在共享和应用的唯一性,如统一员工和组织主数据,对所有系统的员工和组织进行规范。以上提到的特点是主数据应该满足的重要特征,但是在信息化建设中却会出现很多问题。比如,企业不止使用一个系统;又如,同一个业务对象的细节会出现在不同系统中。因此,信息化建设可能会出现如下问题:①需要在每个系统中重新存储数据;②同一实体在不同系统间的编码不一致、信息不一致;③系统之间不同步(新增数据、更新数据);④数据重复;⑤数据共享或者利用难。

### 8.4.2　主数据管理概述

主数据管理就是要建立数据标准,实现数据集成、统一管控与无障碍共享。需要强调的是:对主数据的管理要集中化、系统化、规范化。也就是说,主数据管理应保持相对独立。主数据管理系统是信息系统建设的基础,它服务于但高于其他业务信息系统。《主数据管理实践白皮书》对主数据管理的定义:主数据管理是一系列规则、应用和技术,用以协调和管理与企业的核心业务实体相关的系统记录数据。主数据管理通过对主数据值进行控制,使得企业可以跨系统地使用一致性的和共享的主数据,提供来自权威数据源的协调一致的高质量主数据,从而支撑跨部门、跨系统数据融合应用。主数据作为企业数据战略的重要组成部分,在信息化战略中处于核心地位和基础支撑地位。它在极大程度上影响了企业信息化建设的价值,更影响了企业利用的效率和数据发挥价值的程度。

从主数据管理的价值和意义层面来说,主数据管理主要体现了以下价值:

(1)消除数据冗余。不同系统、不同部门按照自身规则和需求获取数据,容易造成数据重复存储,形成数据冗余。主数据打通了各业务链条,统一数据语言,统一数据标准,实现数据共享,最大化消除了数据冗余。

（2）提升数据处理效率。各系统、各部门对于数据的定义不一样，不同版本的数据不一致，一个核心主题也有多个版本的信息，需要大量的人力、时间成本去整理和统一。通过主数据管理可以实现数据动态整理、复制、分发和共享。

（3）提高公司战略协同力。数据作为公司内部经营分析、决策支撑的"通行语言"，实现多个部门统一后，有助于打通部门、系统壁垒，实现信息集成与共享，提高公司整体的战略协同力。

随着大数据战略的深入推进，数据的资产化成为日益明显的趋势。但同时，很多企业对于数据资产的管理还处于非常原始的阶段，面临着数据质量差、数据垃圾难以处理、数据转换率低等管理痛点。如何充分挖掘和发挥数据价值的方法论和参考框架是关键问题，也是难点问题。科学的数据资产管理模式对于企业具有非常重要的意义。现有的方法多种多样，其中"主数据管理"是数据资产管理实践方式的重要切入方法之一，其建设策略是从解决核心业务实体数据的质量和业务协同入手，推动生产环节在客户、物料、组织机构、产品、统一编码等方面保持一致。从主数据入手开展数据资产管理实践目标明确、建设周期较短，还能够保障关键数据的唯一性、一致性及合规性。从信息技术建设的角度来看，主数据管理可以增强信息技术结构的灵活性，构建覆盖整个企业范围内的数据资产管理基础和相应规范，并且更灵活地适应企业业务需求的变化。此外，主数据质量的提高也能够为后期数据集成和数据整合打下良好的基础。

### 8.4.3 主数据管理平台

主数据管理平台的主要作用是在该平台依据各类主数据标准建设主数据模型（包括唯一性校验规则在内的各类校验规则及约束规则），主数据全生命周期管理（创建、变更、审核、查询、归档等），主数据交换管理（接收与分发管理），主数据质量监控，主数据清洗管理等内容。主数据管理平台功能如图8.7所示。主数据管理平台应是支持微服架构的，尤其是核心功能如主数据标准管理、主数据全生命周期管理、主数据交换管理，以满足各模块的快速迭代及单独升级需求；同时，也避免因为个别功能组件的宕机而引起整体服务不可用，以保证平台的持续服务能力。

对主数据管理和应用中的问题及需求的识别，主要目的是找到开展主数据管理和主数据平台建设的关键驱动因素。其主要是从管理视角考虑：主数据由谁来管、管什么和怎么管的问题。主数据管理平台主要包括主数据管理组织、管理制度、管理标准、管理流程、数据质量、数据安全六方面的考虑。主数据管理平台建设主要有六个阶段，分别为主数据识别阶段、主数据标准及流程建设阶段、主数据模型及流程配置阶段、主数据清洗阶段、系统集成阶段和上线阶段。

（1）主数据识别阶段，主要是通过主数据识别活动找到企业哪些数据可以作为主数据，以及这些数据在业务系统分布及应用情况；同时，也需要对主数据的管理和应用需求紧迫性进行评估，为主数据建设阶段规划提供输入。

（2）主数据标准及流程建设阶段，主要是结合企业主数据标准管理和流程管理的现状，对当期建设的主数据新建或优化标准、对主数据标准管理流程新建或优化。在这个过程中需要将各类主数据主管部门、各业务系统运维支持团队、各类主数据日常维护人员组织起来充分、反复沟通，协商确定。

**图 8.7　主数据管理平台主要功能**

（3）主数据模型及流程配置阶段，主要是在主数据管理平台按照发布的主数据标准建立主数据模型；按照发布的主数据管理流程，在流程管理模块配置流程并与模型绑定流程的过程。

（4）主数据清洗阶段，主要是组织业务人员根据每类主数据的数据量、存在的问题等制定合理的、可执行的、针对性的主数据清洗计划及清洗策略。清洗过程中需要注意以下几点：主数据系统集成阶段，主要是通过主数据平台与业务系统之间的（或通过 ESB 企业服务总线）集成，以实现主数据平台与主数据源头系统、主数据平台与主数据消费系统间的主数据即时、定时或按需同步的需求。

（5）系统集成阶段，一定要经过严格的测试环境接口功能测试、与业务系统基于业务场景的联调联试；再将接口从测试环境迁移到生产环境后，也需要重复进行以上测试，以保证接口的通常且能够正确进行数据逻辑处理。与此同时，还要注意对接口压力能力的测试，以便调整好最佳的数据单批次同步的最优数量，从而保证接口的稳定运行。

（6）上线阶段，在满足了上线的各种条件后，主数据生产平台与业务生产系统可正式启用主数据同步接口，进行数据同步服务。

企业主数据是用来描述企业核心业务实体的数据，如客户、合作伙伴、员工、产品、物料单、账户等。它是具有高业务价值的、可以在企业内跨越各个业务部门被重复使用的数据，并且存在于多个异构的应用系统中。企业主数据管理的关键在于"管理"，故一个完整的主数据管理方案应该包括主数据管理体系建设、主数据管理系统建设两个层面。主数据体系建设（如图 8.8 所示的一个例子）是企业数据管理的核心，是标准化数据的载体。其通过专业的系统工具，打造稳定的、标准的、统一的主数据管理平台，从而达到"统一标准、集中管控、专业负责、分级审核"的管理效果。

主数据管理体系主要包含组织制度、标准梳理、落地策略、切换策略、维护策略、分发策略、主数据管理系统建设。

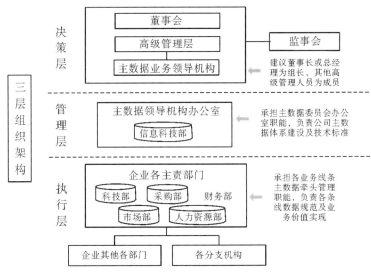

图 8.8　企业主数据体系

（1）组织制度。构建主数据管理组织,通常采用三层管理架构:决策层、管理层、执行层。其中决策层最好由高层担任,因为主数据建设涉及诸多跨部门合作,需要高层的推动;执行层一般也需要相关的业务部门人员参与,因为他们是对主数据最了解、使用最多的人。这个组织可以是一个虚实结合的架构,可设置专门的管理岗位,也可由相关责任人兼任。主数据管理制度层面主要是明确相关的组织职责、流程规范等,一般可根据企业自身情况进行灵活调整,常见制度可包含主数据管理办法、各类主数据属性模板、主数据流程清单、绩效考核办法等。

（2）标准梳理。标准梳理是对主数据的标准化过程,主要是针对分类、编码、属性等建立统一的标准,并为后续的数据抽取、融合、清洗等环节打下基础。

分类是指建立统一、规范、科学的分类,能够提升管理效率,降低因分类不准确造成的错误。

分类标准梳理的一般步骤:

①调研、收集相关分类标准。

②差异及对标分析。

③确定信息分类、结构及规则(可结合线分类、面分类、混合分类等方法)。

编码是指建立适用全企业的编码规则,其对于主数据的管理、辨别、使用有着至关重要作用。

编码标准梳理的一般步骤:

①遵循全局性、唯一性、适度性、灵活性、扩展性等编码原则。

②满足编码共享、自动生成、编码扩展等使用要求。

③分析现有编码问题,提出改进意见,最终确认主数据编码规则。常见编码规则包括顺序码、层次码、组合码。

属性标准梳理是指对主数据的每个属性项分别定义相关标准规范,从而约束各系统中的属性差异。属性标准一般会参照外部的国家、行业标准,内部的业务制度、源系统数据字典等,从业务标准、技术标准、管理标准等不同角度进行标准化。

（3）落地策略。落地策略主要是对零散、重复、不完整的数据,定义清洗条件、质检规则,从精确、完整、一致、有效、唯一等维度提升数据质量。

（4）切换策略。切换策略主要是指确定各系统对于主数据的上线及对接使用策略,一般根据各业务系统的结构、数据量、重要性等不同维度考量,最终确定适合的策略。

（5）维护策略。维护策略主要是确定主数据的维护源头和管理模式。常见的维护策略包括:在主数据管理平台中集中进行主数据的新增、变更和删除,及时向各业务系统分发,适用于对管控要求高,实时性要求不太高的主数据。在单一的业务系统中进行主数据的新增、变更和删除,主数据管理平台及时更新同步数据并向其他业务系统分发,适用于单一可信来源,且不受其他系统影响的主数据。在多个业务系统中进行主数据的新增、变更和删除,由主数据平台整合处理后分发给所有业务系统,适用于对实时性要求较高的主数据。

（6）分发策略。分发策略主要是确定主数据系统与各业务系统数据分发的方式。常见分发策略包括:通过接口分发,适用于业务系统对主数据实时性要求较高的情况;通过交换任务分发,适用于业务系统需要批量获取主数据的情况;通过文件分发,适用于系统繁忙情况下的离线批量分发。

（7）主数据管理系统建设。主数据系统作为主数据管理工作的主要载体,选择一个成熟、稳定、便捷的工具,可以让管理工作更加得心应手。主数据管理平台应该能够完成主数据采集、申请、新增、变更、审核、生效、失效、分发等全生命周期管理,从而帮助企业高效管理主数据,释放主数据价值。

第三篇
附录篇

# 9
## Python 语言在大数据中的运用简介

大数据领域的计算机软件工具有很多,从种类上可以分为平台系统类工具,用于数据的存储和管理,如 Hadoop、mysql 等;集成数据处理工具,将数据处理中的众多功能集成在一个软件系统中,如 SAS、SPSS、Excel 等;程序设计语言类工具,适合大数据处理的程序设计语言,如 Python 语言、R 语言。本章对 Python 语言在大数据中的应用进行介绍。

## 9.1 初识 Python:通过 2 个简单例子初步了解 Python 语言

Python 是一种免费的易于上手的程序设计语言,使用它可以快速地完成设计,并能高效地进行系统集成。由于上述特点,不同领域的众多计算机软件设计者都提供可以通过 Python 使用(调用)的功能模块来实现多种功能。这样使用者就可以方便地通过 Python 来调用这些功能模块,从而很容易地完成各种复杂的工作。例如,既可以设计一个简单的 Python 程序,能很容易地统计出 100 个 Word 文档中某一个词出现的频率,也可以通过 Python 相应的功能模块,像搭积木一样较为容易地设计出一个网络爬虫进行数据采集。如果使用其他语言,要完成这些功能都不是一件轻松的事。

在 Python 中将这些模块称为"包"(package)。而 Python 之所以功能强大就是因为有众多的软件开发者提供巨量丰富多彩的包,从而使用 Python 可以较为高效地完成各种任务。近年来,Python 被广泛地应用于大数据、人工智能等领域。

在开始学习 Python 语言及其相关工具以前,先通过 2 个简单的程序对 Python 语言有一个最初步的了解。

**程序 1:**

上述程序运行后可显示"hello";该程序的功能就是显示双引号中的内容。

如果将"hello"改为"你好,python!",在运行后,就会显示"你好,python!"。

**程序 2:**

这个程序运行后将计算 2×4×6×8 的结果,并将其显示出来。

我们如果不懂程序设计，从字面意思也能够理解或者猜测：程序中的 numbers 包括了 4 个数，分别为 2、4、6、8；product 开始时为 1；对于在 numbers 中的每一个数（用 number 表示）将它的值和 product 中的值相乘，并将结果放入 product 中。当我们通过 number 将 numbers 中的 2、4、6、8 四个数都乘入 product 中后，我们就得到了 2×4×6×8 的结果；最后通过 print 将运算的结果显示出来。

通过这两个例子我们对 python 语言有了一个初步的了解。后面将对 python 语言一些基本概念做进一步的介绍。

## 9.2 化繁为简：通过 Anaconda 管理 Python 的运行环境

要在计算机上运行 Python 程序，必须安装 Python 的运行环境，可以通过多种方式进行安装。由于 Python 拥有大量的包，这些包又在不断地发展变化，使得其具有大量不同的版本，同时包和包之间还存在相互依赖，所以要维护好 Python 的运行环境，对于初学者来说是比较麻烦的。例如，为了建立一套特定功能包的运行环境，需要安装各种特定的包，如果通过手工安装、维护，有时甚至会需要数天。所以现在一般都是通过使用一个叫"Anaconda"的工具来创建和维护 Python 的运行环境，它使得繁琐的包及其不同版本的安装、管理、维护变为自动化，从而可以更容易和简便地安装运行环境。

Anaconda 有个人版、商业版、团队版和企业版，这里介绍个人版。Anaconda 个人版是一个免费、易于安装的包管理器、环境管理器，包含 1 500 多个开源包，并提供免费社区支持。Anaconda 与平台无关，因此在 Windows、macOS 和 Linux 上都可以使用它。

### 9.2.1 下载 Anaconda

要使用 Anaconda 来创建 Python 运行环境，第一步是下载并安装 Anaconda。由于网速问题，推荐国内用户使用国内的镜像站点进行下载，这里推荐清华大学的镜像网站（网址为：https://mirrors.tuna.tsinghua.edu.cn/anaconda/archive/?C=M&O=D）。

通过该连接下载如图 9.1 所示的安装文件，其中文件名中包括了操作系统和硬件信息，如果需要将其安装在 64 位的 Windows10 中，请选择文件名包含有 Windows-x86_64.exe 的文件下载。

清华大学开源软件镜像站    HOME  EVENTS  BLOG  RSS  PODCAST  MIRRORS

**Index of /anaconda/archive/**                                Last Update: 2021-07-07 01:15

| File Name ↓ | File Size ↓ | Date ↓ |
| --- | --- | --- |
| Parent directory/ | - | - |
| Anaconda3-2021.05-Windows-x86_64.exe | 477.2 MiB | 2021-05-14 11:34 |
| Anaconda3-2021.05-Windows-x86.exe | 408.5 MiB | 2021-05-14 11:34 |
| Anaconda3-2021.05-MacOSX-x86_64.sh | 432.7 MiB | 2021-05-14 11:34 |
| Anaconda3-2021.05-Linux-s390x.sh | 291.7 MiB | 2021-05-14 11:33 |
| Anaconda3-2021.05-MacOSX-x86_64.pkg | 440.3 MiB | 2021-05-14 11:33 |
| Anaconda3-2021.05-Linux-x86_64.sh | 544.4 MiB | 2021-05-14 11:33 |

图 9.1　下载 Anaconda

## 9.2.2 安装 Anaconda

下载安装文件后,请按下面的流程进行安装:

(1)双击安装文件启动安装程序。

(2)单击"Next"按钮。

(3)阅读许可条款并单击"I Agree"按钮。

(4)选择"Just Me"安装,然后单击"Next"按钮。

(5)选择安装 Anaconda 的目标文件夹,然后单击"Next"按钮(如图 9.2 所示)。建议将 Anaconda 安装在 D 盘的根目录下,这样便于以后的管理操作。另外,安装 Anaconda 的路径中不能包括汉字。

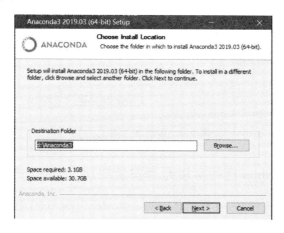

**图 9.2 安装 Anaconda(1)**

(6)如图 9.3 所示勾选第 2 个选项。第 1 个选项确定是否将 Anaconda 添加到 PATH 环境变量中。建议不要将 Anaconda 添加到 PATH 环境变量中,因为这会干扰其他软件。相反,应从开始菜单打开 Anaconda Navigator 或 Anaconda Prompt 来使用 Anaconda 软件。第 2 个选项可以使用 Anaconda 来为其他 Python 工具提供包和版本管理,如 PyCharm 等。

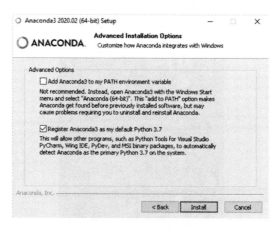

**图 9.3 安装 Anaconda(2)**

(7)单击"Install"按钮。如果想查看 Anaconda 正在安装的软件包的详细信息,请单击"Show Details"按钮。

（8）单击"Next"按钮。

（9）单击"Next"按钮。这里将选择是否安装 PyCharm，建议不安装，并单击"Next"按钮。

（10）安装成功后会看到"感谢安装 Anaconda"对话框，如图 9.4 所示。

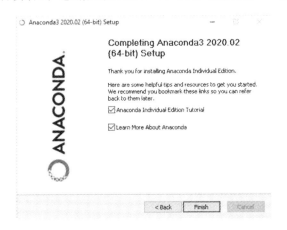

图 9.4　安装 Anaconda（3）

### 9.2.3　验证 Python 运行环境是否安装成功

完成 Anaconda 的安装后，在开始菜单的 Anaconda3（64-bit）中将出现一些启动 Anaconda 工具的快捷方式（如图 9.5 所示），其中 Anaconda Navigator 用于启动 Anaconda 管理的图形界面；Anaconda Prompt 用于启动 Anaconda 管理的命令行界面；Jupiter Notebook 是用于 Python 程序的一种常用的运行方式，后面会进一步讲述。

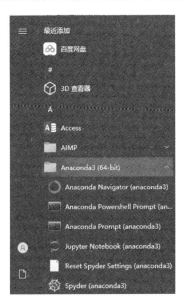

图 9.5　Anaconda 工具快捷方式栏

为了验证 Anaconda 是否安装成功,请启动 Anaconda Prompt。启动后将创建一个配置好 Python 环境的命令行窗口。

在命令行窗口中输入"python"并按回车键,启动 Python 解释器,如果出现图 9.6 所示信息,就说明 Python 的运行环境安装成功了。

图 9.6　Python 命令窗口(1)

## 9.3　极简之美:像计算器一样使用 Python

Python 安装成功后,就可以在 Python 的解释器中以交互的方式运行程序了。

在解释器中,">>>"为提示符,由系统显示,表示可以在这个符号后面输入 Python 程序行。例如,可以输入前面第一个例子中的 print("你好,python!"),按回车键后可以看到在屏幕上显示"你好,python!"。

图 9.7　Python 命令窗口(2)

在解释器中,我们也可以运行前面的第二个程序。其中在输入 for number in numbers:按回车键后,系统会在下一行显示…和一个空格,这时我们再输入四个空格,之后再输入 product = product * number 并按回车键,当再次按回键后系统出现">>>"提示符,我们就可以输入 print('The product is:', product)这一行程序了。按回车键后系统显示:The product is:384,如图 9.8 所示。

图 9.8　Python 命令窗口(3)

在 Anaconda 中,还可以创建多个不同版本的 Python 运行环境,并在其中安装各种需要的功能包。安装 Anaconda 时已经自带了大数据中常用到的 Numpy、Pandas、Matplotlib、Jupiter Notebook 等包。

## 9.4　完美集成:将 Python 程序的运行和多格式文本结合起来

### 9.4.1　使用 Python

可以通过不同的方式使用 Python。下面列举了三种常见的方式:

(1)在 Python 的解释器中交互式运行。这是 Python 程序运行的最基本方式。正如前面的例子,程序可以一行一行地输入到 Python 的解释器中,每一条语句执行后都可以立刻得到结果。这种执行方式比较适合短程序。同时,由于能立刻看到结果,也比较适合学习和实验。

(2)在集成开发环境中运行。集成开发环境是用于程序开发的一套应用程序,一般具有代码编辑、调试、代码版本控制、图形用户界面等功能。对于 Python 语言常见的 PyCharm,实用于大规模的程序设计和开发。

(3)Notebook 方式。这种方式将代码,代码的执行、执行的结果、富文本,图像,视频,动画,数学公式,图表,交互式图形和小部件以及图形用户界面组合成一个文档,特别适合进行数据分析和探索。最常用的是 Jupyter Notebook。

Jupyter Notebook 是一个开源网络应用程序,允许创建和共享包含实时代码、方程、可视化和描述文本的文档,主要应用于数据清理和转换、数值模拟、统计建模、数据可视化、机器学习等。它可以选择不同的语言,目前支持 Python、R、Julia、Scala 等 40 多种语言;可以通过多种方式进行文档共享,如 email、GitHub、Dropbox 等,已成为数据科学、机器学习等领域进行科研、学习和交流的最常见的方式之一。它具备交互式输出,在文档中可以包括程序代码、可以在文档中以不同的方式运行这些代码,查看程序的运行过程和结果,同时提供丰富的信息呈现方式,如在文档中可以包括 HTML、图像、视频、LaTeX 和自定义 MIME 类型。这样就非常有利于数据的分析和可视化。大数据集成指使用不同语言、不同工具来处理同一批数据,从而可以充分利用它们各自在数据处理方面的优势,如可以通过 Python、R、Scala 等不同的程序设计语言来使用 Apache Spark 之类的大数据工具进行数据处理。同时,也可以使用 pandas、scikit-learn、ggplot2、TensorFlow 这些工具来分析处理同一组数据。

在安装 Anaconda 时就已经安装了 Jupyter Notebook 及其 Python 支持,因此可以在如图 9.9 所示的 Windows10 的开始菜单里启动 Jupyter Notebook。

在启动 Jupyter Notebook 后,系统会开启一个命令行窗口,并在该窗口中创建和运行 Web 服务器,注意请不要关闭该窗口。之后系统会启动默认浏览器,并通过该浏览器自动访问 Notebook 服务的主页。浏览器成功访问 Notebook 服务后的界面如图 9.10 所示。

Notebook 的主页由三个部分组成:文件管理(Files)、正在运行的笔记文档(Running)和集群(Cluster)。目前我们主要关注第一部分文件管理(Files)。

图 9.9　Jupyter Notebook 命令行窗口

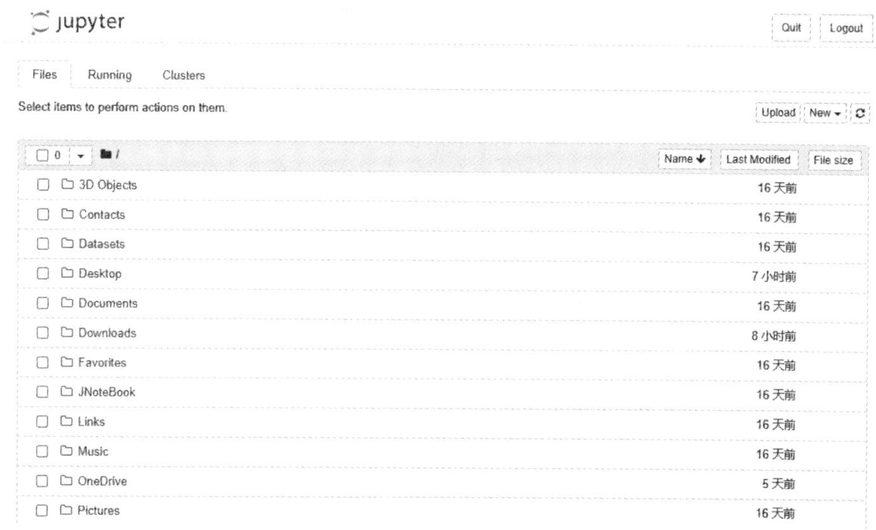

图 9.10　Notebook 主页界面

在 Notebook 中主要使用的文件为"笔记本文件",在这类文件中可以包括代码和其他信息,这类文件的扩展名为"ipynb"。在 Notebook 中也可以使用其他的文件,如包含(纯 Python 代码)扩展名为"py"的 Python 程序和各种图片文件。这些文件都可以通过界面中的"文件管理"进行管理,在文件管理中,主文件夹被设定为本地计算机的用户主文件夹。例如,如果在 Windows10 中有一个名字为 mart 的用户,这个用户的主文件夹一般可以在文件管理器中通过路径"C:\user\mart"找到。在 Windows10 中也可以通过文件管理器对该文件夹中的内容进行管理,如进行子文件夹和文件的创建、复制、移动和删除等操作。

下面将介绍通过浏览器 Web 页面中的 Notebook 文件管理器进行文件的管理操作。

在 Notebook 中创建笔记本文档( ∗ .ipynb)的步骤:

(1)在图 9.11 所示的右上方单击"New"按钮,便会出现可以创建的对象类型,包括笔记本文档(Python3)、普通的文本文件(Text File)、子文件夹(Folder)和终端(Terminal)。

(2)选择"New"按钮下方的文档类型为 Python3。

**图 9.11　Notebook 文件管理器**

在创建了一个具有 Python 内核的笔记本文件后,系统会在浏览器中新创建一个如图 9.12 所示的新页面,这就是对新建好的笔记本文件进行操作的用户界面,在此可以完成 Python 程序的设计、执行,并将执行结果作为文档的组成部分。同时,还可以在这里通过一种名叫 markdown 的语言进行说明文档的设计。

如图 9.12 所示,笔记本文件用户界面分为标题栏、菜单区、工具栏、笔记本主体区域。在标题栏中显示了当前笔记本文件的名字,可以通过单击该名字对当前文件进行重命名。菜单区域提供了可以操作的菜单项,可以通过选择这些菜单项来完成各种操作,如通过选择菜单 Cell 中的 Run Cells 来执行一段 Python 程序。工具栏就是将一些常用的菜单操作通过按钮的方式呈现出来,以便于快速地选择这些操作。

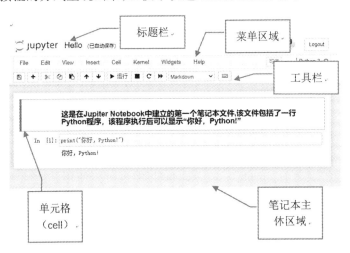

**图 9.12　笔记本文件用户界面(1)**

笔记本主体区域由单元格(cell)组成。单元格分为格式化文本(markdown)、代码(code)和原始文本(raw text)三种。单元格可以按任意顺序编辑。

(1)格式化文本单元格。它由一些满足 markdown 要求的格式文本构成,这些文本可以用于对数据处理过程的思路、方法等进行描述或者对处理数据的 Python 代码以及运行结果加以说明。将数据、代码、文字结合在一起更有利于对数据的分析和实验。

(2)代码单元格。它由程序语言代码构成。其有两种形式:输入单元格,用户在这里键入要执行的代码;输出单元格,代码执行后的结果在这里显示。

(3)原始文本单元格。当文本需要以原始形式包含时,则无须执行或转换,可使用这些单元。

### 9.4.2　Notebook 中的单元格

在上述的用户界面中操作分为两种状态:编辑状态和命令状态。如果单元格左侧边框是绿色,表示处于命令状态。在命令状态下,可以对笔记本的结构进行整体修改,但单个单元格中的文本无法更改,如可以对单元格的位置进行移动、对单个单元格的内容进行复制、删除某个单元格等操作。如果单元格左侧边框是绿色,表示处于编辑状态。在编辑状态下,可以正常地在单元格的灰色区域中输入内容,如图 9.13 所示。

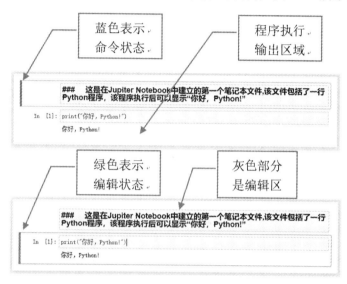

**图 9.13　笔记本文件用户界面(2)**

下面将在 Notebook 中输入并执行前面介绍的第二个 Python 程序。为了演示 Notebook 的功能,我们计划在程序的前面增加一段说明文字。这样在笔记本文档中就包含两个单元格,第一个为格式文本单元格,用于输入说明文字;第二个为程序单元格,用于输入程序并在程序运行后输出结果。

#### 9.4.2.1　新建一个笔记本文件

新建的文件名默认为 Untitled,通过单击该文件名将其重命名为"hello2"。在创建笔记本文档时,在主体区域已创建了一个单元格,我们发现单元格的左侧有提示符"In[ ]:",表明这是一个代码单元格(如图 9.14 所示)。在单元格左侧有蓝色边框,表明处于命令状态。这时我们在键盘上输入的内容是无法进入单元格的编辑区域的,而此时键盘的输入代表的是一些命令的快捷键。例如,这时如果敲击"B"键,将在该单元格的下面插入一个新的单元格。如果敲击"DD"(连续敲击 2 次"D"键),这时将删除新插入的这个单元格。如果这时敲击"M"键,将导致该单元格从代码单元格变成格式文本单元格。为了演示需要,保留该单元格为格式文本单元格。通过单击该单元格中的灰色编辑区域,或者在键盘上敲击回车键,都可以进入编辑状态,这时可以发现单元格左侧的边框变成绿色。

图 9.14　笔记本文件用户界面(3)

### 9.4.2.2　在格式文本单元格中输入关于程序的文字说明

在单元格的编辑区域输入"### 下面的程序可以计算 4 个数的乘积:",注意,在三个井号后要输入一个空格。输入的"###"是 markdown 中将后边的文字定义为三级标题的符号。完成上述文字的输入后,我们想在该单元格的下面插入一个代码单元格,可以通过两种方式完成。其一,如图 9.15 所示,在菜单项 Insert 中选择 Insert Cell Below,可以在当前单元格后增加一个单元格。其二,通过快捷键方式插入单元格。通过使用鼠标单击单元格左侧非编辑区域的空白处进入命令状态。在键盘上敲击"B"键,也可以在当前单元格后增加一个单元格。同时,我们发现新增加的单元格为代码单元格,在左侧有提示符"In[ ]:"。

图 9.15　笔记本文件用户界面(4)

### 9.4.2.3　在代码单元格中输入程序并运行

如图 9.16 所示,使用鼠标单击新插入单元格的编辑区域进入编辑状态(注意观察是否进入编辑状态),并输入程序。

图 9.16　笔记本文件用户界面(5)

输入完成后,单击如图 9.17 所示菜单 Cell 中的 Run All 执行这段程序。

jupyter hello2 最新检查点: 1 小时前 (已自动保存)
Logout
File
Edit
View
Insert
Cell
Kernel
Widgets
Help
可信
Python 3
Run Cells
Ctrl-Enter
Run Cells and Select Below
Shift-Enter
Run Cells and Insert Below
Alt-Enter
Run All
Run All Above
Run All Below
Cell Type
Current Outputs
All Output
### 下面的程
In [ ]:
numbers = [2, 4,
product = 1
for number in n
product = pr
print('The produ

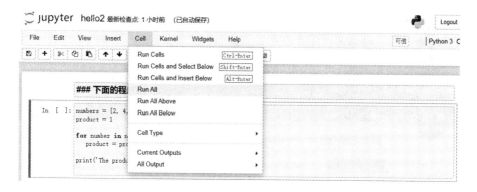

图 9.17　笔记本文件用户界面(6)

图 9.18 所示为运行结果。其中第一个格式文本单元格将文字显示为三级标题的样式,同时在第二个代码单元格也看到了这段程序运行后的结果。

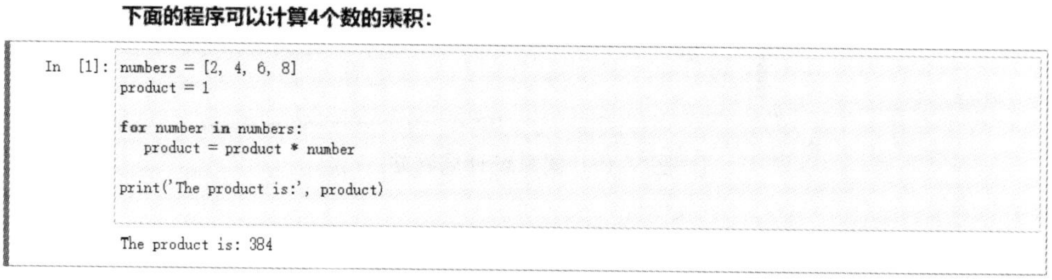

下面的程序可以计算4个数的乘积:
In [1]:
numbers = [2, 4, 6, 8]
product = 1
for number in numbers:
product = product * number
print('The product is:', product)
The product is: 384

图 9.18　笔记本文件用户界面(7)

## 9.5　快速上手:通过一个简单的程序入门 Python

在这一部分,将使用 Python 来对全国各省的居民消费价格指数进行分析,通过完成这一任务来进行 Python 语言的入门学习。

首先我们需要获得数据,可以从国家统计局的网站上下载。在该网站上可以下载到大量的统计数据,这里我们将通过下面的链接下载全国各省的居民消费价格指数数据:https://data.stats.gov.cn/easyquery.htm? cn=E0101。访问此页面后,在图 9.19 中指示的地方下载文件,下载文件之前需要在该网站上注册一个账户,按要求注册后就可以下载文件了。在保存文件时,请选择 csv 格式。

当文件下载完成后,使用任意文本编辑器打开下载的文件(默认的文件名为“分省月度数据.csv”)。文件包括如图 9.20 所示的内容,一共 39 行。其结构为第 1~3 行是对数据的总体说明;第 4 行说明了后续行中信息的含义,分别包括地区、2021 年 5 月、2021 年 4 月直到 2020 年 6 月的消费价格指数;第 5~35 行是各地区的数据,它们由逗号隔开。第 36~39 行是对数据的说明。

如果要使用 Python 对这些数据进行分析,需要思考的第一个问题就是在 Python 中是怎样表示数据的,又应该怎样将这些数据读入到 Python 中。下面我们就一起来看看 Python 中的数据表示。

图 9.19　国家统计局网站

```
1   数据库：分省月度数据
2   指标：居民消费价格指数（上年同月=100）
3   时间：最近13个月
4   地区,2021年5月,2021年4月,2021年3月,2021年2月,2021年1月,2020年12月,2020年11月,2020年10月,2020年9月,2020年8月,2020年7月,2020年6月
5   北京市,101.2,101.1,100.6,99.9,99.2,100.2,100.2,100.9,101.0,100.7,101.4
6   天津市,101.6,101.2,100.6,99.9,99.4,99.8,99.6,100.5,101.5,102.1,102.2,102.2
7   河北省,101.3,100.9,100.4,99.9,99.9,99.8,99.1,100.3,100.3,103.3,102.1
8   山西省,101.2,100.9,100.7,100.1,100.0,101.1,100.1,100.8,102.2,103.2,103.2,103.3
9   内蒙古自治区,101.1,100.9,100.3,99.9,100.4,99.5,100.2,101.0,101.8,101.7,101.5
10  辽宁省,101.4,101.4,100.7,100.2,99.9,100.5,99.8,100.6,102.2,102.0,102.4,102.0
11  吉林省,100.9,100.6,100.6,99.7,99.4,99.4,99.2,100.2,102.2,102.2,101.8
28  贵州省,100.4,100.2,99.8,98.9,98.9,99.6,99.1,100.7,102.1,103.0,102.7,102.4
29  云南省,100.8,100.7,100.3,99.4,99.4,100.2,100.2,100.1,99.7,104.3,103.6,103.0
30  西藏自治区,101.4,101.6,101.2,101.0,100.7,101.2,100.9,101.5,102.1,102.5,102.5,102.1
31  陕西省,101.1,101.0,100.8,100.5,100.4,100.8,100.3,101.1,102.2,102.4,102.0,101.6
32  甘肃省,101.1,101.0,100.6,100.5,100.4,100.8,100.3,101.1,102.2,102.4,102.0,101.6
33  青海省,101.6,101.5,100.7,100.5,100.4,100.9,100.4,100.6,102.6,102.6,102.9,102.9
34  宁夏回族自治区,102.0,101.6,100.3,99.3,99.6,100.0,100.0,100.9,101.9,101.9,101.2,100.9
35  新疆维吾尔自治区,102.2,101.7,101.2,100.3,100.2,100.7,100.2,100.5,101.9,101.5,101.5,101.3
36  注：1.按照统计制度规定，我国CPI每五年进行一次基期轮换。每次基期轮换后，调查分类目录、代表规格品和调查网点均有调整，分类权数也有
37      2.2016年1月-2020年12月编制和发布的是以2015年为基期的CPI。与前几轮基期相比，此轮基期8大类有显著变化，其中"食品"、"烟酒"合
38      3.2021年1月开始编制和发布以2020年为基期的CPI。本轮基期仍分为食品烟酒、衣着、居住、生活用品及服务、交通通信、教育文化娱乐
39  数据来源：国家统计局
```

图 9.20　下载的文件

### 9.5.1　Python 中的数据

在 Python 中任何东西都是对象，数据也一样。为了方便使用，在 Python 中定义了一些常用的内部对象，包括数字、字符串、列表、字典、元组、集合、文件等类型。在 Python 中数据可以是常量，也可以是变量。

#### 9.5.1.1　数字

常见的数字有整型（不带小数点）、浮点型（包括小数点）、复数等。可以对这些数进行数学运算，也可以将这些数赋给变量，从而将它们保存起来，以便以后使用，如图 9.21 所示。

```
In [1]:   1  x = 2 * 3   # x 是变量，将 2 * 3 = 6 的结果放到变量 x 中
          2  x = x + 1   # 将 x 的值 6 加 1 的结果放到变量 x 中，从而 x 变成了 7
          3  print(x)    # 显示 x 的值

          7
```

```
In [2]:   1  x = 1.2 ** 2 # x = 1.2的平方
          2  y = 6 / 9
          3  print("x =", x, ", y =", y)

          x = 1.44 , y = 0.6666666666666666
```

**图 9.21　数字**

### 9.5.1.2　字符串

字符串就是将字符按从左到右的顺序排列而成的一个序列。在 Python 中，可以通过三种方式来表示字符串：单引号、双引号、三引号。也可以将一个字符串赋给一个变量。这是为了便于初学者理解而使用的是一种变通的说法，准确说法是将这个字符串对象的引用赋给一个变量。不论怎样理解，当完成了赋值后，都可以通过这个变量来使用（引用）这个字符串。

使用单引号和双引号没太大区别，都可以表示一个字符串。这两种方式是在一种引号里可以包括另一种引号。而有三个单引号构成的三引号中可以包括由多行构成的字符串，如图 9.22 所示。

```
In [4]:   1  str1 = 'hello "python"'
          2  str2 = "I'm python"
          3  str3 = '''您的名字是?
          4  我的名字是"Python",
          5  就是'派神'
          6  '''
          7  print('str1 =', str1)
          8  print('str2 =', str2)
          9  print('str2 =', str3)

          str1 = hello "python"
          str2 = I'm python
          str2 = 您的名字是?
          我的名字是"Python",
          就是'派神'
```

**图 9.22　字符串操作(1)**

Python 内置了一些可以对字符串进行非常有用的操作，可以直接通过字符串完成这些操作，也可以通过变量进行操作。常用的操作有字符串合并、索引、切片、子字符串查找、替换、拆分等。

如图 9.23 所示，第 1、2 行将"a,b,c,d,"和'123'分别赋给 s1 和 s2。第 3 行对 s1 和 s2 进行了合并，并把结果赋给 string，这样 string 就变成了"a,b,c,d, 123"。通过下标（在 string 后方括号中的整数）获得字符串中某一个位置上字符的操作叫索引。下标的变化是从 0 开始的，所以 string[0]是 string 代表的这个字符串的开始的字符即"a"，由于 string 中有 11 个字符，所以 string[10]就是最后一个字符。通过下标获得字符串中的一段字符叫切片（slice），一段字符的起始下标和终止下标中间用":"隔开，string[0:9]表示 string 中从下标为 0 的字符即"a"开始到下标为 8 的字符即"1"结束。进行切片操作既可以是连续的一段字符，也可以是间隔地选取一段字符，为了表示间隔的长度，在表示切片的下

标后面增加一个"："，长度就位于这个"："后，如 string[0:10:2] 表示从 string 这个字符串的下标为 0,2,4,6,8 在 5 个位置取得的字符构成，即"abcd1"。对 string 这个字符串还可以进行多种其他的操作，这些操作称为 string 这个字符串对象中包括的方法，可以通过在 string 后加一个点来使用这些方法。例如，s7 = string.replace（'123'，'456'）表示使用 string 字符串对象中的 replace 方法完成将这个字符串中的"123"替换为"456"，替换后的结果赋给 s7。对字符串进行其他操作方法可以参考以下网站：https://docs.python.org/zh-cn/3/library/stdtypes.html#string-methods。

```
In [8]:   1   s1 = "a, b, c, d, "
          2   s2 = '123'
          3   string = s1 + s2
          4   s3 = string[0]
          5   s4 = string[10]
          6   s5 = string[0:9]
          7   s6 = string[0:10:2]
          8   s7 = string.replace('123', '456')
          9   print('string =', string)
         10   print('s3 =', s3)
         11   print('s4 =', s4)
         12   print('s5 =', s5)
         13   print('s6 =', s6)
         14   print('s7 =', s7)
         15
         16
```

```
string = a, b, c, d, 123
s3 = a
s4 = 3
s5 = a, b, c, d, 1
s6 = abcd1
s7 = a, b, c, d, 456
```

**图 9.23　字符串操作（2）**

字符是一种使用得非常广的数据，很多数据都可以通过字符串的方式进行处理。字符串是一种非常常见的数据类型，我们前面下载的"分省月度数据"中的每一行文本都可以看作一个字符串。

### 9.5.1.3　列表

列表是一个任意对象序列，是 Python 数据处理中最常用的对象。在这个序列中的对象可以是数字、字符串，也可以是另外的列表或者字典、集合等其他对象。列表可以通过方括号创建，序列中的对象用逗号分隔。对列表可以使用和字符串类似的合并、索引、切片等操作，如图 9.24 所示。

```
In [3]:   numbers = [1, 2, 3, 4]          #创建一个列表
          numbers = numbers + [5, 6]      #通过 "+" 运算合并两个列表
          print(numbers)                  #显示合并后的列表
          print(numbers[0])               #显示下标为0的元素
          print(numbers[3:5])             #切片操作，显示列表中下标为3、4的元素
          print(numbers[2:])              #切片操作，显示列表中下标从3开始到结束的元素
```

```
[1, 2, 3, 4, 5, 6]
1
[4, 5]
[3, 4, 5, 6]
```

**图 9.24　列表操作（1）**

可以对列表中的元素进行修改,同时 append( ) 方法可以在列表结尾添加新元素,如图 9.25 所示。

```
In  [3]:  numbers.append(7)            #在列表的后面增加一个元素"7"
          print(numbers)              #显示增加元素后的列表
          numbers[0] = 11             #将下标为1的元素改变为"11"
          print(numbers)              #显示改变后的列表
          numbers[2:5] = [33, 44, 55] #将下标为2、3、4的元素改变为"33,44,55"
          print(numbers)              #显示改变后的列表
          numbers[2:5] = []           #通过将包括下标为2、3、4的切片改变为空列表,将其删除
          print(numbers)              #显示改变后的列表

[1, 2, 3, 4, 5, 6, 7]
[11, 2, 3, 4, 5, 6, 7]
[11, 2, 33, 44, 55, 6, 7]
[11, 2, 6, 7]
```

**图 9.25　列表操作(2)**

在列表中可以包括其他类型的数据(所有数据都是对象)。我们可以将一个列表作为元素包括在另一个列表中,如图 9.26 所示。

```
In  [5]:  matrix = [[1, 2, 3], [4, 5, 6], [7, 8]]  # 列表matrix 中有3个元素,下标为0的元素是
                                                    # 一个列表[1, 2, 3],下标为1的元素是[4, 5, 6]
                                                    # 下标为2的元素是[7, 8]
          print(matrix[0])                          # 显示下标为0的元素,既列表[1, 2, 3]
          print(matrix[1][1:])                      # 显示下标为1的元素([4, 5, 6])中从下标为
                                                    # 1开始的所有元素
          print(matrix[2][1])                       # 显示下标为2的元素([7, 8])中下标为1的元素

[1, 2, 3]
[5, 6]
8
```

**图 9.26　列表操作(3)**

在列表中也可以包括字符串。例如,我们可以将在国家统计局下载的数据中的每一行都看作一个字符串,放到一个列表中。这里可用命令的方式将两行数据添加到了 lines 这个列表中(如图 9.27 所示)。后面,我们还可以使用程序的方式将我们下载的数据文件中的所有行添加到 lines 这个列表中。

关于列表的更多的信息,请参见 Python 官方教程的相应部分,网址为:https://docs.python.org/zh-cn/3/tutorial/datastructures.html。

```
In  [6]:  line = '''北京市,100.9,101.2,101.1,100.6,99.9,99.2,100.2,\
          100.2,100.9,101.0,100.9,100.7,101.4'''
          lines = []
          lines.append(line)
          line = '''天津市,101.5,101.6,101.2,100.6,99.9,99.4,99.8,\
          99.6,100.5,101.5,102.1,102.2,102.2'''
          lines.append(line)
          print(lines)

['北京市,100.9,101.2,101.1,100.6,99.9,99.2,100.2,100.2,100.9,101.0,100.9,100.7,101.
4', '天津市,101.5,101.6,101.2,100.6,99.9,99.4,99.8,99.6,100.5,101.5,102.1,102.2,102.
2']
```

**图 9.27　列表操作(4)**

#### 9.5.1.4　字典

字典也是一种常用的 Python 内置数据类型。在前面使用到的字符串和列表下标(索引)都是连续的整数,可使用其中的数据。而字典以关键字为索引,关键字通常是字

符串或数字,也可以是其他任意不可变类型。可以把字典理解为"键值对"的集合,但字典的键相当于索引必须是唯一的。一般使用花括号｛｝创建空字典。通过在花括号里输入逗号分隔的键值对,初始化字典,键和值之间用":"隔开。字典的主要用途是通过关键字存储、提取值。例如,北京市和天津市近一个月的平均消费指数就可以使用字典的方式来存放,如图9.28所示。

```
In [9]: dataDict = {'北京市': 100.9, '天津市':101.5}
        print(dataDict['天津市'])

101.5
```

图 9.28　字典操作(1)

有时候我们需要用两个列表中的元素按一一对应的方式来组成一个字典,可以通过 zip( )来完成,如图9.29所示。

```
In [11]: cites = ['北京市','天津市','重庆市']
         cpi = [100.9, 101.5, 100.6]
         dataDict = zip(cites, cpi)
         print(list(dataDict))

[('北京市', 100.9), ('天津市', 101.5), ('重庆市', 100.6)]
```

图 9.29　字典操作(2)

### 9.5.2　程序设计初步

前面我们通过解释器和 Notebook 使用 Python 进行了一些简单的操作,但要完成复杂的功能,通常需要进行程序设计。

#### 9.5.2.1　语句

Python 程序由语句构成,Python 中的语句有简单语言和复合语句两种。简单语句由一个单独的逻辑行构成,多条简单语句可以存在于同一行内并以分号分隔。常见的简单语句有表达式语句、赋值语句、import 语句、pass 语句等。对简单语句的进一步了解可以参看 Python 官方文档的相应部分,网址为:https://docs.python.org/zh - cn/3/reference/simple_stmts.html。复合语句是指一条语句中包含其他一条或多条语句(语句组)的语句。它们会以某种方式影响或控制所包含其他语句的执行。通常复合语句会跨越多行。一些常见的流程控制语句如 if、while 和 for 语句都是复合语句。一条复合语句由一个或多个"子句"组成。通过相同的缩进位置可构成一个子句。例如,在如图9.30所示的程序中,1~4 行是 4 条简单赋值语句;5~11 行是一条 while 复合语句;12 行是一条简单语句。其中 5~11 行的复合语句中包括了一条子语句,第 5 行"while x <= 100:"称为子语句头,6~11位于同一缩进位置的三条语句称为子语句体。这三条子语句体分别为由 6~9 行构成的 if 语句和 10、11 行的两条赋值语句构成。

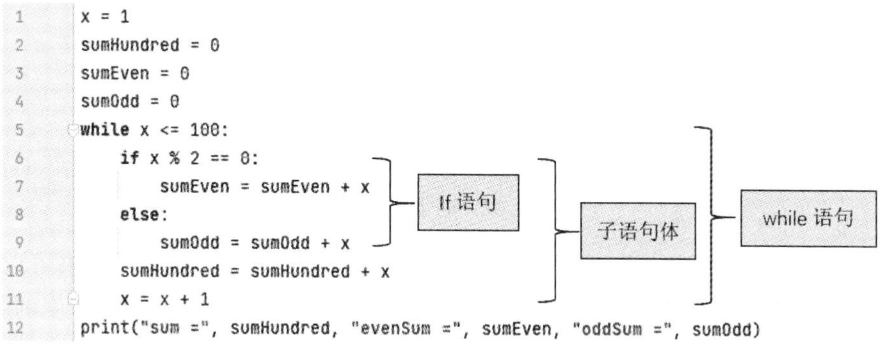

```
1    x = 1
2    sumHundred = 0
3    sumEven = 0
4    sumOdd = 0
5    while x <= 100:
6        if x % 2 == 0:
7            sumEven = sumEven + x
8        else:
9            sumOdd = sumOdd + x
10       sumHundred = sumHundred + x
11       x = x + 1
12   print("sum =", sumHundred, "evenSum =", sumEven, "oddSum =", sumOdd)
```

图 9.30　语句程序

### 9.5.2.2　if 语句

if 语句是一条常用的语句,用于构成分支结构的程序。在 if 语句中可以有一个分支, 也可以有多个分支,每个分支由一个条件和满足该条件后需要执行的语句构成。如图 9.31 所示,其是一条 3 个分支的程序,elif 是 else if 的简写,由 elif 构成的分支可以没有, 也可以是多个。else 构成的分支要么没有,要么只能有一个。

```
1    x = -1
2    if x > 0:
3        print("x 大于 0")
4    elif x == 0:
5        print("x 等于 0")
6    else:
7        print("x 小于 0")
```

图 9.31　if 语句程序

### 9.5.2.3　while 语句

和 C 语言类似,while 语句在 Python 语言中构成循环结构。在图 9.30 所示的程序中 包括一条 while 语句。关键词 while 后面的表达式构成循环条件,冒号后面的子语句体构 成循环体,只要构成循环条件表达式的值为真,循环体就一直被重复执行。

### 9.5.2.4　for 语句

在 C 语言中,for 语句和 while 类似,是通过一个表达式来控制循环次数。而在 Python 中,该语句有所不同,是用于对序列(如字符串、元组或列表)或其他可迭代对象中的元素 进行迭代(遍历)。其基本格式如图 9.32 所示,在关键词 for 后是一个目标列表,然后有 一个固定的关键词 in,之后是需要迭代的对象。其执行过程是,生成一个可迭代的对象, 将其赋给目标列表中的变量,再重复后边的循环体语句。在例子中目标列表中有一个变 量 i,需要迭代的对象由 range( )函数生成,在 for 语句中通常使用 range( )来产生一个可 迭代的数字序列从而指定循环次数。

```
In [3]: print(list(range(1, 5)))

        for i in range(1, 5):
            print(i ** 2, end = ' ')

[1, 2, 3, 4]
1 4 9 16
```

图 9.32　for 语言程序

这段程序有两条语句,从 print(list(range(1, 5))) 这条语句的执行结果可以看出,range(1, 5) 产生了 1、2、3、4 四个数构成的序列。在每次循环时将 range() 产生的数依次赋给变量 i,同时再执行循环体语句 print(i ** 2, end = ' '),其中 end = '' 的含义是 print 输出的结束符为空格而不是换行。

### 9.5.3　全国各省份消费指数数据处理实例

上面是 Python 中最基本的语句,有了这些语句后我们就可以完成一些简单的数据处理了。下面我们将使用这些知识来完成对各地区消费指数数据的简单分析。分别计算两组平均值,每个地区 12 个月的平均值和每个月 31 个地区的平均值。

#### 9.5.3.1　数据的读入

首先,通过上述语句打开文件,将数据读入一个对象 f 里(如图 9.33 所示)。之后可以通过 f 中的迭代器获得 f 中的各行,每一行就是一个字符串。由于每行的信息段是由逗号分隔的,所以我们将其分裂为不同的信息段,并且由这些信息段构成一个列表,再把这些列表添加到另一个列表中。如图 9.34 所示。

```
In [1]:    1  f = open('分省月度数据.csv')
```

图 9.33　数据读入程序

```
In [2]:    1  rows = []
           2  for line in f:
           3      line = line.rstrip('\n')
           4      row = line.split(',')
           5      rows.append(row)
```

图 9.34　添加列表程序

其次,创建一个空列表 rows,再通过 for 语句遍历 f 的所有行。对于每一行,由于 line 中是一个字符串,通过 line = line.rstrip('\n') 将行尾的换行符去掉,再通过 row = line.split(',') 将 line 中的字符串以逗号作为分隔符分裂成列表,赋给 low,然后通过 rows.append(row) 将 low 添加大 rows 这个列表中。

通过 print(rows) 将 lows 这个列表中的内容显示出来。图 9.35 显示了部分内容,我们可以看到,这个列表中的元素全是列表。前面 3 个列表都只包括了一个字符串,从下标为 3 的那个列表开始,每个列表中都包括了 13 个字符串。其中,从下标为 4 的那个列表开始,都具有相同的特征,即列表中的第 1 个字符串为地区的名字,后边的字符串是依次从 2021 年 5 月开始到 2020 年 6 月的消费指数。但要注意的是,这些字符串必须转换为浮点数才能进行统计计算。

```
In [3]:  1  print(rows)
```
[['数据库:分省月度数据'], ['指标:居民消费价格指数(上年同月=100)'], ['时间:最近13个月'], ['地区', '2021年
5月', '2021年4月', '2021年3月', '2021年2月', '2021年1月', '2020年12月', '2020年11月', '2020年10月', '2020年
9月', '2020年8月', '2020年7月', '2020年6月'], ['北京市', '101.2', '101.1', '100.6', '99.9', '99.2', '100.
2', '100.2', '100.9', '101.0', '100.9', '100.7', '101.4'], ['天津市', '101.6', '101.2', '100.6', '99.9', '9
9.4', '99.8', '99.6', '100.5', '101.5', '102.1', '102.2', '102.2'], ['河北省', '101.3', '100.9', '100.4',
'99.9', '99.9', '99.8', '99.1', '100.2', '101.8', '102.5', '102.3', '102.1'], ['山西省', '101.2', '100.9',
'100.7', '100.1', '100.0', '101.1', '100.1', '100.8', '102.2', '103.2', '103.2', '103.3'], ['内蒙古自治区',
'101.1', '100.9', '100.3', '100.3', '99.9', '100.4', '99.9', '100.7', '101.7', '101.8', '101.7', '101.5'],

**图 9.35 列表显示内容**

虽然我们将数据读到了一个列表中,但这样的数据还不便于处理。首先在 rows 这个
列表中,下标为 0、1、2 等子列表中包括的是我们不需要的信息,我们需要的数据应该有
下标为 4~34 的这些子列表组成。同时为了方便处理和理解,我们更倾向于用字典 dict
这种结构来存放每个地区的数据,构成 dict 的键值对为如下形式:

'地区':'北京市',

'2021 年 5 月':101. 2

'2021 年 4 月':101. 1

'2021 年 3 月':100. 6

最后,再将构成每个地区数据的字典添加到一个列表中。通过如图 9.36 所示的程
序来完成此功能。

```
In [4]:   1  subRows = rows[4:35]
          2  month = rows[3][1:]
          3  area = []
          4  table = []
          5  for row in subRows:
          6      dict1 = {}
          7      dict1['地区'] = row[0]
          8      dataInRow = [float(d) for d in row[1:]]
          9      dict1.update(zip(month, dataInRow))
         10      area.append(row[0])
         11      table.append(dict1)
         12  print(table)
         13  print(len(month))
         14  print(month)
         15  print(len(area))
         16  print(area)
```

**图 9.36 将地区数据的字典添加到列表**

通过对 rows 的切片操作获取下标为 4~34 的元素到 subRows。rows 中下标为 3 的子
列表为

['地区', '2021 年 5 月', '2021 年 4 月', '2021 年 3 月', '2021 年 2 月', '2021 年 1
月', '2020 年 12 月', '2020 年 11 月', '2020 年 10 月', '2020 年 9 月', '2020 年 8 月',
'2020 年 7 月', '2020 年 6 月']

将这个子列表中下标从 1 开始到结束的元素构成的列表赋给 month,从而使得 month
为由所有表示月份的字符串构成的列表。之后创建空列表 area 和 table。area 将存放所
有的地区名(字符串类型),table 的元素是字典类型,为每个地区的键值对。通过 for 循环
遍历 subRows,对于每一个子列表,将下标为 0 的元素,即地区名,作为值添加到 dict1 中
名为'地区'键中。同时通过第 8 行的语句获得这个地区的所有 CPI 数据,并将其从字符
串转换为浮点数再构造出一个列表赋给 dataInRow。同时使用 zip 将 month 和 dataInRow
这两个列表的元素一一组成键值对构成一个字典,并将其添加到 dict1 中,然后将 dict1 再
添加到 table 列表中。在遍历 subRows 的过程中,也将地区名添加到列表 area 中了。

通过 print(table)可以查看 table 的内容，这里我们显示了部分内容，如图 9.37 所示。

```
[{'地区': '北京市', '2021年5月': 101.2, '2021年4月': 101.1, '2021年3月': 100.6, '2021年2月': 99.9, '2021年1月': 99.2,
 {'地区': '天津市', '2021年5月': 101.6, '2021年4月': 101.2, '2021年3月': 100.6, '2021年2月': 99.9, '2021年1月': 99.4,
……
 {'地区': '新疆维吾尔自治区', '2021年5月': 102.2, '2021年4月': 101.7, '2021年3月': 101.2, '2021年2月': 100.3, '2021年
]
```

图 9.37　查看 table 内容

### 9.5.3.2　分析统计

首先就每个月对所有地区进行平均统计，程序和结果如图 9.38 所示。

```
In [7]:   1  averageOnArea = dict.fromkeys(month, 0)
          2
          3  for row in table:
          4      for key in month:
          5          averageOnArea[key] = averageOnArea[key] + row[key]
          6  for key in month:
          7      averageOnArea[key] = averageOnArea[key] / 31
          8
          9  print(averageOnArea)
```

```
['2021年5月': 101.31290322580647, '2021年4月': 100.9548387096774, '2021年3月': 100.43548387096776, '2021年2
月': 99.78709677419354, '2021年1月': 99.70322580645161, '2020年12月': 100.28064516129031, '2020年11月': 99.
63225806451614, '2020年10月': 100.63548387096772, '2020年9月': 101.78064516129031, '2020年8月': 102.3032258
0645164, '2020年7月': 102.5548387096774, '2020年6月': 102.34838709677422]
```

图 9.38　计算平均统计数的程序和结果

统计的结果将放到字典 averageOnArea 里，键由表示月份的字符串构成，在前面的程序中已经将其存储到了列表 month 中；值就是这个月全国不同地区的平均值。通过行号为 1 的语句以列表 month 中的字符串为键创建字典 averageOnArea，并将有的值初始化为 0。之后，通过 for row in table 语句遍历列表 table，对于每一个 row，将所有地区的 cpi 值累加到相应月份中。通过 for key in month 这条语句来完成，在遍历列表 month 时，以 key 作为 row 中键，获取该月份的 cpi 值，并将其所有的值累加到 averageOnArea[key]，从而完成统计。最后对字典 averageOnArea 的每一个值除以地区总数 31 以获得平均数。

下面我们计算每个地区 12 个月的平均数，程序和结果如图 9.39 所示。

```
In [6]:   1  averageOnMonth = dict.fromkeys(area, 0)
          2  for row in table:
          3      area = row.pop('地区')
          4      averageOnMonth[area] = sum(row.values()) / 12
          5  print(averageOnMonth)
```

```
['北京市': 100.60833333333333, '天津市': 100.88333333333333, '河北省': 100.
84999999999998, '山西省': 101.39999999999999, '内蒙古自治区': 100.850000000
00001, '辽宁省': 101.09166666666668, '吉林省': 100.72500000000001, '黑龙江
省': 100.64999999999999, '上海市': 100.76666666666665, '江苏省': 101.191666
66666666, '浙江省': 101.35833333333333, '安徽省': 101.24166666666667, '福建
省': 100.77499999999999, '江西省': 101.24166666666667, '山东省': 101.266666
66666667, '河南省': 101.23333333333335, '湖北省': 100.375, '湖南省': 100.90
000000000002, '广东省': 100.57500000000003, '广西壮族自治区': 101.058333333
33334, '海南省': 100.05833333333334, '重庆市': 100.63333333333334, '四川
省': 101.07499999999999, '贵州省': 100.65000000000002, '云南省': 101.491666
66666667, '西藏自治区': 101.55833333333332, '陕西省': 101.30833333333334,
'甘肃省': 101.16666666666667, '青海省': 101.45833333333333, '宁夏回族自治
区': 100.84166666666665, '新疆维吾尔自治区': 101.01666666666667]
```

图 9.39　计算平均数的程序和结果

和前面的程序类似，首先以列表 area 中存放的城市名为键，创建一个字典 averageOn-Month，并将字典中的值初始化为 0。其次通过 for row in table 语句对 table 中的每个地区数据进行遍历。由于每个地区中的数据是一个字典，其结构如下（部分数据）：

′地区′：′青海省′，′2021 年 5 月′：101.6，′2021 年 4 月′：101.5，

在遍历字典 table 时，首先将字典中键为′地区′的值取出来，然后将该键值对删除，再把剩下的值累加起来以计算该地区 12 个月的 CPI。同时，将取出来的值作为 averageOn-Month 的键，然后累加起来的值更新到 averageOnMonth 的相应键值对中，最后将 averageOnMonth 显示出来，我们就得到了每个城市 12 个月的平均值了。

## 9.6　看见数据：通 matplotlib 进行数据可视化

　　数据可视化能更直观地分析数据，在 Python 中通过 matplotlib 包能提供强大的数据可视化功能。在 matplotlib 中，可提供线形图、条形图、散点图等丰富多彩的绘图方式。其用于绘图的数据可以来源于 Python 的内置序列，也可以来源于 NumPy 对 Python 数据的扩展包。

　　下面将通过一个例子来了解 matplotlib 最基本的功能。

　　将前面存放在字典 averageOnArea 中的统计结果使用条形图显示出来。其中横坐标为各省份，纵坐标为这些地区 12 月的消费指数平均值。程序如图 9.40 所示，显示的图形如图 9.41 所示。起动 matplotlib，执行 import matplotlib.pyplot as plt 语句后，就可以通过 plt 来使用基本的画图功能。通过程序中第 3、4 行的语句使其能正常显示汉字，之后就要为绘图提供横轴和纵轴的数据，通过 keys，values = zip(＊averageOnMonth.items()) 来创建两个元组 keys 和 values，keys 中包括了各省份的名称，values 中包括了相应的数值，在绘图时用 keys 为横轴提供数据，values 为纵轴提供数据。做好这些准备后，就可以开始绘图了。在 matplotlib 中，通过 plt.figure() 来创建一个画布，之后就可以在这个画布上绘制各种图形。在程序中通过 plt.figure() 创造画布时还指定了大小。之后通过 plt.bar(keys，values，label＝′data1′) 来绘制一个条形图，其中使用了前面创建的 keys 提供横轴数据、values 提供纵轴数据。在程序中的 plt.xticks(rotation = ′90′) 用于设定横轴刻度值显示的选择方向，plt.ylim(100,102) 设定纵轴的显示范围。

```
In [11]:  1  import matplotlib.pyplot as plt
          2
          3  plt.rcParams['font.family'] = ['sans-serif']
          4  plt.rcParams['font.sans-serif'] = ['SimHei']
          5
          6  keys, values = zip(*averageOnMonth.items())
          7
          8  plt.figure(figsize=(10, 5))
          9  plt.xticks(rotation = '90',)
         10  plt.title('全国各省直辖市消费指数近12个月平均')
         11  plt.bar(keys,values,label='data1')
         12  plt.ylim(100, 102)
         13  plt.legend()
         14  plt.show()
         15
```

图 9.40　PYTHON 截图 39

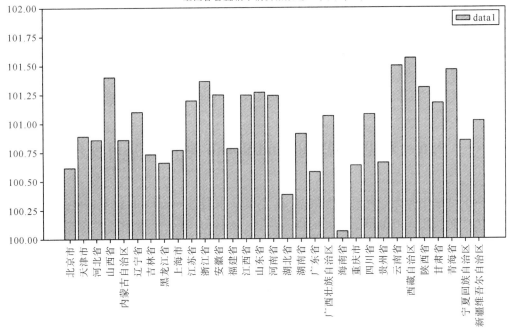

图 9.41　PYTHON 截图 40

# 10

## 大数据中的统计学

## 10.1 统计学基础

### 10.1.1 统计学的定义

统计被广泛应用于多个领域,在日常生活中,我们也可以看到统计的身影,如新闻播报中所用到的一系列数据和图表等。因此,统计旨在完成数据的处理,它是一种通过前期设计实验,搜索相关数据,在其基础上完成数据的汇总、分析、描述、解释并得出最终结论的方法(见图 10.1)。

图 10.1 统计学

综上所述,统计学是从中衍生出的一门数据科学,即收集、处理、分析和解释数据并从数据中得出结论的科学。统计学研究对象为通过收集各种领域得到的相关统计数据;数据处理是对统计数据进行汇总、去除冗余项,并通过图表的形式进行展示;数据分析是使用科学合理的方法对数据以及可视化内容进行研究,通过对有效信息的提取来得到最终结论。

现阶段,统计学的数据分析方法可分为两大类:描述统计方法与推断统计方法。前者研究的是基于数据来实现处理、分析等一系列的统计方法,后者是通过样本数据来对数据总体特征进行预测的统计方法。举例而言,对某公司的年收入进行分析时,描述统计方法通常是使用图表的形式来对数据进行可视化展示。但是在处理海量的数据时,数据的处理量过大,因此我们需要对数据整体按照比例进行抽取,基于所得样本进行分析,通过这种方式来实现数据总体特征的预测,这就是推断统计方法。

### 10.1.2　统计学与大数据

统计学是大数据的三大基础学科之一,因此统计学与大数据之间的关系非常密切。但是它们也存在着以下三个区别:

#### 10.1.2.1　知识体系差异性

统计学作为传统的数据科学,它注重的是基于数据处理、分析等一系列的方法,而大数据则重点关注如何去实现数据整体所带来的价值。它不仅与统计学相关,还涉及计算机与数学等领域的内容。大数据技术与统计学基于知识体系的关系见图 10.2。

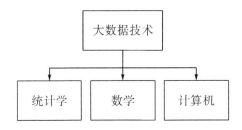

图 10.2　大数据技术与统计学基于知识体系的关系

#### 10.1.2.2　技术层次差异性

统计学主要是使用大量观察法、统计分组法、综合指标法、归纳统计法等来实现数据分析。但对于大数据领域而言,它是通过机器学习和统计学两种方式来实现数据的分析。它不仅涉及统计学,还包含了数学、计算机以及多个行业的相关学科内容,是一门学科交叉融合的新兴专业。大数据技术与统计学基于技术层次的关系见图 10.3。

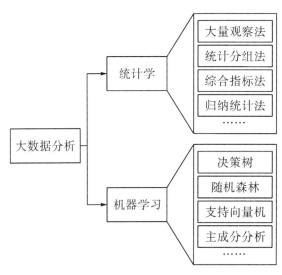

图 10.3　大数据技术与统计学基于技术层次上的关系

### 10.1.2.3 **数据集差异性**

统计学在进行海量的数据分析时,其可行性和有效性较低。因此,通常是通过对数据集整体抽取样本,以推断归纳的方式来实现数据分析。而大数据则是基于数据总体来实现相关分析,使得最终获取的数据分析结果的价值相较于传统统计学的推断方法是大幅提高的。

除此之外,统计学方法常用简单的图表来实现数据可视化,大数据则可通过复杂的交互式模块来实现数据的整体展现。基于大数据技术的信息可视化见图10.4。

图 10.4 基于大数据技术的信息可视化

# 10.2 统计学与大数据技术的应用差异性

统计学将数据本身作为研究对象,实现基于数据的通用分析。随着社会科学与自然科学的发展,海量性逐渐成为数据自身所具备的特性,这也促使着几乎所有领域逐渐使用大数据技术来代替传统的统计学,如政府部门管理、日常生活、企业运营发展等。下面将对统计学与大数据技术在多个领域上应用的差异性进行阐述。

## 10.2.1 金融领域

统计学在金融领域上的应用非常广泛,小到对企业商品销售时的定价决策、技术投入、成本衡量以及所涉及的市场行情进行统计分析,大到分析经济的基本走势、影响因素和预测估算等内容。除此之外,在分析国家经济结构变化、国际贸易政策、金融证券投资等内容时,统计学也是至关重要的。

但现阶段,金融领域所涉及的产业不断扩展,呈现出不可避免的复杂性,传统的统计方法无法对数据进行全面、准确和深入的分析,导致最终的数据分析结果无法全面地反映实际情况。而运用大数据技术能够基于金融行业中的海量数据实现更加全面的数据分析,从而反馈市场的现实情况。同时,通过对金融数据的深入分析,能够识别出可能存在的金融风险,一定程度上提升了对金融风险的防范和治理能力。

### 10.2.2　工商管理领域

在企业的运营发展中,统计学可应用于产品生产、企业管理能力控制以及改善提升等多个流程阶段中。为了进一步提高企业的竞争能力,传统的统计学方法已经不能满足企业数据分析的基本需求。通过让大数据技术直接应用到企业的管理过程中,对企业管理和企业生产经营活动等相关数据信息进行科学有效的统计分析,可为企业相关决策者与管理者提供基于企业的一系列真实、可靠的数据信息,让他们能够了解企业前期与现阶段的发展情况,从而实现有效的企业管理与科学的决策。在此基础上,还能够通过分析所得的数据对未来的产品生产供应状况进行预测,为企业未来的战略决策与经营计划的提出提供可靠的保障,最终增加企业所取得的经济效益。

### 10.2.3　政府部门管理领域

将传统的统计学方法应用于政府管理工作中,其无论是实现数据的采集或是分析,都具有一定的局限性。如在进行数据采集时,所得到的数据与民众的现实生活表现出较大的差异,并不能表现出大众的真实情况,从而导致政府管理工作较为复杂、繁琐,无法实现有效的管理。采用大数据技术,可增加数据收集的渠道,让数据信息呈现出时效性,从而使得政府统计工作更为精确、简便。在此基础上,基于不同的等级、层次等多个方面,促使数据向多元化发展,实现政府的多渠道管理发展。后续通过数据的分享,增进了政府部门之间的协同与交流,加快工作效率,最终让政府部门管理机制趋向于科学性、高效性发展。

## 10.3　统计学的数据类型

在对数据进行统计分析时,通过目标测量所得到的结果被称为统计数据。统计学的数据类型组成如图 10.5 所示。

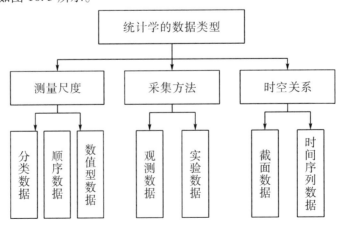

图 10.5　统计学的数据类型组成

### 10.3.1　分类数据、顺序数据与数值型数据

在对数据进行测量时,可分为分类尺度、顺序尺度、间隔尺度与比例尺度四种测量尺度。基于以上关系,统计数据可看作由分类数据、顺序数据和数值型数据组成。

分类数据是基于分类尺度所产生的非数值型数据。它根据事物自身具备的属性来实现分类,并通过文字表示事物的类别。在统计分析中,常用数字代码来对类别进行表示,如在进行男女性别分类时,通常用"0"来表示"女性","1"表示"男性"。

顺序数据与顺序尺度相关。同分类数据相似,顺序数据也可通过文字或数字代码表示不同的类别,但顺序数据则通过对类别表示的强弱特征表现出有序性。举例来说,对用户体验感进行统计时,可使用"0""1""2"分别表示"好""一般""不好"。

数值型数据则包含了间隔尺度与比例尺度两种测量形式,其统计分析结果通过数值形式来表示。

综上所述,分类数据与顺序数据是对事物自身的属性特征进行说明,可称为定性数据或品质数据;而数值型数据则表示了事物的数量,因此被称为定量数据或数量数据。

### 10.3.2　观测数据与实验数据

观测数据与实验数据是由其数据的采集方法所区分开的。前者是通过进行相关调研与观测来收集数据,不会受到人为因素的影响与控制;后者则是基于实验得到的数据。因此,观测数据基本都是社会实际数据,如人口普查结果等;实验数据为通过自然科学的实验获取的数据,如化学物质自身性质、生物基本体征等。

### 10.3.3　截面数据与时间序列数据

在实现数据统计分析的过程中,如果数据表示了时间与现象之间的关系时,可将其划分为截面数据与时间序列数据。截面数据描述了同一时刻、不同空间上目标自身的变化情况,如 2020 年全球各国家国民生产总值。时间序列数据是基于时间的流动性对数据进行收集得到的,因此分析所得结果也具备了时序性,如 2010—2020 年我国的国民生产总值。

# 10.4　总体与样本

### 10.4.1　总体

对于统计数据而言,总体为所有研究个体的数据内容的集合。如多个成员组成的家庭集合、多个家庭组成的社区集合等。总体中的单一组成元素被称为个体,在家庭集合中,每一个家庭成员就是一个个体;在社区集合中,每一个家庭就是一个个体。

对于总体的范围而言,可通过实际应用场景来进行定义。例如,在对商场某一食品的销售情况进行分析时,可将该食品所构成的集合定义为整体,每一个食品定义为个体;而进行消费者对某一食品的喜欢程度统计时,就需要对购买该商品的所有消费者进行统

计分析,这相对来说较为复杂。因此,在实现该类任务时,我们需要基于研究目的来对总体进行科学、合理的定义。

根据总体所包含个体的数目是否可数,总体可以划分为有限总体与无限总体。有限总体,顾名思义就是总体的数目范围能够被确定。现实生活中大多数总体都是有限总体,如商品的销售数量、车站人流量等。无限总体表示总体的范围是不可估量的,即总体中的个体不可数。比如,在进行科学实验时,如果实验是一直进行下去的,实验结果所组成的总体就为无限总体。这两种总体形式也表示了进行样本抽样时,每次抽样是否具有独立性。当抽样对象为有限总体时,可进行抽样的数目是确定的,每一次抽样都会使总体的数目减少,从而影响后续的抽样结果,因此不具备独立性。与有限总体不同的是,无限总体可以实现无限制的抽样,因为个体的数目是没有范围的,下一次的抽样并不会对后续结果进行影响。这是两者之间明显的差别。

### 10.4.2　样本

样本被定义为从总体中抽样所得的部分元素的集合(见图 10.6)。构成样本的元素的数目被称为样本量。在进行数据的统计分析时,旨在通过抽样得到的样本来实现对数据总体的特征进行推断。比如,将 A 公司的所有员工看作整体,从中抽取 1 000 人作为样本,通过对这 1 000 人的上下班交通工具的选择情况,来推断公司所有员工的交通工具的选择情况。

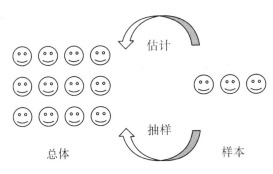

图 10.6　总体与样本之间的联系

### 10.4.3　统计学与大数据技术采用数据差异性

传统的统计学因其自身对数据进行统计、分析的方法具有局限性,仅是通过基于抽样获取的样本来实现总体特征的推断,尽可能使用少量的数据来获取较大的数据分析结果收益,但这在一定程度上会导致分析所得结果不能有效的代表总体特征。统计学家证明:采样分析的准确性会随着采样随机性的增加而大幅度提高,但是与样本数量的增加关系不大。当样本数量达到了某个值的时候,从新个体身上得到的信息会越来越少,这就同经济学中的边际递减效应一样。

而大数据技术则是使用了数据整体作为研究对象,未使用随机抽样分析的方法,即"样本=总体",这在一定程度上抑制了随机性的影响,从而增强了分析结果的可靠性,帮助人们能够真正地了解数据的整体特征,实现科学合理的决策。

# 10.5　参数与统计量

## 10.5.1　参数

参数是一种概括性的数字度量,用于对数据的总体特征进行描述。其主要使用的参数有总体平均数($\mu$)、总体标准差($\sigma$)、总体比例($\pi$)等。

在数据的统计分析中,由于是通过样本来对总体进行推断,因此总体的自身数据特征信息往往是未知的。这就促使我们需要进行采样,根据样本计算相关信息,从而估计出总体参数。

## 10.5.2　统计量

统计量是根据样本数据计算所得出的对样本特征进行描述的概括性数字度量。由于样本在数据统计分析中是可知的,所以统计量也是一个已知的量。与参数相联系的是,它使用了样本平均数($\bar{x}$)推断总体平均数($\mu$)、样本标准差($s$)推断总体标准差($\sigma$),样本比例($p$)推断总体比例($\pi$)等。这也就表示了抽样的目的是根据样本的统计量来推断总体参数。参数与统计量之间的关系见图 10.7。

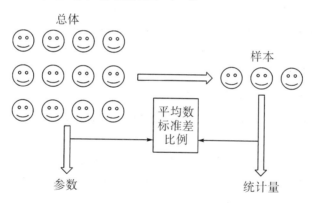

图 10.7　参数与统计量之间的关系

# 10.6　假设检验

假设检验是对数据总体进行推断统计的重要组成部分。由于数据的总体参数 $\mu$ 是未知的,因此在假设检验的流程中,首先对 $\mu$ 的值进行假设,其次通过抽样获取的样本信息对 $\mu$ 进行验证,判断该假设是否成立。

在人们的日常生活中,有大量的实例可以被看作假设检验的问题。例如,A 地区 2019 年平均每亩(1 亩 = 0.0667 公顷,下同)水稻产量为 1 047 斤(1 斤 = 0.5 千克,下同),现将 A 地区平均划分为 10 个部分,任取其中一部分进行 2020 年平均每亩水稻产量测量,最终结果为 1 042 斤。问 2020 年每亩水稻产量与 2019 相比,是否有明显差异?

我们可以假设 2020 年每亩水稻产量与 2019 年没有明显差异。使用 $\mu$ 和 $\mu_0$ 分别表示 2020 年和 2019 年平均每亩水稻产量,假设可被表示为 $\mu = \mu_0$。如果假设成立,则说明两者没有明显差异,反之亦然。因此,为了推断假设是否成立,我们需要对 2020 年水稻产量的样本信息进行统计分析,判断它是否等于我们理想中的数值。

### 10.6.1 假设表达式

在统计学中,常使用等式或不等式来对假设进行表示。对上一小节的案例分析时,其假设可表示为:

$$H_0 : \mu = 1\ 047(斤)$$

$H_0$ 表示原假设,其中 $\mu$ 为该案例中需要检验的参数,即 2020 年平均每亩水稻产量。由于我们的假设是 2019 年与 2020 年每亩水稻产量没有差异,因此,可用 $\mu_0$ 表示 2019 年每亩水稻产量。原假设表达式可更替为:

$$H_0 : \mu = \mu_0$$

### 10.6.2 第 I 类错误与第 II 类错误

在实现数据的假设推断时,假设情况会出现"正确"与"错误"两种情况。因此,我们分析所得的判断结果也会出现两种错误,即第 I 类错误与第 II 类错误。

第 I 类错误:称之为 $\alpha$ 错误($\alpha$ error)。它表示原假设 $H_0 : \mu = 1\ 047(斤)$ 是正确的,但我们做出了错误的判断,认为 $H_0 : \mu \neq 1\ 047(斤)$,即在假设验证中否定了正确的原假设,这也可被称为弃真错误。

第 II 类错误:称之为 $\beta$ 错误($\beta$ error)。它表示原假设 $H_0 : \mu = 1\ 047(斤)$ 是错误的,但我们认为 $H_0 : \mu \neq 1\ 047(斤)$ 成立,即在假设验证中确定了错误原假设的存在,这种情况可被称为取伪错误。

综上所述,当原假设 $H_0$ 为真时,我们将其否定掉,也就是犯第 I 类错误的概率为 $\alpha$。当原假设 $H_0$ 为伪时,我们将其推断为真,即犯第 II 类错误的概率为 $\beta$。因此,当我们对前两者的假设情况做出正确的判断时,发生的概率可被表示为 $1 - \alpha$ 和 $1 - \beta$。具体情况如表 10.1 所示。

表 10.1    假设检验中各种情况发生的概率统计

| 假设 | 确定 $H_0$ | 否定 $H_0$ |
| --- | --- | --- |
| $H_0$ 为真 | $1 - \alpha$(正确判断) | $\alpha$(弃真错误) |
| $H_0$ 为伪 | $\beta$(取伪错误) | $1 - \beta$(正确判断) |

在进行数据统计分析时,这两种错误类型是相互联系的,抑制一者的错误发生,必会增大另一者发生错误的概率,因此,我们只能通过增加样本量来促使 $\alpha$ 和 $\beta$ 同时降低。但样本量会受到总体抽样的限制,增加样本量会在一定程度上导致抽样调查的意义性降低,因此现阶段逐渐使用大数据技术代替统计学来实现数据整体的抽样统计。

# 10.7 "白盒子"与"黑盒子"

在对数据进行统计分析时,统计学和大数据技术在流程中所采用的方法可被看作一个"盒子"。"白盒子"可以通过可视化展示出来,使用者能够清楚地观察到盒子中的内部结构、运作方式以及最终的功能实现。这与统计学进行数据分析时的特性是相契合的,它注重的是统计分析时内部数据的计算过程。而"黑盒子"主要关注输入数据以及通过相关方法所得到的输出数据,而不是内在逻辑。对于"黑盒子"而言,在进行数据分析时,其内部的操作流程以及运行情况对使用者是不可见的。而大数据技术与其类似,因为随着数据量的急速增长,现阶段主要使用机器学习的方法对数据进行统计分析,而不是传统的统计学方法,因此大数据技术可被看作"黑盒子"。

由于统计学和大数据技术对数据统计分析所采取的操作流程之间存在差异性,我们可将其看作"白盒子"和"黑盒子"。其实现方式如图 10.8 所示。

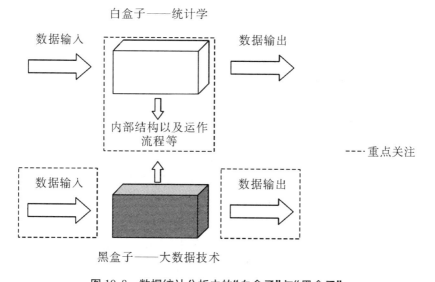

图 10.8　数据统计分析中的"白盒子"与"黑盒子"

# 11 大数据前沿

## 11.1 深度学习

### 11.1.1 深度学习概述

近年来,深度学习因其性能的优势在模式识别和机器学习领域获得了广泛关注。本章主要介绍深度学习的概念与算法,总结相关前沿工作。

首先,什么是深度学习?它是如何工作的?我们以手写数字的图像识别任务为例来解释。我们假设深度学习网络是一个由管道和阀门组成的巨大水管网络,网络的入口是若干管道开口,网络的出口也是若干管道开口。这个水管网络有许多层,每一层由许多个可以控制水流流向与流量的调节阀。根据不同任务的需要,水管网络的层数、每层的调节阀数量可以有不同的变化组合。对复杂任务来说,调节阀的总数可以成千上万甚至更多。在水管网络中,每一层的每个调节阀都通过水管与下一层的所有调节阀连接起来,组成一个从前到后、逐层完全连通的水流系统。那么,我们该如何使用这个庞大的水管网络来学习识字呢?

比如,当计算机识别到一张写有"1"的图片,首先它将手写数字图片中的每个颜色点都用"0"和"1"组成的数字矩阵来表示,从而组成这张图片的数字化表达;然后这些信息作为"水流",从入口灌进深度学习网络这一"水管网络"。

我们预先在水管网络的每个出口都插一块字牌,对应于每一个我们想让计算机认识的数字,即 $0,1,2,\cdots,9$。这时,因为输入的是"1",等水流流过整个水管网络,计算机就会跑到管道出口位置去看一看,是不是标记由"1"的管道出口流出来的水流最多。如果是,就说明这个管道网络符合要求。如果不是,就调节水管网络里的每一个流量调节阀,让"1"字出口流出的水最多。在这个过程中,要调节那么多阀门,就要利用计算机算法的优化,才能快速给出一个解决方案,调好所有阀门,让出口处的流量符合要求。

接下来,我们继续来学习手写字"2",仍用类似的方法,把每一张写有"2"字的图片变成一大堆数字组成的水流,灌进水管网络。然后,在出口处看是不是写有"2"的那个管道出口流水最多,如果不是,我们还得再调整所有的阀门。然而值得注意的是,在这一次的调解过程中,既要保证刚才学过的"1"字不受影响,也要保证新的"2"字可以被正确处理。

如此反复进行,直到所有十个数字对应的水流都可以按照期望的方式流过整个水管网络。此时,这个水管网络就可以被称作一个训练好的深度学习模型了。因为所有阀门都已经被调节到位,整套水管网络就可以用来识别所有手写数字了。因此,我们就可以把这时调节好的所有阀门都"焊死",静候新的水流到来。

与训练模式时的做法类似,在测试阶段,未知的图片会被计算机转变成数据的水流,灌入训练好的水管网络。这时,计算机只要观察一下,哪个出水口流出来的水流最多,这张图片写的就是哪个数字了。

然而,在许多真实的人工智能应用中,一个主要的困难是,许多变化因素影响着我们观察到的每一个数据。例如,一辆红色汽车的图像中的每个像素在晚上可能非常接近黑色,另外,汽车轮廓的形状取决于观察角度。因此,大多数现实应用场景要求我们考虑变化的因素,要从原始数据中提取出这样高级的抽象特征是非常困难的。这些变化因素,如说话人的口音,只能通过复杂的、接近人类水平的数据理解来识别。深度学习可通过引用更简单的表示来解决现实场景中的这个问题。

深度学习中最典型的一个模型是前馈深度网络或多层感知器。多层感知器只是一个数学函数,它把一些输入值映射到输出值。函数是由许多简单的函数组成的,我们可以把不同数学函数的每个应用看作输入的新表示。学习数据正确表示的想法为深度学习提供了一个视角。

在深度学习中,测度模型深度的方法主要有两种。第一种方法是基于为评估体系结构必须执行的顺序指令的数量。我们可以把它看作通过流程图的最长路径的长度,并在给定输入的情况下计算每个模型的输出。正如两个等价的计算机程序根据程序所使用的语言有不同的长度一样,相同的函数可以被绘制成具有不同深度的流程图,这取决于我们允许在流程图中使用哪些函数作为单独的步骤。

第二种方法是使用深度概率模型,认为模型的深度不是计算图的深度,而是描述概念如何相互关联的图的深度。每个概念可能比概念本身的图表要深刻得多。这是因为系统对更简单概念的理解可以在给出关于更复杂概念的信息后得到细化。例如,一个人工智能系统在观察一只眼睛处于阴影中的人脸时,最初可能只看到一只眼睛。在检测到一张脸的存在后,它可以推断出第二只眼睛可能也存在。在这种情况下,概念图只包括两层,一层是眼睛,另一层是脸。

## 11.1.2 深度学习的研究与发展

通过一些历史背景来理解深度学习是容易且有效的途径。我们回顾深度学习的研究和发展历史,是为了更好地掌握深度学习的关键问题和趋势。

总体来说,虽然深度学习有着悠久而丰富的历史,但也走过了许多观点的碰撞过程,并在发展中此消彼长。随着可用训练数据量的增加,深度学习也变得越来越有用。随着深度学习的计算机硬件和软件基础设施的改进,深度学习模型的规模也在不断扩大。如今,深度学习已经解决了日益复杂的应用程序,并且随着时间的推移,精确度越来越高。

事实上,深度学习可以追溯到20世纪40年代。深度学习是一个新事物,它在流行之前的几年里不是太受欢迎,因此它经历了许多不同的名称,最后才被称为"深度学习"。该技术多次更名,反映了其受不同研究者和不同视角的影响。

具体来说,深度学习的发展历程总体上经历了三个阶段:

(1)第一阶段:第一代神经网络(1958—1969年)。

在该阶段,一些早期学习算法旨在成为生物学习的计算模型,即学习如何在大脑中发生或可能发生的模型。因此,深度学习的名称之一就是人工神经网络。

神经网络的思想起源于1943年的MCP神经元模型,当时是希望能够用计算机来模拟人的神经元反应的过程,该模型将神经元简化为了三个过程:输入信号线性加权、求和、非线性激活(阈值法)。这个模型是从神经科学角度出发的简单线性模型,可以通过测试是正的还是负的来识别两种不同类别的输入。这些模型被设计成获取一组输入值并将它们与输出相关联。利用模型可以学习一组权重并计算它们的输出。当然,为了使模型符合期望的类别定义,需要正确设置权重。这些重量可以由操作员设定。

深度学习模型的观点是,它们是受生物大脑(无论是人脑还是另一种动物的大脑)启发得到的工程系统。虽然用于机器学习的神经网络有时被用来理解大脑功能,但它们通常不是为生物功能的现实模型而设计的。深度学习的神经观点由两个主要观点推动:一个观点是大脑提供了智能行为是可能的证明,因此,一个简单构建智能的方法是逆向工程大脑背后的计算原理并复制其功能。另一个观点是理解人类智能背后的大脑和原理,所以阐明这些基本科学问题对机器学习模型十分有用。

第一次将MCP用于机器学习(分类)的是1958年博森布拉特(Rosenblatt)发明的感知器算法。该算法使用MCP模型对输入的多维数据进行二分类,且能够使用梯度下降法从训练样本中自动学习更新权值。因此,感知器成为第一个可以学习定义类别的权重的模型,给出了每个类别的输入示例。1962年,该方法被证明为能够收敛,理论与实践效果引起第一次神经网络的浪潮。另外,自适应线性元件也可以追溯到大约相同的时间,它只需返回自身的值来预测一个实数,还可以学习从数据中预测这些数字。用于调整自适应线性元件权重的训练算法是一种称为随机梯度下降的算法的特例。随机梯度下降算法的轻微修改版本仍然是当今深度学习模型的主要训练算法。

然而学科的发展不总是一帆风顺的。1969年,美国数学家及人工智能先驱明斯基(Minsky)在其著作中证明了感知器本质上是一种线性模型,只能处理线性分类问题,就连最简单的XOR问题都无法正确分类。这等于直接宣判了感知器的死刑,神经网络的研究也陷入了近20年的停滞。

(2)第二阶段:第二代神经网络(1986—2006年)。

第一次打破非线性诅咒的是辛顿(Hinton),其在1986年发明了适用于多层感知器(MLP)的BP算法,并采用Sigmoid进行非线性映射,有效解决了非线性分类和学习的问题。该方法引起了神经网络的第二次热潮。

1989年,罗伯特·赫特尼尔森(Robert Hecht-Nielsen)证明了MLP的万能逼近定理,即对于任何闭区间内的一个连续函数,都可以用含有一个隐含层的BP网络来逼近该定理的发现极大地鼓舞了神经网络的研究人员。

1989年,杨立昆(LeCun)发明了卷积神经网络——LeNet,并将其用于数字识别,且取得了较好的成绩,不过当时并没有引起足够的注意。

值得强调的是在 1989 年以后由于没有特别突出的方法被提出,且神经网络一直缺少相应的严格的数学理论支持,其热潮渐渐冷淡下去。冰点来自 1991 年,BP 算法被指出存在梯度消失问题,即在误差梯度后向传递的过程中,后层梯度以乘性方式叠加到前层,由于 Sigmoid 函数的饱和特性,后层梯度本来就小,误差梯度传到前层时几乎为 0,因此无法对前层进行有效的学习,该发现对此时的神经网络发展雪上加霜。

1997 年,LSTM 模型被发明,尽管该模型在序列建模上的特性非常突出,但由于正处于神经网络的下坡期,也没有引起足够的重视。

1986 年,决策树方法被提出,很快 ID3、ID4、CART 等改进的决策树方法相继出现,到目前仍然是常用的一种机器学习方法。该方法也是符号学习方法的代表。

1995 年,线性 SVM 被统计学家瓦普尼克(Vapnik)提出。该方法的特点有两个:由非常完美的数学理论推导而来(统计学与凸优化等)以及符合人的直观感受(最大间隔)。不过,最重要的还是该方法在线性分类的问题上取得了当时最好的成绩。

1997 年,AdaBoost 被提出,该方法是概率近似正确(Probably Approximately Correct,PAC)理论在机器学习实践上的代表,也催生了集成方法。该方法通过一系列的弱分类器集成,达到强分类器的效果。

2000 年,KernelSVM 被提出,核化的 SVM 通过一种巧妙的方式将原空间线性不可分的问题,通过 Kernel 映射成高维空间的线性可分问题,成功解决了非线性分类的问题,且分类效果非常好。

2001 年,随机森林被提出,这是集成方法的另一代表,该方法的理论扎实,比 AdaBoost 更好地抑制了过拟合问题,实际效果也非常不错。

2001 年,一种新的统一框架——图模型被提出,该方法试图统一机器学习混乱的方法,如朴素贝叶斯、SVM、隐马尔可夫模型等,为各种学习方法提供一个统一的描述框架。

(3)第三阶段:第三代神经网络(2006 年至今)。

该阶段又分为两个时期:快速发展期(2006—2012 年)与爆发期(2012 年至今)。

①快速发展期。2006 年,希尔顿(Hinton)提出了深层网络训练中梯度消失问题的解决方案:无监督预训练对权值进行初始化+有监督训练微调。其主要思想是先通过自学习的方法学习训练数据的结构(自动编码器),然后在该结构上进行有监督训练微调。但是由于没有特别有效的实验验证,该论文并没有引起重视。2011 年,ReLU 激活函数被提出,该激活函数能够有效地抑制梯度消失问题。2011 年,微软首次将 DL 应用在语音识别上,取得了重大突破。

②爆发期。2012 年,Hinton 课题组为了证明深度学习的潜力,首次参加 ImageNet 图像识别比赛,其通过构建的 CNN 网络 AlexNet 夺得冠军,且碾压第二名(SVM 方法)的分类性能。也正是由于该比赛,CNN 吸引到了众多研究者的注意。

AlexNet 的创新点在于:①首次采用 ReLU 激活函数,极大地增加了收敛速度且从根本上解决了梯度消失问题。②由于 ReLU 方法可以很好地抑制梯度消失问题,AlexNet 抛弃了"预训练+微调"的方法,完全采用有监督训练。也正因为如此,DL 的主流学习方法变为了纯粹的有监督学习。③扩展了 LeNet5 结构,添加 Dropout 层减小过拟合,LRN 层增强泛化能力/减小过拟合。④首次采用 GPU 对计算进行加速。

2015 年，Hinton、LeCun、班吉奥（Bengio）论证了局部极值问题对于 DL 的影响，结果是 Loss 的局部极值问题对于深层网络来说影响可以忽略。该论断也消除了笼罩在神经网络上的局部极值问题的阴霾。具体原因是深层网络虽然局部极值非常多，但是通过 DL 的 BatchGradientDescent 优化方法很难陷进去，而且就算陷进去，其局部极小值点与全局极小值点也是非常接近，但是浅层网络却不然，其拥有较少的局部极小值点，却很容易陷进去，且这些局部极小值点与全局极小值点相差较大。

2015，DeepResidualNet 发明。分层预训练、ReLU 和 BatchNormalization 都是为了解决深度神经网络优化时的梯度消失或者爆炸问题。但是在对更深层的神经网络进行优化时，又出现了新的 Degradation 问题，通常来说，如果在 VGG16 后面加上若干个单位映射，网络的输出特性将和 VGG16 一样，这说明更深次的网络其潜在的分类性能只可能大于等于 VGG16 的性能，不可能更差，然而实际效果却是只是简单的加深 VGG16，分类性能会下降（不考虑模型过拟合问题）。这说明 DL 网络在学习单位映射方面有困难，因此设计了一个对于单位映射（或接近单位映射）有较强学习能力的 DL 网络，这极大地增强了 DL 网络的表达能力。此方法能够轻松的训练高达 150 层的网络。与此同时，深度网络的规模和准确性也在增加，它们所能解决的任务的复杂性也在增加。例如，神经网络可以学习输出从图像转录的整个字符序列，而不仅是识别单个对象。以前，人们普遍认为这种学习需要标记序列的单个元素。循环神经网络，如 LSTM 序列模型，现在被用于建模序列而不仅是固定输入之间的关系。这种序列到序列的学习也正处于另一个应用革命中，即机器翻译。

现代术语"深度学习"早已经超越了当初机器学习模型的神经科学视角。它旨在学习多层次组合的更普遍的原则，可以应用于不一定是神经启发的机器学习框架。

如今，神经科学被视为深度学习研究者的重要灵感来源，但它不再是该领域的主导指南。为了深入了解大脑使用的实际算法，我们需要能够同时监控至少数千个相互连接的神经元的活动。

人们可能会奇怪，为什么深度学习直到最近才被认为是一项至关重要的技术，尽管第一次人工神经网络实验是在 20 世纪 50 年代进行的。20 世纪 90 年代以来，深度学习已经成功地应用于商业应用。但直到最近，深度学习仍被认为是一门艺术，而不是一种技术。诚然，从深度学习算法中获得良好的性能需要一些技巧。幸运的是，随着训练数据量的增加，所需的技能量越来越少。今天，在复杂任务中达到人类性能的学习算法几乎与 20 世纪 80 年代努力解决问题的学习算法相同，尽管我们用这些算法训练的模型经历了一些变化，简化了非常深的体系结构的训练。

因此，"大数据时代"使深度学习变得更加容易，因为统计估计的关键负担——在只观察少量数据后很好地推广到新数据——已经大大减轻了。截至 2016 年年底，一个粗略的经验法则是，有监督的深度学习算法通常会在每个类别约有 5 000 个标记示例的情况下获得可接受的性能，并且当使用包含至少 1 000 万个标记示例的数据集进行训练时，将超过人类的性能。成功地处理比这更小的数据集是一个重要的研究领域，特别是我们如何使用无监督或半监督学习来利用大量未标记的示例，成为深度学习进一步发展的关键阻力。

### 11.1.3 深度学习典型模型

几乎所有的深度学习算法都可以被描述为一个相当简单的配方:特定的数据集、代价函数、优化过程和模型。

在大多数情况下,优化算法可以定义为求解代价函数梯度为零的正规方程。我们可以替换独立于其他组件的大多数组件,因此我们能得到很多不同的算法。

通常,代价函数至少含有一项使学习过程进行统计估计的成分。最常见的代价函数是负对数似然、最小化代价函数导致的最大似然估计。代价函数也可能含有附加项,如正则化项。

#### 11.1.3.1 深度前馈网络

深度前馈网络也称前馈神经网络或多层感知机,是典型的深度学习模型。例如,对于某个分类器将输入 $x$ 映射到一个类别 $y$,前馈网络定义了一个映射 $y=f(x;\theta)$,并且学习参数 $\theta$ 的值使它能够得到最佳的函数近似。在前馈神经网络内部,参数从输入层向输出层单向传播,有异于循环神经网络,它的内部不会构成有向循环。

该模型被称为前馈,因为信息从 $x$ 流过被评估的函数,通过定义 $f$ 的中间计算,最后到达输出 $y$。在模型的输出和模型本身之间没有反馈连接。当前馈神经网络被扩展到反馈连接时,它们被称为循环神经网络。

前馈网络对机器学习的学者和从业者来说极其重要。它们构成了许多重要商业应用的基础。例如,用于从照片中识别对象的卷积网络是一种专门的前馈网络。前馈网络是通向循环网络的概念基础,而循环网络为许多自然语言的应用提供了动力。

前馈神经网络被称作网络是因为它们通常用许多不同函数复合在一起来表示。例如,我们有三个函数 $f(1)$、$f(2)$ 和 $f(3)$ 连接在一个链上形成 $f(x)=f(3)(f(2)(f(1)(x)))$。这种链式结构在神经网络中最为常用,此时链的全长称为模型的深度。正是如此才出现了"深度学习"这个名字。

前馈网络的最后一层被称为输出层。在神经网络训练的过程中,我们让 $f(x)$ 去匹配 $f*(x)$ 的值。训练数据为我们提供了在不同训练点上取值的、含有噪声的 $f*(x)$ 的近似实例。每个样本 $x$ 都伴随着一个标签 $y\approx f*(x)$。训练样本直接指明了输出层在每一点 $x$ 上必须产生一个接近 $y$ 的值。但是训练数据并没有指明其他层应该怎么做。学习算法要决定如何使用这些层来产生想要的输出,并决定如何使用这些层来最好地实现 $f*(x)$ 的近似。

这些网络被称为神经网络,是因为它们或多或少受到神经科学的启发。网络中的每个隐藏层通常都是向量值的。这些隐藏层的维度决定了模型的宽度。向量的每个宽度元素可以被解释为扮演类似于神经元的角色。我们也可以把层想象成由许多并行作用的单元组成,每个单元代表一个向量到标量的函数。每个单元都像一个神经元,从这个意义上说,它从许多其他单元接收输入,并计算自己的值。

使用多层向量值表示的想法来自神经科学。用于计算这些表示的函数的选择也是由关于生物神经元计算的神经科学观察得到的。然而,现代神经网络研究受到许多数学工具的指导,神经网络的目标不是完美地对大脑进行建模。前馈网络旨在实现统计泛化,而不是将其视为大脑功能的模型。

理解前馈网络的一种方法是从线性模型开始，并考虑如何克服它们的局限性。诸如逻辑回归和线性回归之类的线性模型，它们可以以封闭的形式或用凸优化来有效和可靠地进行拟合。然而线性模型有一个明显的缺陷，就是模型容量仅限于线性函数，因此模型无法理解任意两个输入变量之间的相互作用。为了扩展线性模型来表示 $x$ 的非线性函数，我们可以不将线性模型应用于 $x$ 本身，而是应用于变换的输入 $\varphi(x)$。

（1）基于梯度的学习。

到目前为止，我们看到的线性模型和神经网络之间最大的区别是，神经网络的非线性导致大多数有趣的损失函数变成非凸的。这意味着神经网络通常通过使用迭代的、基于梯度的优化器来训练，这些优化器仅将成本函数驱动到非常低的值，而不是用于训练线性回归模型的线性方程解算器或用于训练逻辑回归或支持向量机的具有全局收敛保证的凸优化算法。凸优化从任何初始参数开始收敛。应用于非凸损失函数的随机梯度下降没有这种收敛性保证，并且对初始参数值敏感。对于前馈神经网络，重要的是将所有权重初始化为小的随机值。偏差可以初始化为零或最小正值。

我们也可以训练线性回归、梯度下降的支持向量机等模型，事实上这在训练集极大的时候是很常见的。从这个角度来看，训练神经网络与训练任何其他模型没有太大区别。对于神经网络来说，计算梯度稍微复杂一点，但仍然可以高效、准确地完成。为了应用基于梯度的学习，我们必须选择一个代价函数，并且必须选择如何表示模型的输出。

代价函数是深度神经网络设计中的一个重要方面。用于训练神经网络的代价函数，通常我们描述为在基本代价函数的基础上结合一个正则项。大多数神经网络算法使用最大似然来训练。这意味着代价函数就是负的对数似然，它与训练数据和模型分布间的交叉熵等价。代价函数的具体形式随着模型的不同而改变其具体形式。使用最大似然来计算代价函数的方法的一个优势是，它减轻了为每个模型设计代价函数的负担。代价函数的梯度必须足够大和具有足够的预测性，来为学习算法提供一个好的指引。

代价函数的选择与输出单元的选择紧密相关。大多数时候，我们简单地使用数据分布和模型分布间的交叉熵。选择如何表示输出决定了交叉熵函数的形式。任何可用作输出的神经网络单元，也可以被用作隐藏单元。

（2）隐藏单元。

到目前为止，我们的讨论集中在神经网络的设计选择上，这些神经网络对于大多数用基于梯度的优化训练的参数机器学习模型是通用的。现在我们转向前馈神经网络独有的一个问题：如何选择模型隐藏层中使用的隐藏单元类型。隐藏单元的设计是一个非常活跃的研究领域，目前还没有明确的指导理论。整流线性单元是隐藏单元的默认选择，同时还有许多其他类型的隐藏单元。尽管整流线性单元通常是有效的，但很难确定何时使用哪种类型。

事实上，一些隐藏单元在某些输入点上是不可微的。例如，整流后的线性函数 $g(z)=\max\{0,z\}$ 在 $z=0$ 时不可微。这使得 $g$ 在基于梯度的学习算法中无效。但是在实践中，梯度下降仍然表现得足够好，可以将这些模型用于机器学习任务。这是因为神经网络训练算法通常不会达到成本函数的局部最小值，而是仅显著降低其值，所以代价函数的最小值对应于梯度未定义的点是可以接受的。不可微的隐藏单元通常只在少数点不可微。一般来说，函数 $g(z)$ 的左导数由紧挨着 $z$ 左边的函数的斜率定义，右导数由紧

挨着 $z$ 右边的函数的斜率定义,函数只有在左导数和右导数都定义并且彼此相等的情况下才可在 $z$ 上微分。神经网络环境中使用的函数通常具有定义的左导数和定义的右导数。在 $g(z) = \max\{0, z\}$ 的情况下, $z = 0$ 时的左导数为 0,右导数为 1。神经网络训练中通常返回单侧导数中的一个,而不是报告导数未定义或产生错误。在某些情况下,需要在理论上更令人满意,但这些通常不适用于神经网络训练。重要的一点是,在实践中可以安全地忽略隐藏单元激活函数的不可微性。

（3）架构设计。

神经网络的另一个关键问题是确定架构。架构是指网络的整体架构:它应该具有多少单元,以及这些单元应该如何连接。

大多数神经网络架构将这些层排列成链状结构,每一层都是其前一层的函数。在这些基于链的架构中,主要的架构考虑是选择网络的深度和每层的宽度。正如我们看到的,一个单一隐藏层的网络就足以适合训练集。更深层次的网络通常能够使用每层少得多的单元和少得多的参数,并且通常推广到测试集,但是也通常更难优化。任务的理想网络架构必须通过验证集试错的引导来找到。

线性模型通过矩阵乘法从特征映射到输出,它具有易于训练的优点,因为当应用线性模型时,许多损失函数带来的是凸优化问题。我们经常需要使用非线性函数,而具有隐藏层的前馈网络提供了一个通用的近似框架。通用近似定理告诉我们,只要网络被给予足够的隐藏单元,具有线性输出层的前馈网络就可以用任何期望的非零误差量近似从一个有限维空间到另一个有限维空间的可测函数表达。前馈网络的导数也可以很好地逼近函数的导数。封闭有界子集上的任何连续函数都是可测量的,因此可以用神经网络来近似取值。神经网络也可以逼近从任何有限维离散空间到另一个空间的任何函数映射。

（4）反向传播。

当我们使用前馈神经网络接收输入 $x$ 并产生输出 $y'$ 时,信息通过网络向前流动,输入 $x$ 提供初始信息,然后传播到每一层的隐藏单元,最终产生输出 $y'$,这称之为前向传播。在训练过程中,前向传播可以持续向前直到它产生一个标量代价函数。反向传播算法允许来自代价函数的信息通过网络向后流动,以便计算梯度。实际上,反向传播仅指用于计算梯度的方法,如随机梯度下降,使用该梯度来进行学习。反向传播原则上可以计算任何函数的导数。

反向传播是一种计算链式法则的算法,使用高效的特定运算顺序,利用微积分中的链式法则,可用于计算复合函数的导数。变量 $x$ 的梯度可以通过 Jacobian 矩阵 $dy/dx$ 和梯度相乘来得到。通常我们将反向传播算法应用于任意维度的张量,而不仅用于向量。从概念上讲,这与使用向量的反向传播完全相同。唯一的区别是如何将数字排列成网格以形成张量。我们可以想象,在我们运行反向传播之前,将每个张量变为一个向量,计算一个向量值梯度,然后将该梯度重新构造成一个张量。从这种重新排列的观点上看,反向传播仍然只是将雅克比矩阵(Jacobian)乘以梯度。

递归地使用链式法则来实现反向传播。使用链式法则,我们可以直接写出某个标量关于计算图中任何产生该标量的节点的梯度的代数表达式。然而,实际在计算机中计算该表达式时会引入一些额外的考虑。具体来说,许多子表达式可能在梯度的整个表达式中重复若干次。任何计算梯度的程序都需要选择是存储这些子表达式还是重新计算它们几次。在某些情况下,计算两次相同的子表达式纯粹是浪费。在复杂的图中,可能存在指数多的这种计算上的浪费,使得简单的链式法则不可实现。在其他情况下,计算两次相同的子表达式可能是以较高的运行时间为代价来减少内存开销的有效手段。

所以,深度学习软件库的用户能够对使用诸如矩阵乘法、指数运算、对数运算等常用操作构建的图进行反向传播。反向传播不是计算梯度的唯一方式或最佳方式,但它是一个非常实用的方法。前馈网络可以被视为一种高效的非线性函数近似器,它以使用梯度下降来最小化函数近似误差为基础。

反向传播与最优化方法(如梯度下降法)结合起来使用,用来训练人工神经网络。该方法对网络中所有权重计算损失函数的梯度。这个梯度会反馈给最优化方法,用来更新权值以最小化损失函数。

任何监督学习算法的目标是找到一个能把一组输入最好地映射到其正确的输出的函数。例如一个简单的分类任务,其中输入是动物的图像,正确的输出将是动物的名称。一些输入和输出模式可以很容易地通过单层神经网络学习。但是这些单层的感知机不能学习一些比较简单的模式,如那些非线性可分的模式。单层神经网络必须仅使用图像中的像素的强度来学习输出一个标签函数。因为它被限制为仅具有一个层,所以没有办法从输入中学习到任何抽象特征。多层的网络克服了这一限制,因为它可以创建内部表示,并在每一层学习不同的特征。每升高一层就学习越来越多的抽象特征,每一层都是从它下方的层中找到模式。反向传播算法发展的目标和动机是找到一种训练多层神经网络的方法,于是它可以学习合适的内部表达来学习任意的输入到输出的映射。

反向传播算法主要由两个阶段:激励传播与权重更新。

第1阶段:激励传播。每次迭代中的传播环节包含两步:前向传播阶段将训练输入网络以获得激励响应;反向传播阶段将激励响应同训练输入对应的目标,然后输出求差,从而获得隐层和输出层的响应误差。

第2阶段:权重更新。对于每个突触上的权重,按照以下步骤进行更新:①将输入激励和响应误差相乘,从而获得权重的梯度;②将这个梯度乘上一个比例并取反后加到权重上。这个比例将会影响训练过程的速度和效果,因此称为"训练因子"。梯度的方向指明了误差扩大的方向,因此在更新权重的时候需要对其取反,从而减小权重引起的误差。

第1和第2阶段可以反复循环迭代,直到网络对输入的响应达到满意的预定目标范围为止。

## 11.2　卷积神经网络

卷积神经网络是一种专门用于处理数据的神经网络,具有网格状拓扑结构。其应用实例包括时间序列数据和图像数据。时间序列数据可以被认为是以规则的时间间隔进行采样,图像数据可以被认为是像素的网格。卷积网络在实际应用中取得了巨大的成功。

首先,什么是卷积? 在其最一般的形式中,卷积是对实值自变量的函数运算。为了理解卷积的定义,我们从一个典型的例子开始。假设我们用激光传感器跟踪宇宙飞船的位置,激光传感器提供单个输出 $x(t)$,即飞船在时间 $t$ 的位置,我们可以在任何时刻从激光传感器获得不同的读数,且激光传感器有点噪声。为了获得对宇宙飞船位置的噪声较小的估计,我们希望将几个测量值平均。所以我们希望这是一个加权平均值,给最近的测量更多的权重。我们可以通过加权函数 $w(a)$ 来实现,其中 $a$ 是测量的时间。如果每时每刻都用这样的加权平均运算,我们就获得了一个新的函数,它提供了宇宙飞船位置的平滑估计

$$s(t) = \int x(a)w(t-a)\mathrm{d}a$$

上面的操作叫作卷积。卷积运算通常表示为

$$s(t) = (x \cdot w) \cdot (t)$$

在以上例子中,$w$ 需要是有效的概率密度函数,否则输出不是加权平均值。此外,$w$ 需要是所有否定论点的 0,否则它将着眼于未来,这大概超出了我们的能力。一般来说,卷积是为任何定义了上述积分的函数定义的,除了加权平均之外,它还可以用于其他目的。在这个例子中,激光传感器可以在每个时刻提供测量的想法是不现实的。通常,当我们在计算机上处理数据时,时间会被离散化,我们的传感器会定期提供数据。假设我们的激光每秒钟提供一次测量,时间 $t$ 可以只接受整数值。

在机器学习中,输入通常是多维数据数组,内核通常是由学习算法调整的多维参数数组。我们把这些多维数组称为张量。因为输入和内核的每个元素都必须单独显式存储,所以我们通常假设这些函数在任何地方都是零(除了我们存储值的有限点集)。这意味着在实践中,我们可以将无限求和实现为有限个数组元素的求和。

许多机器学习库可以实现卷积,学习算法会在适当的地方学习到适当的核值,所以基于卷积和核变换的算法会学习到一个相对于没有翻转的算法学习到的核。卷积很少在机器学习中单独使用;相反,卷积与其他函数同时使用时,无论卷积操作是否进行核变换,这些函数的组合都不会改变。

从某种程度上讲,离散卷积可以看作是矩阵乘法。对于单变量离散卷积,矩阵的每一行都被限制为等于上面移动了一个元素的行。在二维中,双块循环矩阵对应于卷积。除了几个元素彼此相等的这些约束之外,卷积通常对应于一个非常稀疏的矩阵。任何与矩阵乘法一起工作并且不依赖于矩阵结构的特定属性的神经网络算法都应该与卷积一起工作,而不需要对神经网络进行任何进一步的改变。典型的卷积神经网络确实利用了进一步的专门化,以便有效地处理大的输入,但是从理论角度来看,这些并不是严格必要的。

事实上,卷积提供了一种处理可变大小输入的方法。传统的神经网络层使用参数矩阵与描述每个输入单元和每个输出单元之间相互作用的单独参数的矩阵相乘,这意味着每个输出单元都与每个输入单元交互。然而,卷积网络通常具有稀疏交互。例如,在处理图像时,输入图像可能有数千或数百万像素,但我们可以检测到小的、有意义的特征。这意味着我们需要存储更少的参数,这既降低了模型的内存需求,又提高了其统计效率。这也意味着计算输出需要更少的操作,从而大大提高了效率。如果有 $m$ 个输入和 $n$ 个输出,那么矩阵乘法需要 $m \times n$ 个参数,实际使用的算法有 $O(m \times n)$ 的计算复杂度。如果我

们将每个输出的连接数限制为 $k$，那么稀疏连接方法只需要 $O(k \times n)$ 的复杂度。对于许多实际应用，在保持 $k$ 比 $m$ 小几个数量级的同时，可以在机器学习任务中获得良好的性能。

卷积不等同于其他一些变换，如图像的比例或旋转的变化。处理这类转换还需要其他机制。某些类型的数据无法通过由矩阵与固定形状矩阵相乘定义的神经网络进行处理，而卷积能够处理这些类型的数据。

在神经网络中讨论卷积，我们通常并不像数学中那样确切地进行离散卷积运算。这里我们详细描述了这些差异，并强调了神经网络中使用的函数的一些属性。首先，当我们在神经网络中提到卷积时，通常是指由卷积的许多并行应用组成的运算。这是因为单个核的卷积只能提取一种特征，而我们希望网络的每一层在许多位置提取多种特征。此外，输入通常不仅是真实值。例如，彩色图像在每个像素处具有红色、绿色和蓝色强度。在多层卷积网络中，第二层的输入是第一层的输出，第一层通常在每个位置有许多不同卷积的输出。在处理图像时，我们通常认为卷积的输入和输出是三维张量，一个索引进入不同的通道，两个索引进入每个通道的空间坐标。

任何卷积网络实现的一个基本特征是能够隐式零填充输入。零填充输入允许我们独立控制内核宽度和输出大小。如果没有零填充，我们就会被迫在快速缩小网络的空间范围和使用小内核之间做出选择——这两种情况都极大地限制了网络的表达能力。一种极端情况是，无论如何都不使用零填充，卷积核只允许访问整个核完全包含在图像中的位置，输出中的所有像素都是输入中相同像素数量的函数，因此输出像素的行为更有规律。

回想一下，卷积是一种线性运算，因此可以描述为矩阵乘法，其中所涉及的矩阵是卷积核函数。该矩阵是稀疏的，核中的每个元素都被复制到矩阵的几个元素中。这是通过卷积层反向传播误差导数所需的操作，因此需要训练具有多个隐藏层的卷积网络。如果我们希望从隐藏单元重建可见单元，同样的操作也是需要的，如自动编码器、径向基函数和稀疏编码。转置卷积是构建这些模型所必需的。在某些情况下，可以使用卷积来实现该输入梯度操作，但必须注意将转置操作与正向传播协调起来。卷积网络前向传播操作，以及前向传播输出图的大小。在某些情况下，前向传播的多种输入大小会导致输出映射的大小相同，因此转置操作必须明确告知原始输入的大小。

如今，卷积网络通常包含超过一百万个单元的网络。其利用并行计算资源的强大来实现加速卷积。然而，在许多情况下，通过选择合适的卷积算法来加速卷积也是可行的。卷积相当于使用傅立叶变换将输入和内核变换到时域，对两个信号执行逐点相乘，并使用傅立叶逆变换转换回时域。对于某些问题的规模来看，这可能比离散卷积的实现更快。

当一个 $d$ 维核可以表示为 $d$ 个向量的外积，且每维一个向量时，这个核叫作可分核。当内核是可分离的时，传统卷积是低效的，因为它相当于用这些向量中的每一个组成一维卷积。设计更快的方法来执行卷积或近似卷积而不损害模型的准确性是一个活跃的研究领域，即使是仅提高前向传播效率也是很有价值的。

# 11.3　循环神经网络

循环神经网络是神经网络中用于处理顺序数据的神经网络的一种方法。正如卷积网络是专门用于处理诸如图像一样,循环神经网络是专门用于处理值 $x(1),x(2),\cdots,$ $x(r)$ 的序列的神经网络。卷积网络可以很容易地缩放到具有大宽度和大高度,并且一些卷积网络可以处理可变大小的图像,循环网络可以缩放到更长的序列。另外,大多数循环网络也可以处理可变长度的序列。

所有神经网络方法可以当作能够拟合任意函数的黑盒子,只要训练数据足够,给定特定的 $x$,就能得到希望的 $y$。将神经网络模型训练好之后,在输入层给定一个 $x$,通过网络之后就能够在输出层得到特定的 $y$。然而它们都只能单独地去处理一个个的输入,前一个输入和后一个输入是完全没有关系的。

但是,某些任务需要能够更好地处理序列的信息,即前面的输入和后面的输入是有关系的。比如,当我们在理解一句话意思时,孤立的理解这句话的每个词是不够的,我们需要处理这些词连接起来的整个序列;当我们处理视频的时候,我们也不能只单独地去分析每一帧,而要分析这些帧连接起来的整个序列。

从多层网络到循环网络,我们需要利用机器学习和统计模型中发现的早期思想之一:在模型的不同部分之间共享参数。参数共享可以将模型扩展和应用到不同形式中,并在它们之间进行推广。如果我们对时间的每个值都有单独的参数,我们就不能推广到训练期间没有看到的序列长度,也不能在不同的序列长度和不同的时间位置上共享统计强度。当一条特定的信息可以出现在序列中的多个位置时,这种共享尤其重要。例如,考虑两句话"晚饭我吃了汉堡"和"汉堡是我的晚饭"。如果我们让一个机器学习模型阅读这两句话,并提取讲述者的晚饭,我们希望它将汉堡识别为相关信息。假设我们训练了一个处理固定长度句子的前馈网络。传统的全连接前馈网络对于每个输入特征都有单独的参数,因此它需要在句子的每个位置分别学习语言的所有规则。相比之下,循环神经网络在几个时间步长上共享相同的权重。

对于这个任务来说,我们当然可以直接用普通的神经网络来做,给网络的训练数据是多个词性标注好的单词。但是很明显,一个句子中,前一个单词其实对于当前单词的词性预测是有很大影响的,如预测汉堡的时候,前面的吃是一个动词,那么很显然汉堡作为名词的概率就会远大于动词的概率,因为动词后面接名词很常见,而动词后面接动词很少见。所以,为了解决一些这样类似的问题,能够更好地处理序列的信息,循环神经网络就诞生了。

一个相关的想法是在一维时间序列上使用卷积。卷积运算允许网络跨时间共享参数,输出一个序列,其中输出的每个成员是输入的少量相邻成员的函数。参数共享的思想体现在每个时间上应用相同的卷积核。而循环网络以不同的方式共享参数,输出的每个成员都是输出的前一个成员的函数。

为简单起见,我们将循环神经网络称为对包含向量 $x(t)$ 的序列进行操作,时间步长索引 $t$ 的范围从 1 到 $r$。在实际应用中,循环网络通常在这种序列的小批次上运行,小批次的每个成员具有不同的序列长度 $r$。循环神经网络也可以跨空间数据（如图像）应用，甚至当应用于涉及时间的数据时，网络可能具有在时间上向后的连接，前提是在将整个序列提供给网络之前对其进行观察。这些周期代表一个变量的当前值在未来时间步长对其自身值的影响。

一般意义上，循环神经网络具有"因果"结构，这意味着在时间 $t$ 的状态仅捕获来自过去的信息，一些模型也允许来自过去 $y$ 值的信息影响当前状态。然而，在许多应用中，我们希望输出 $y$ 的预测。例如，在语音识别中，当前声音作为正确解释可能取决于接下来的几个发音，甚至可能取决于接下来的几个单词，因为附近单词之间的语言具有依赖性。手写识别和许多其他序列对序列的学习任务也是如此。

双向循环神经网络（或称为双向神经网络）结合了一个从序列开始时向前穿越时间的循环神经网络和另一个从序列结束时向后穿越时间的循环神经网络。若用 $h$ 代表随时间向前移动的次循环神经网络的状态，$g$ 代表随时间向后移动的次循环神经网络的状态。这允许输出单元的计算依赖于时间 $t$ 周围的输入值，而不必指定时间 t 周围的固定大小的窗口。

这个想法可以很自然地扩展到二维输入，如图像，通过神经网络，让每个神经网络沿着四个方向（上、下、左、右）之一前进。与卷积网络相比，应用于图像的神经网络更典型，但计算消耗更大。

这里我们讨论如何训练循环神经网络，将输入序列映射到长度不一定相同的输出序列。这出现在许多应用中，如在语音识别、机器翻译或机器问答中，其中训练集中的输入和输出序列通常长度不同。我们通常称循环神经网络的输入为"上下文"，我们想要产生这个上下文的一个表示，将可变长度序列映射到另一个可变长度的序列。如果上下文是一个向量，那么解码器循环神经网络也是一个向量。输入可以作为循环神经网络的初始状态提供，或者输入可以在每个时间步长连接到隐藏单元。这种体系结构的一个明显限制是，编码器循环神经网络输出的维数太小，无法恰当地概括一个长序列。因此，可以引入了一种注意力机制，学习将上下文序列的元素与输出序列的元素相关联。

# 11.4　深度学习的应用

在此，我们介绍几个深度学习的应用领域和案例。

## 11.4.1　计算机视觉

深度学习在计算机视觉中的应用有以下几个典型的问题：

图像识别是最早深度学习的应用领域之一，其本质是一个图像分类问题，如对手写数字的识别。其基本的原理就是输入图像，输出为该图像属于每个类别的概率，如输入一只狗的图片，我们就期望其输出属于狗这个类别的概率值最大，这样我们就可以认为这张图片拍的是一只狗。

目标检测是当前计算机视觉和机器学习领域的研究热点之一，核心任务是筛选出给定图像中所有感兴趣的目标，确定其位置和大小。其中难点是遮挡、光照、姿态等造成的像素级误差,这是目标检测所要挑战和避免的问题。现如今,深度学习已可以提取目标特征。

语义分割旨在将图像中的物体作为可解释的语义类别,是对图片中每个像素进行分类处理,通过算法设计自动将图片中不同物体的像素进行分类识别,准确地标注出物体在图像中的位置。和目标检测一样,在深度学习中需要设计语义分割网络。值得注意的是,语义类别对应于不同的颜色,生成的结果需要和原始的标注图像相比较,较为一致才能算是一个可分辨不同语义信息的网络。另外,图像生成也是深度学习的重要应用之一,可以从大量真实的图片中学习到图像的分布情况,进而生成具有与真实图像高度相似的图像。

超分辨率重建的主要任务是通过软件和硬件的方法,从观测到的低分辨率图像重建出高分辨率图像,这样的技术在医疗影像和视频编码通信中十分重要。该领域分为单图像超分和视频超分,一般在视频序列中通过该技术解决丢帧、帧图像模糊等问题,而在单图像中主要为了提升细节和质感。在深度学习中,一般采用残差形式网络学习双二次或双三次下采样带来的精度损失,以提升大图细节;对于视频超分一般采用光流或者运动补偿来解决帧图像的重建任务。

行人重识别也称行人再识别,是利用计算机视觉技术判断图像或者视频序列中是否存在特定行人的技术。其广泛被认为是一个图像检索的子问题,核心任务是给定一个监控行人图像,检索跨设备下的该行人图像。现如今,一般人脸识别和该技术进行联合,用于在人脸识别的辅助以及人脸识别失效(人脸模糊或人脸被遮挡)时发挥作用。在深度学习中,一般通过全局和局部特征提取以及度量学习对多组行人图片进行分类和身份查询。

### 11.4.2 语音识别

语音识别是一门交叉学科,近十几年进步显著。除了需要数字信号处理、模式识别、概率论等理论知识,深度学习的发展也使其有了很大幅度的效果提升。在语音识别和智能语音助手领域,我们可以利用深度神经网络开发出更准确的声学模型。深度学习可以建立这样一个系统,学习新特征,或者根据自己的需求进行调整,从而通过事先预测所有可能性来提供更好的帮助。因为深度学习中将声音转化为比特数的目的类似于在计算机视觉中处理图像数据,将其转换为特征向量。与图像处理不太一样的是,深度学习需要对声音进行采样,采样的方式、采样点的个数和坐标是关键信息,然后对这些数字信息进行处理并输入网络中进行训练,从而得到一个可以进行语音识别的模型。这一过程中需要克服发音音节相似度高进行精准识别、实时语音转写等困难,因此需要很多不同人的样本的声音作为数据集来让深度网络具有更强的泛化性,以及需要设计的网络本身的复杂程度是否得当等条件。

### 11.4.3 机器翻译

谷歌翻译已支持 100 种语言的即时翻译,速度快、准确率高。谷歌翻译的背后,就是深度学习。实际上,在过去的两年时间里,已经完全将深度学习嵌入进了谷歌翻译中。事实上,这些对语言翻译知之甚少的深度学习研究人员正提出相对简单的机器学习解决方案,来打败世界上最好的专家语言翻译系统。谷歌翻译利用的是大型递归神经网络的堆叠网络。文本翻译可以在没有序列预处理的情况下进行,它允许算法学习文字与指向语言之间的关系。另外,结合前面所说的计算机视觉应用,深度学习可以用来识别照片中的文字。一旦识别了,文字就会被转成文本,并且被翻译,然后图片就会根据翻译的文本重新创建。这就是我们通常所说的即时视觉翻译。假设你身处一个非母语国家,你也不用担心,具有图片识别功能的翻译软件可以翻译路标或门店名。这类软件之所能实现这些目标,正是归功于深度学习。

### 11.4.4 自动驾驶汽车

利用深度学习算法使自动驾驶汽车领域达到了一个全新的水平。自动驾驶技术中,正确识别周围环境的技术尤为重要。这是因为要正确识别时刻变化的环境、自由来往的车辆和行人是非常困难的。如今的自动驾驶技术不再使用手动编码算法,而是编写程序系统,使其可以通过不同传感器提供的数据来自行学习。对于大多数感知型任务和多数低端控制型任务,深度学习在现在是最好的方法。在识别周围环境的问题中,深度学习技术大展拳脚,如基于循环神经网络等技术,可以对输入图像进行分割,正确识别道路、建筑物、人行道、树木、车辆等。可见,基于深度学习技术进一步实现了高精度化、高速化,即使是不会开车的人,都可以在不依赖于其他人的情况下自己出门。

### 11.4.5 围棋机器人 Alpha Go

关于深度学习的一个著名的实际应用案例是 Alpha Go。2016—2017 年,由谷歌旗下的 DeepMind 公司开发的基于深度学习的围棋机器人 Alpha Go 先后击败了人类职业围棋选手、围棋世界冠军、职业九段棋手李世石和排名世界第一的世界围棋冠军柯洁,名声大噪,棋界公认 Alpha Go 已经超过人类职业围棋顶尖水平。

尽管围棋规则很简单,棋盘由 19 条水平黑线和 19 条垂直黑线组成,玩家轮流将黑色或白色的棋子放置在网格的空置交叉点上,目标是包围最大的区域并捕获对手的棋子。但围棋是一个令人难以置信的复杂游戏,这样一个平均 150 步的游戏可以包含 $10^{360}$ 种可能的配置,可能的配置数量令人难以置信,堪称"比宇宙中的原子还多"。因此,需要进行范式转换,过去十年所有成功的围棋计算机程序的核心是使用智能采样(蒙特卡罗模拟),而不是智能枚举,这意味着需要大量的棋局存储并进行更巧妙的枚举(如通过修剪)。

谷歌的 Alpha Go 是一款基于深度学习的围棋人工智能程序,其中"深度学习"是指多层人工神经网络和训练它的方法,这些神经结构用来研究人类围棋专家对战的数百万个棋局。一层神经网络会把大量矩阵数字作为输入,通过非线性方法得到权重,再产生另一个数据集合作为输出。通过多层神经组织链接一起,形成神经网络进行精准复杂的处理,这就像人们识别物体标注图片一样。

Alpha Go 的核心是深度学习,由两个深度神经网络构成。一是价值网络,用来估计给定棋盘配置的"价值",即获胜概率;二是策略网络,用以为给定的棋盘配置提供对手动作的概率分布。其中每个网络有 12 层和数百万个连接,分别基于监督学习和强化学习构建。因为"状态"(棋盘配置)的数量太多而无法一一列举,概率分布提供了对手更喜欢哪些动作的"权重"。如果已知棋盘配置中的最佳走法,则对手的策略分布具有确定性。但对于大部分状态空间,必须使用蒙特卡罗模拟对对手的走法进行采样,以生成可能的游戏路径样本。如果模拟到最后,可以确定输赢,便可以向后传播以更新价值函数。

换句话说,Alpha Go 是通过利用两个不同神经网络的"大脑",合作来改进其下棋策略的。这些"大脑"就是上述两个多层神经网络。它们从多层启发式二维过滤器开始,去处理围棋棋盘的定位。第一个神经网络大脑是"监督学习的策略网络",观察棋盘布局企图找到最佳的下一步。事实上,它预测每一个合法下一步的最佳概率,那么最前面猜测的就是那个概率最高的。这可以理解成"落子选择器"。第二个大脑回答了另一个问题,在给定棋子位置的情况下,预测每一个棋手赢棋的概率。这种"局面评估器"就是价值网络,通过分析归类潜在的未来局面的"好"与"坏",判断整体局面来辅助落子选择器。这些网络通过反复训练来检查结果,再去校对调整参数,让下次执行的效果更好。这个处理器有大量的随机性元素,所以人们是不可能精确知道网络是如何"思考"的,但更多的训练后能让它进化到更好。

但是,至少在理论上,这项练习只会教会计算机与最优秀的人类玩家相提并论。为了变得比最好的人类更好,Alpha Go 用到了很多新技术,如神经网络、深度学习、蒙特卡洛树搜索法等,使其实力有了实质性飞跃。特别是 Alpha Go 与自己进行了数百万次的对弈,一遍又一遍,在每场比赛中学习和改进,通过自己下棋并确定哪些动作会带来更好的结果,这种练习被称为强化学习。一位围棋专家说:"它的动作是人类,包括制作它的团队,都无法理解的。"

Alpha Go 首先使用过去的人类游戏进行训练,考虑了超过 3 000 万次落子,即监督学习。然后它与自己进行了数千次对弈,以使用具有置信上限的蒙特卡罗树搜索进一步调整神经网络参数,以指导采取哪些行动,即强化学习。此时可以使用价值网络,或者可以重复之前的过程,直到达到令人满意的状态或达到游戏结束。

# 参考文献

[1] 井底望天,武源文,赵国栋,等.区块链与大数据[M].北京:人民邮电出版社,2017.

[2] 党倩娜,罗天雨,曹磊.多维视角下大数据领域技术创新演进、前沿与特性[J].科学学与科学技术管理,2015(8):49-60.

[3] 冯伟.大数据时代面临的信息安全机遇和挑战[J].中国科技投资,2012(34):49-53.

[4] 刘军.Hadoop大数据处理[M].北京:人民邮电出版社,2013.

[5] 刘建国,高威.运用新媒体大数据提升基层社会精细化治理水平[J].中国社会科学报,2021(9):005.

[6] 刘欣,李向东,耿立校,等.工业互联网环境下的工业大数据采集与应用[J].物联网技术,2021(8):62-65,71.

[7] 刘菲,赵瑞锋,尤毅,等.基于大数据时代人工智能在计算机网络技术中的应用[J].电子技术与软件工程,2021(5):177-178.

[8] 刘雅辉,张铁赢,靳小龙,等.大数据时代的个人隐私保护[J].计算机研究与发展,2015(1):229-247.

[9] 唐良,边祖光,赵银飞,等.Matlab在桥梁监测数据预处理中的应用[J].低温建筑技术,2021(7):104-108.

[10] 姜奇平.利用大数据加强对市场主体的服务和监管:国外经验及借鉴[J].互联网周刊,2021(18):10-12.

[11] 安晖.大数据竞争前沿动态[J].人民论坛,2013(15):14-16.

[12] 宗威,吴锋.大数据时代下数据质量的挑战[J].西安交通大学学报(社会科学版),2013(5):38-43.

[13] 张兆端."智慧警务":大数据时代的警务模式[J].公安研究,2014(6):19-26.

[14] 张兰廷.大数据的社会价值与战略选择[D].北京:中共中央党校,2014.

[15] 张剑波,蒋为.大数据背景下高校社会舆情治理与党建工作创新研究[J].高教学刊,2021(24):6-10.

[16] 张巍伟.金融科技监管中的数据治理[J].金融科技时代,2021(9):91-93.

[17]张帅.智慧城市大数据可视化云平台的设计与实现[D].沈阳:沈阳大学,2021.

[18]张晓飞.基于大数据技术的网络舆情分析系统研究[J].无线互联科技,2021(2):17-18.

[19]张燕南,赵中建.大数据时代思维方式对教育的启示[J].教育发展研究,2013(21):1-5.

[20]张祖干.地理国情监测年度更新数据预处理方法研究[J].工程建设与设计,2021(16):105-107.

[21]张里安,韩旭至.大数据时代下个人信息权的私法属性[J].法学论坛,2016(3):119-129.

[22]张雯莉.数据科学与大数据技术实验室建设探索及研究[J].现代教育论坛,2020,3(1):76-77.

[23]彭贝,刘黎志,杨敏,等.基于Hive的空气质量大数据查询优化方法[J].武汉工程大学学报,2020(4):467-472.

[24]徐宗本,冯芷艳,郭迅华,等.大数据驱动的管理与决策前沿课题[J].管理世界,2014(11):158-163.

[25]方巍,郑玉,徐江.大数据:概念、技术及应用研究综述[J].南京信息工程大学学报(自然科学版),2014(5):405-419.

[26]曾悠.大数据时代背景下的数据可视化概念研究[D].杭州:浙江大学,2014.

[27]朱利平,曾润喜.大数据开放时代的隐私信息保护:核心议题与前沿热点[J].情报杂志,2021(9):115-123.

[28]李希敏.基于SQL数据库的多源空间数据差异性检测方法[J].信息技术,2020(8):98-102.

[29]李建中,刘显敏.大数据的一个重要方面:数据可用性[J].计算机研究与发展,2013(6):1147-1162.

[30]李文军,陈妹.大数据驱动的社会网络舆情治理路径研究[J].中共天津市委党校学报,2021(5):69-77.

[31]杜永贵.大数据在管理信息系统中的应用[J].电子技术,2021(9):188-189.

[32]段晨辉,张小女.大数据时代传统关系数据库与NoSQL数据库的对比与分析[J].信息与电脑(理论版),2021(15):172-174.

[33]毕夏安,邢兆旭,胡溪.面向精准教学的教育大数据采集分析平台设计[J].软件工程2021(9):48-50,54.

[34]沈亚平,许博雅."大数据"时代政府数据开放制度建设路径研究[J].四川大学学报(哲学社会科学版),2014(5):111-118.

[35]沈佳.突破关键技术 问鼎科技前沿(上)[N].山西日报,2021-07-15(004).

[36]滕长利.教育大数据信息采集权与大学生隐私权的冲突研究[J].黑龙江高教研究,2021(9):140-144.

[37]狄程.一种流数据预处理及服务化系统的设计与实现[D].北京:北方工业大学,2021.

[38]王世兴.基于云计算的大数据关联规律挖掘分析方法[J].电子元器件与信息技

参考文献

术,2021(1):68-69,76.

[39]王俊,王修来,庞威,等.面向科技前瞻预测的大数据治理研究[J].计算机科学,2021(9):36-42.

[40]王元卓,靳小龙,程学旗.网络大数据:现状与展望[J].计算机学报,2013(6):1125-1138.

[41]王宇灿,李一飞,袁勤俭.国际大数据研究热点及前沿演化可视化分析[J].工程研究——跨学科视野中的工程,2014(3):282-293.

[42]王盛,朱金奇,花季伟,等.基于关系型数据库的网络流数据预处理方法[J].计算机应用与软件,2021(5):137-144,224.

[43]王觅也,刘然,王尧,等.基于大数据平台的科研病种库系统设计与实现[J].医疗卫生装备,2021(9):29-35.

[44]申德荣,于戈,王习特,等.支持大数据管理的NoSQL系统研究综述[J].软件学报 2013(8):1786-1803.

[45]石慧,陈培辉.基于大数据技术的房价数据采集及可视化分析应用[J].计算机时代 2021(8):71-75.

[46]程.论大数据时代的个人数据权利[J].中国社会科学,2018(3):102-122,207-208.

[47]程学旗,靳小龙,王元卓,等.大数据系统和分析技术综述[J].软件学报,2014(9):1889-1908.

[48]罗春.基于网络爬虫技术的大数据采集系统设计[J].现代电子技术,2021(16):115-119.

[49]罗煜权.分布式大数据采集关键技术研究与实现分析[J].电子技术与软件工程,2021(17):157-158.

[50]胡思琴,邬少飞.基于Hadoop的车辆轨迹数据预处理[J].工业技术创新,2021(3):15-20.

[51]荆浩.大数据时代商业模式创新研究[J].科技进步与对策,2014(7):15-19.

[52]蔡郑,贾利娟,孙扬清.轨迹数据预处理方法综述[J].电脑知识与技术,2020(31):9-12.

[53]赵博.基于大数据的战略预见研究[D].北京:中共中央党校,2016.

[54]迎梅.大数据挖掘关键技术的分析[J].电子技术,2021(4):92-93.

[55]邢春晓.大力推进数据治理技术与系统的学术研究[J].计算机科学,2021(9):3-4.

[56]邬贺铨.大数据时代的机遇与挑战[J].求是,2013(4):47-49.

[57]邱敏,梁婷婷,梁天友.大数据背景下数据分析服务的市场分析[J].计算机时代,2021(7):10-13.

[58]郑树楠.大数据时代下经济发展的机遇与挑战[J].商展经济,2021(18):93-95.

[59]郭玉臣,卫志华,塔力鹏·努尔巴合提.面向学科交叉的数据采集与集成课程教学设计[J].计算机教育,2021(8):142-146.

[60]陈书光.大数据数据库的特点及处理技术分析[J].电脑知识与技术,2021(11):24-25,28.

[61]陈军,谢卫红,陈扬森.国内外大数据推荐算法领域前沿动态研究[J].中国科技

论坛,2018(1):173-181.

[62]陈如明.大数据时代的挑战、价值与应对策略[J].移动通信,2012(17):14-15.

[63]陈晓玲.构建数字时代政府数据治理模式[J].中国社会科学报,2021(9):8.

[64]陈水生.迈向数字时代的城市智慧治理:内在理路与转型路径[J].上海行政学院学报,2021(5):48-57.

[65]陈永海.大数据环境下的文旅多维数据分析系统设计与开发[J].电子测试,2021(4):62-64.

[66]陈鹏.数据的权力:应用与规制[J].安徽师范大学学报(人文社会科学版),2021(5):111-119.

[67]陶雪娇,胡晓峰,刘洋.大数据研究综述[J].系统仿真学报,2013(S1):142-146.

[68]韩小龙.基于大数据的计算机信息数据处理技术分析[J].冶金管理,2021(15):130-131.

[69]鲍俊如,金莹,熊亮.基于大数据云平台的电力能源大数据采集方法及应用探讨[J].中国新通信,2021(14):101-102.

[70]黄晓斌,钟辉新.大数据时代企业竞争情报研究的创新与发展[J].图书与情报,2012(6):9-14.

[71]黄欣荣.大数据时代的思维变革[J].重庆理工大学学报(社会科学),2014(5):13-18.

[72]黄陵.网络环境下的大数据采集和处理[J].网络安全技术与应用,2021(7):71-72.

[73]林子雨.大数据导论[M].北京:人民邮电出版社,2020.